高等院校专业教材　　　　　供医学影像技术、生物医学工程类专业用

U0381400

主编　杨　林　唐武芳　牟强善

医用磁共振设备结构与维护教程

YIYONG

CIGONGZHEN

SHEBEI

JIEGOU

YU

WEIHU

JIAOCHENG

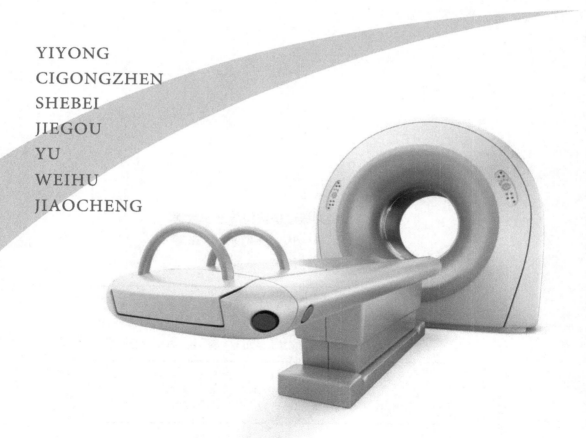

苏州大学出版社
Soochow University Press

图书在版编目(CIP)数据

医用磁共振设备结构与维护教程 / 杨林,唐武芳,
牟强善主编. -- 苏州:苏州大学出版社,2024.3
ISBN 978-7-5672-4752-9

Ⅰ.①医… Ⅱ.①杨… ②唐… ③牟… Ⅲ.①磁共振
—医疗器械—结构—教材②磁共振—医疗器械—维修—教
材 Ⅳ.①TH776

中国国家版本馆 CIP 数据核字(2024)第 052948 号

医用磁共振设备结构与维护教程

主编　杨　林　唐武芳　牟强善

责任编辑　王晓磊

苏州大学出版社出版发行

(地址:苏州市十梓街 1 号　邮编:215006)

广东虎彩云印刷有限公司印装

(地址:东莞市虎门镇黄村社区厚虎路 20 号 C 幢一楼　邮编:523898)

开本 787 mm×1 092 mm　1/16　印张 17　字数 425 千

2024 年 3 月第 1 版　2024 年 3 月第 1 次印刷

ISBN 978-7-5672-4752-9　定价:78.00 元

图书若有印装错误,本社负责调换

苏州大学出版社营销部　电话:0512-67481020

苏州大学出版社网址　http://www.sudapress.com

苏州大学出版社邮箱　sdcbs@suda.edu.cn

《医用磁共振设备结构与维护教程》
编 写 组

主　编　杨　林　唐武芳　牟强善

副主编　钱琳琳　胡海洋　邵林湖　陆　阳

　　　　　魏　东

编　者（按姓氏笔画排序）

丁　蓉　王菁菁　付延安　牟强善

杨　林　杨罗宽　吴晓华　张文东

陆　阳　邵林湖　胡海洋　贾卫伟

夏　炎　顾加雨　钱琳琳　殷昌立

郭洪斌　唐正标　唐武芳　崔飞易

戴剑峰　魏　东

作者简介：

杨林，就职于苏州大学附属第一医院影像技术与设备学教研室，临床医学工程技术副主任技师。承担医学影像专业必修课影像设备结构学的教学工作。从事医疗设备的维护与管理工作，先后在耗材管理、设备管理、设备维修、招标采购等多个岗位工作。2014 年通过国际临床工程师技术资质认证，2017 年 8 月获得中华医学会医学工程学分会中国十佳"优秀临床医学工程师"，2018 年获得江苏省医学会临床医学工程学分会"十周年"优秀个人。近年来，在各类学术期刊上发表研究论文 30 余篇，其中以第一作者在核心期刊上发表论文 10 余篇；担任省级科研项目负责人 1 项，市级课题项目负责人多项；参与多项地方标准的制定。

唐武芳，盐城市第一人民医院儿童医院党支部书记，正高级工程师，兼任盐城市医疗设备器械管理专业质控中心主任；江苏省医学会临床医学工程分会委员；江苏省医师协会临床医学工程分会委员；江苏省医疗设备器械管理质控中心委员；盐城市医学会临床医学工程分会副主任委员兼秘书长。2014 年度获得"全国十佳临床医学工程师"称号，2018年获得江苏省医学会临床医学工程学分会"十周年"优秀个人。获得发明专利 1 项、实用新型专利 4 项，主持编写国家团体标准 1 项，参编急救生命支持类设备质控管理指南，参与起草省级规范标准 2 项，参与编写医学图书 4 部，发表论文 20 多篇。

牟强善，就职于山东省日照市中心医院医学装备部，医疗器械高级工程师，兼任山东省卫生经济协会医学装备评价分会委员、中国医学装备协会采购与管理分会常委、中国医疗设备行业高级研究员、山东省中医药学会医学工程分会委员等。专业技术特长为医学装备管理与维护保养，获得实用新型专利 6 项、发明专利 2 项、市级科技进步三等奖 1 项，发表专业论文 30 余篇，其中以第一作者发表论文 8 篇；出版著作 12 部，其中作为第一主编出版著作 6 部；2013 年度被评为"中国好医工技术能手"，2013 年度获得中国医学装备协会"医学装备管理先进个人"称号。

前　言

核磁共振技术是人类最伟大的发明之一，先后共有 9 位科学家因为在研究核磁共振方面的贡献，获得 7 次诺贝尔奖。其中最为人们熟知的是美国科学家布洛赫（Bloch）和珀塞尔（Purcell）因在 1946 年发现核磁共振（nuclear magnetic resonance，NMR）现象而荣获 1952 年诺贝尔物理学奖。1972 年，美国科学家劳特伯（Lauterbur）成功地获得了磁共振（为了与核素成像相区别，同时为了减少人们对"核"的恐惧，目前更多地使用"磁共振"这一专业术语）图像，为此他和英国科学家曼斯菲尔德（Mansfield）共同荣获 2003 年诺贝尔生理学或医学奖。磁共振技术的复杂性、重要性及前沿性可见一斑。

磁共振现象的发现、磁共振设备的发明及发展是人类智慧的结晶，也是理论研究、工程实践及实际应用的有机融合与相互促进的生动体现。对软组织的高分辨率、无电离辐射危害等特点，使磁共振技术在医学影像领域得到广泛应用，其展现出的强大潜力成为各级医疗机构、科研机构争相研究的对象。与磁共振相关的研究也是当前最受关注的热点领域之一，每年都有新的磁共振成像技术被应用，甚至每天都有新的磁共振序列被发明。

由于磁共振设备技术复杂、费用高昂，因此对设备的学习理解、高效使用、科学管理、维修维护等也有着相当高的要求。《医用磁共振设备结构与维护教程》一书正是在这一背景下编写完成的。全书共十一章，第一章主要对磁共振成像原理、设备结构及场地等基础信息进行了概述；第二章介绍了磁共振设备的安全及相关注意事项，是磁共振得以应用到临床进行医学影像检查的首要考虑因素；第三章至第八章分别对磁共振设备的硬件组成、控制技术、扫描序列、磁共振磁体技术、射频发射与接收技术方面做了系统而全面的介绍。第九章、第十章以理论与实践相结合的方式，对磁共振设备的质量控制与维修维护进行了介绍。其中参考了大量的文献资料、维修案例，同时也融合了编者自身多年的医工一线工作经验。第十一章主要介绍了当前磁共振的新技术、新应用，是对磁共振技术未来发展方向的一些展望。

本书侧重于磁共振设备的设计原理和硬件结构，适用于生物医学工程、医学影像学、医学影像技术等专业本科生学习，也可供医学工程相关从业人员、磁共振操作与维修人员参考使用。希望本书可助力磁共振操作、维护、管理水平的提高，为读者在学习、工作中更好地解决实际问题提供有益借鉴。

由于笔者水平所限，加之时间仓促，虽然经过多次修改、汇总，但疏漏和错误在所难免，敬请广大读者朋友指正，以便再版时完善。

编者
2024 年 3 月

目录

第一章

磁共振成像设备基础

　　磁共振设备①诊断方式灵活，具有无辐射性、多方位扫描，能够测量质子密度、弛豫、化学位移等多参数的特征以及优越的软组织对比等优点，已成为当代临床影像诊断的重要影像设备之一。磁共振设备在临床上的应用日益广泛，在各系统疾病的诊断中扮演着越来越重要的角色，对疾病的诊断具有不可替代的作用。本章主要介绍了磁共振成像设备的基本原理、组成结构、性能参数等，同时对磁共振成像设备的场地布局、操作间、供电、操作等也进行了讲解。

第一节　磁共振成像设备工作原理

　　无论是临床医学工程师还是影像技师都必须掌握磁共振成像基本知识，特别要熟悉磁共振设备的工作原理。

一、概述

　　磁共振成像（magnetic resonance imaging，MRI）设备和 X 射线成像（X-Ray imaging）设备是医学影像设备的两个分支，磁共振设备的信号发射、接收都基于射频技术，没有电离辐射，只有有限的电磁辐射；而 X 线成像设备是利用 X 射线这种人工电离辐射线进行成像操作，操作不当会产生一定的危险。因此，MRI 技术是比较安全的，对人体影响小。磁共振成像完整的名称为核磁共振成像（nuclear magnetic resonance imaging，NMRI），为了与核素成像相区别，同时为了减少人们对"核"的恐惧，目前更多地使用"磁共振成像"这一专业术语。核磁共振理论是成像的物理基础，"核"指的是原子核，而不是核裂变或者核能。

二、磁共振成像基本原理

　　核磁共振成像中的"核"指的是氢质子沿自身轴进行旋转（自旋）形成的小磁体。自旋状态的氢质子在强磁场作用下，将以主磁场方向为轴线。以拉莫尔（Larmor）频率进行旋转，这种现象叫"进动"。"进动"现象类似于地球本身自转的同时也围绕太阳进行旋转。如果这时有一个与此频率（Larmor 频率）相同的射频（RF）对氢质子进行激发，

---

　　①　本书中所提及的磁共振设备即指磁共振成像设备。

从量子力学角度看，被激发的氢质子会从低能态变化到高能态。片刻后如果停止了射频激发，这时处于高能态的氢质子会自发地再从高能态跃迁到低能态，同时发射出一定频率的电磁波，这就是磁共振设备接收到的磁共振成像信号。对磁共振信号进行处理，形成磁共振影像，这就是磁共振成像的基本原理。氢质子进动频率与磁场强度的关系为：

$$f_L = \gamma B_0$$

式中，f_L 为自旋氢质子的 Larmor 频率（又称进动频率）；γ 为氢质子磁旋比（42.57 MHz/T）；B_0 为主磁场强度。

根据上式可以算出，1.5 T［磁场强度的单位为特斯拉，简称特（T）］磁共振设备的固定进动频率约为 64 MHz，3.0 T 磁共振设备的固定进动频率约为 128 MHz。为了说明 1.5 T 与 3.0 T 磁共振设备成像性能的区别，引入净磁化矢量概念。氢质子在主磁场作用下被磁化，大部分顺着磁场方向排布，少部分逆着磁场方向排布，净磁化矢量就是顺磁场方向与逆磁场方向的磁化矢量差，它与磁场强度和温度直接相关。净磁化矢量产生能态变化时发出的电磁波，被 MRI 设备接收成为 MRI 信号。净磁化矢量越大，产生的 MRI 信号越强。在相同环境下，3.0 T 的净磁化矢量大于 1.5 T 的净磁化矢量，3.0 T 磁共振设备能够接收到的 MRI 信号强度比 1.5 T 磁共振设备接收到的 MRI 信号强度大。因此，3.0 T 磁共振设备信噪比高于 1.5 T 磁共振设备信噪比，3.0 T 磁共振设备形成的图像更清晰，对比度更强。

MRI 检查步骤（即磁共振设备工作流程）可以简单描述为：把患者放入磁体内；发射无线电波（射频线圈中施加电流，产生射频脉冲）；关掉无线电波（脉冲间隙期间，无脉冲）；患者体内发出一个信号（射频脉冲间隙期间，被激励的氢质子发生弛豫，产生 MR 信号）；MR 信号被接收并用作图像重建。这是最通俗的 MRI 原理的描述，临床医学工程师必须理解磁共振设备的基本工作流程。

三、MRI 信号

氢质子（H）在强磁场作用下，将沿固定方向以 Larmor 频率旋转。如果这时有一个与此频率相同的射频（RF）对氢质子进行激发，从量子力学角度看，氢质子从低能态跃迁到高能态，这个过程叫作"激发过程"，对应射频的动作就是"射频发射"。如果这时没有射频再对氢质子进行射频激发，处于高能态的氢质子会自发地从高能态跃迁到低能态，同时发射出对应的电磁波，这个过程叫作"弛豫过程"，对应射频的动作就是"信号接收"，当然这个信号也是射频。

MRI 信号具体产生过程：氢质子在主磁场（B_0）中，沿着笛卡尔坐标系的 Z 轴方向旋转，射频激发脉冲产生射频磁场 B_1，B_1 方向垂直于 B_0 方向，沿着 XY 平面激发，激发时间 t（图 1-1-1）。磁化矢量 M 在射频激发过程中，经历了 3 个过程：① 激发前，净磁化矢量 M 顺着 Z 轴方向，平行于 B_0［如图 1-1-1 中（1）时刻，笛卡尔坐标系中磁化矢量 M_Z 状态］；② 激发期间，一个与 Larmor 频率相同的射频（RF）开始激发，并产生了一个垂直于 B_0 场的射频场 B_1，此时氢质子开始吸收射频能量，M 开始从 Z 轴方向逐渐向 XY 平面转动，图中的螺旋线可以看作是 M 端点的运动轨迹［如图 1-1-1 中（2）时刻，笛卡尔坐标系中磁化矢量 M 状态］；③ 激发停止，这时 M 与 Z 轴产生了一个夹角，此夹角 θ 与激发的持续时间和射频场的大小有关，90° 射频脉冲激发，形成的夹角 θ 为 90°［如图 1-1-1 中（3）时刻，笛卡尔坐标系中磁化矢量 M_{XY} 与 B_0 的夹角 θ 为 90°］。激发停止后，被激发的质子发生弛豫过程，并释放出能量，这种能量以电磁波的形式出现，这种电磁波即为磁共振成像信号。

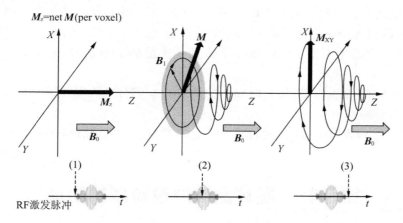

图 1-1-1 氢质子同时受 B_0 和 RF 脉冲作用过程示意图

从图 1-1-1 可以看出，通过以上 3 个过程，净磁化矢量 M 已经不再沿着原有主磁场方向旋转，而是与 Z 轴间产生了一个夹角 θ，这就是整个射频激发过程。具体地说，在垂直于主磁场方向施加一个射频磁场 B_1，其结果是净磁化矢量 M 与 B_0 方向产生了一个夹角 θ。如果持续施加射频场，那么 M 会沿着 XY 平面旋转，与 Z 轴垂直［如图 1-1-1 中（2）时刻，净磁化矢量 M 状态］。

关于弛豫过程，也可用能量守恒来考虑。经过射频能量激发的氢质子在失去激发能量的情况（射频脉冲间隙期间）下，会回归原有运动状态，也就是说在停止激发的状态下，θ 角是无法保持的，净磁化矢量最终会自动地回归到与 B_0 方向相同的方向上。这种回归有一个过程，净磁化矢量 M 在 XY 平面内的分量 M_{XY} 逐渐减小，而在 Z 轴上的分量 M_Z 逐渐变大（图 1-1-2、图 1-1-3）。

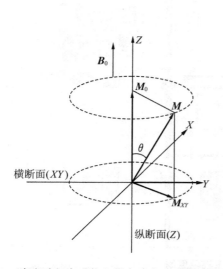

图 1-1-2 弛豫过程中磁化矢量各方向上分量变化示意图

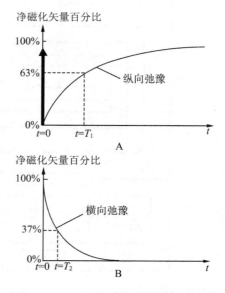

图 1-1-3 T_1 和 T_2 弛豫曲线时间示意图

图 1-1-3 形象地描述弛豫过程中各分量变化规律（变化曲线）。弛豫过程是净磁化矢量 M 重新回归的过程，Z 轴上的弛豫称作纵向弛豫，即 T_1 弛豫，定义纵向弛豫时间为：净磁化矢量 M 从 0 回归到最大值的 63% 所经历的时间，用 T_1 表示（图 1-1-3A）。对于 XY 平面来说，弛豫过程是净磁化矢量 M 逐渐远离的过程，称作横向弛豫，也叫 T_2 弛豫，横向弛豫时间为：净磁化矢量 M 从 100% 下降到最大值的 37% 所经历的时间，用 T_2 表示（图 1-1-3B）。

不同的介质都有特定的 T_1 和 T_2 时间，这是 MRI 能够分辨不同组织的基础，MRI 基本都是围绕 T_1 和 T_2 展开的。

MR 信号产生分两步：① 激发过程——射频发射；② 弛豫过程——产生信号（MR 信号）。

第二节　磁共振成像设备系统组成

磁体系统、射频系统、梯度系统是 MRI 系统的核心，这三个系统再加上对应的辅助系统就构成完整的 MRI 系统。

磁体系统的作用是产生主磁场 B_0，确定被扫描物体的 Larmor 频率，磁体系统是进行 MR 扫描成像的根本前提。射频系统的作用是对被扫描物体中的质子进行激发并改变净磁化矢量的方向；随后射频接收系统接收弛豫过程中产生的回波信号，射频系统是 MR 信号产生的基础。梯度系统的作用是对被扫描物体中的质子进行空间选层以及相位、频率编码，用以对物体内组织在空间上进行像素区分，梯度系统是 MR 信号成像的基础。图 1-2-1 是一个完整的 MRI 系统结构。

从图 1-2-1 可以看出，完整的 MRI 系统的设备分布在三个房间，分别是磁体间、设备间和操作间。为了方便，我们按照不同的房间对设备进行说明。

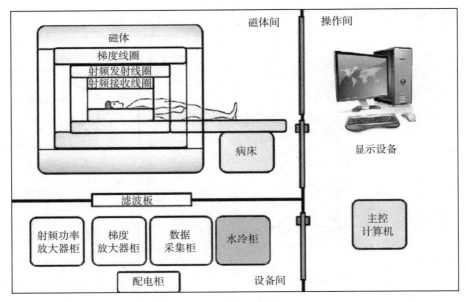

图 1-2-1　MRI 系统示意图

一、磁体间设备

磁体间是 MRI 系统的核心，患者接受扫描检查的房间，又称检查室（examination room）。这个房间内充满磁性，因此任何铁磁性物质都不能被带入这个房间。与扫描相关的线圈均在这个房间内，包括：① 梯度线圈（gradient coil），用来产生梯度场；② 射频发射线圈（RF transmit coil），发射用于激发的射频能量；③ 射频接收线圈（RF receive coil），用于接收弛豫信号。

还有病床（patient support，支撑并进行自动扫描定位），以及其他辅助系统（诸如患者通信系统、通风系统等）。

二、设备间设备

设备间（technical room）又称设备机房，设备间设备有：射频发射系统、梯度发射系统、射频接收系统、磁体制冷系统及供电配电箱等。设备间内存放系统机柜。一般来说包含以下几个机柜：① 射频功率放大器柜，用来产生规定能量大小的射频场，并通过射频线传导到射频线圈进行发射；② 梯度放大器柜，梯度线圈产生梯度场的大小取决于线圈内的电流大小，而电流的大小就是由梯度放大器控制的；③ 数据采集柜，用来对射频发射系统进行控制，同时对射频接收系统接收到的信号进行后处理；④ 水冷柜，用来对系统进行制冷控制；⑤ 配电柜，提供 MRI 系统的供电；⑥ 滤波板（system filter box，SFB），置于设备间和磁体间之间，是两个房间信号传输的接口。

三、操作间设备

操作间（operator area），技师或医生控制扫描操作的房间。操作间内设备较为简单，主要包括以下部分：① 主控计算机，控制 MRI 系统，同时还负责跟外界 DICOM 协议设备进行数据通信；② 显示设备，显示操作界面并观察扫描结果。

本节介绍了 MRI 系统的基本组成部分，实际的 MRI 系统所包含的分系统要复杂得多。通过本节的学习，大家只需要引入一个概念，即 MRI 系统是由基本的磁体系统、射频系统、梯度系统等构成的，其余的系统都是为了这三个部分以及被扫描患者服务的。

第三节　磁共振成像设备的磁场

一、主磁场

上文提到磁共振成像技术中有一个最基本的公式：

$$f_L = \gamma B_0$$

式中，f_L 为自旋氢质子的进动频率；γ 为磁旋比（氢质子的磁旋比为 42.57 MHz/T）；B_0 为主磁场强度。因此主磁场强度 B_0 确定了被扫描物体的 Larmor 频率。

从上式可以看出，唯一的磁场强度对应着唯一的 Larmor 频率，根据上一节的内容，唯一的磁场强度对应着唯一的射频发射频率。如果只有主磁场 B_0，一个频率为 f_L 的射频场激励主磁场中的物质，激励的结果是整个被扫描物体内所有质子全部产生了激发和后续的弛豫过程，磁共振系统接收到的信号也是物体中所有质子发出的 MR 信号。

二、梯度磁场

如果使用 MRI 的目的只是检查被扫描物体的物质构成，并且物体的构成足够均匀和单一，那么有一个主磁场也就可以满足要求了。但是对于医学影像中使用的 MRI 系统来说，被扫描物质是人体，各种组织结构不同，要明确空间位置上每一处具体的成分，就必须要将被扫描物体进行区分，由此就引入了梯度磁场（亦称梯度场）的概念。所谓梯度磁场，就是沿着某个方向上每一个点的磁场强度均匀变化（线性变化）的磁场。主磁场是强度均匀的磁场，当主磁场与梯度磁场叠加后，磁场中每一点处的磁场强度都不一样，即磁场空间内的每一点处都有其特定的磁场强度。

（一）层面选择梯度

MRI 系统中梯度磁场是为了描述物体空间各处的状态。空间坐标是 XYZ 三维坐标系，而日常看到的照片是二维平面图片（图 1-3-1）。假设二维图片描述的是 XY 平面的状态，那么为了描述三维坐标系下的状态，只需要加入"层"的概念，也就是沿着 Z 轴方向分成不同的层，每一层都是一张图片，这样就能够用多张平面图片描述三维状态，这个过程叫作选层。

从公式 $f_L = \gamma B_0$ 可知，磁场强度对应唯一的 Larmor 频率，由于在主磁场 B_0 方向（即 Z 轴方向）上添加了一个由大到小线性变化的磁场，这样在 Z 轴方向上的每一层处会有唯一的进动频率；射频发射系统发射的一定频率的射频激发脉冲只会激发特定层面内的物质，产生 MR 信号。这个添加在 Z 轴方向上线性变化的磁场就是选层梯度磁场（图 1-3-2）。

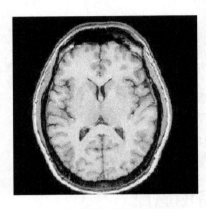

图 1-3-1　某层面磁共振影像

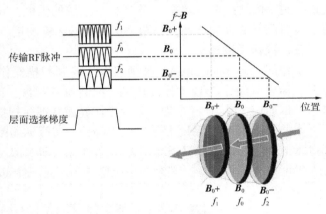

图 1-3-2　MRI 选层梯度磁场示意图

（二）相位编码及频率编码梯度

经过空间选层后，需要再进一步对一幅二维图像中的每个点进行区分，这个时候引入了梯度场的第二个作用：相位编码及频率编码。无论是相位编码还是频率编码，最终实现的方法都是通过改变磁场强度，使左右方向上各点磁场强度线性变化，使前后方向（或称上下方向）上各点磁场强度线性变化。

在没有施加其他磁场的情况下，XY 平面内所有的氢质子都是以特定的角频率转动，即 $\omega_0 = \gamma B_0$。在 XY 平面内，如果沿 Y 轴方向施加相位编码梯度场，那么 Y 轴方向上每一行的质子将以不同的频率转动，一旦停止施加梯度场，每一行质子的运动频率又回归一致，但是相位却产生了差异，这个过程完成了 Y 方向对氢质子的编码。

接下来需要在平面内 X 方向上进一步进行区分，也就引入了频率编码的概念，方法是沿着 X 方向施加频率编码梯度场，其结果是 X 方向每一列的质子将以不同的频率转动，完成了 X 方向对氢质子的编码。第四章将对相位编码和频率编码的原理进行详细的介绍。

通过以上三个步骤，MRI 系统利用梯度磁场完成了对被扫描物体空间中每一个位置的编码。梯度磁场有两个作用，即空间选层和进行相位、频率编码。后续经过相应的解码就能够生成所需要的检测图像。

三、射频磁场

MR 信号产生的过程：激发过程——射频发射；弛豫过程——射频接收。从以上两个过程可以看出 MRI 系统中"射频"的重要性。

为了让主磁场中的氢质子产生跃迁，必须使用一个与氢质子 Larmor 频率相同，且方向与主磁场 B_0 垂直的射频场进行射频能量激发。激发的结果是让氢质子的净磁化矢量沿着与主磁场 B_0 方向垂直的方向进行运动。激发过程实际上是射频发射过程。激发完成后，净磁化矢量会逐渐重新回归主磁场 B_0 的方向，这个过程称为弛豫过程。如前所述，对于 Z 轴来说，Z 轴方向上的弛豫称为纵向弛豫，纵向弛豫时间定义为：M_z 从 0 回归到最大值的 63% 所经历的时间，用 T_1 表示；对 XY 平面来说，在平面内的弛豫称为横向弛豫，横向弛豫时间定义为：M_{XY} 从最大值下降到最大值的 37% 所经历的时间，用 T_2 表示。弛豫过程中产生的信号也是射频信号，弛豫过程就是射频接收过程。

（一）射频发射的射频磁场

射频发射过程中，主磁场中氢质子的 Larmor 频率具有固定性。为了对氢质子进行激发，射频的频率（f_0）必须是唯一的，且等于 Larmor 频率（f_l）。从物理学角度来分析，所施加的射频场必须与主磁场 B_0 垂直，这样 RF 发射的能量才能做功，导致氢质子的进动方向产生变化（图 1-3-3）。

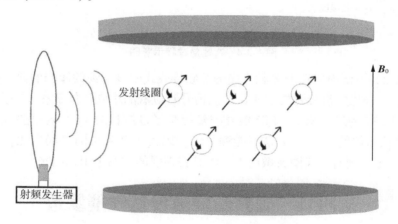

图 1-3-3 射频发射方向与主磁场方向关系示意图

根据能量守恒定律，发射的射频能量大小决定了激发效果：氢质子的净磁化矢量 M 从 Z 轴方向（与 B_0 平行）运动到 XY 平面（与 B_0 垂直）的时间内，为了让被扫描物体内的氢质子激发时间保持一致，射频能量需要尽可能地均匀一致，即射频磁场的均匀度要好。

为了得到更好的扫描效果，需要满足三个条件：① 被扫描物体中所有的氢质子需要尽可能地有相同的进动频率；② 发射的射频需要对所激发的物体有相同的 f_0；③ 射频场需要尽可能地均匀，保证需要激发的物体的各处能量相同。

射频磁场均匀是实现这三个条件的具体手段。

（二）射频接收信号的射频磁场

射频接收信号实际上是接收氢质子的弛豫信号（自由衰减信号），以 T_2 为例进行分析。氢质子持续绕 B_0 运动，所以氢分子的顶端轨迹在空间中表现为螺旋形（图 1-3-4）。在这个过程中，净磁化矢量 M 在 XY 平面上以螺旋线的形式回归到零点。而氢质子的旋转会产生一个感生磁场，感生磁场会产生一个射频波，这个射频波信号称作自由衰减信号（FID）。

从宏观上来看，主磁场 B_0 足够均匀；但是从微观上看，磁体产生的磁场不可能完全均匀，因此氢质子的弛豫会发生一个物理现象——散相。在散相的作用下，FID 将会按以 T_2^* 为特征值的指数函数形式快速减小，且 $T_2^* < T_2$。

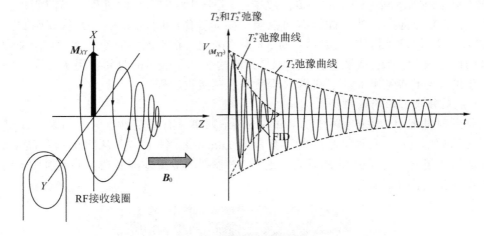

图 1-3-4 T_2 弛豫过程示意图

由放置在 XY 平面内垂直于 Z 轴方向的射频接收线圈接收到的微弱的磁共振信号，实际上测量的是净磁化矢量旋转的改变量，该信号对应着的净磁化矢量在 XY 平面上的磁性（磁场强度）以 T_2^* 的形式减少。FID 信号测量的是经过散相的 T_2^*。这里要说的是，反映 Z 轴方向上磁性增加的 T_1 实际上是不能测量的，因为这个微小的磁场变化，相对于主磁场 B_0 来说太小了，现有的线圈灵敏度无法将其在很强的磁场中识别出来。

第四节 磁共振成像设备性能参数

一、概述

磁共振成像设备整体性能与其设备各个部件的性能参数密切相关，了解整体设备性能指标及主要部件规格参数大致有四个步骤（途径）：① 产品专家介绍产品性能以及主要部件参数；② 查阅有影响力的学术专家对设备的介绍资料及教科书中介绍的信息；③ 询问相关设备使用人的使用感受；④ 尝试去医院亲自操作感受。

实际上最先关注的大多是那些定量的指标参数，但是这些指标是什么含义？产品专家的介绍会不会有欺骗性或误导性？该设备是否适合所在医院的实际需求？故作为临床医学工程师或影像技师学会看指标、了解指标参数背后的含义及这些指标对临床扫描的意义是非常重要的。

二、磁体参数

(一) 磁体性能指标

磁体是 MRI 设备最重要的部件之一，表 1-4-1 为某型号 MRI 设备磁体性能指标。

表 1-4-1　某型号 MRI 设备磁体参数表

参数名称	参数值
operating field strength （主磁场强度）	3.0 T
magnet shielding （磁体屏蔽）	active （主动屏蔽）
EMI shielding factor （电磁屏蔽系数）	97.5% 0.6 Hz excitation and 94.5% dc step
size （without enclosures）（L×W×H）（无外壳尺寸）	1.74 m×2.12 m×2.40 m
size （with enclosures）（L×W×H）（含外壳尺寸）	2.09 m×2.52 m×2.50 m
magnet weight with cryogens （磁体及制冷剂总重）	14 060 lbs （6 378 kg）
magnet cooling （磁体冷却）	cryogenic （低温）
long-term stability （主磁体磁场稳定度）	≤0.1 ppm per hour （24 h 周期内）
cryogen refill period （制冷剂补充周期）	zero boil-off （零蒸发）
He boil-off rate （液氦蒸发率）	zero boil-off （零蒸发）
fringe field （axial×radial）（边缘磁场分布）	7.8 m×4.8 m at 1 G 5.2 m×2.8 m at 5 G

从表 1-4-1 中可以看到该设备关于磁体方面的参数。主要性能参数有：① 主磁场强度 3.0 T。② 磁体及制冷剂总重 6 378 kg，这是实际使用的重量，因此磁体间设计时房间地面承重要以此指标为准，一定不能按照裸磁体进行设计。③ 主磁体磁场稳定度，24 h 内，每小时稳定度偏差应小于百万分之零点一，超导磁体由于自身超导线圈中通过电流，理论上虽然是稳定的，但实际上中心频率会随着时间的推移产生一定的漂移。ppm（part per million）为百万分之一的英文缩写。假设主磁体中心频率是 128 MHz，那么 24 h 周期内，每小时中心频率漂移不超过 12.8 Hz。④ 制冷剂补充周期与液氦蒸发率，液氦零消耗意味着磁体使用的 4 K 冷头，在正常工作情况下，液氦不会蒸发。⑤ 边缘磁场分布在场地设计阶段必须关注，一般要求 5 高斯线（gauss line）必须被收在可控范围内，如果超出了需要硅钢板主动磁屏蔽（active magnet shielding）。

(二) 与患者相关联的规格参数

磁体部分与患者相关联的规格参数如表 1-4-2 所示。

表 1-4-2　某型号 MRI 设备的患者相关联的设计参数

参数名称	参数值
patient bore （患者孔内径）（L×W×H）	163 cm×70 cm×70 cm
patient aperture （患者孔径）	74 cm at magnet flare （磁体中心处） 70 cm at isocenter （患者孔中心处）

参数名称	参数值
patient comfort module（患者支持系统）	head or feet first imaging（头先进或者脚先进） dual-flared patient bore（双外展患者孔） 2-way in bore intercom system（两路对讲系统） adjustable in bore lighting system（可调节磁体孔径灯） adjustable in bore patient ventilation system（可调节磁体孔径患者内通风系统）

①患者孔内径（patient bore），即磁体洞的内径，长（163 cm）×宽（70 cm）×高（70 cm），磁体洞实际上是一个直径70 cm、高163 cm的圆柱体空间。②患者孔径（patient aperture），患者孔中心处（isocenter）孔径70 cm，喇叭孔74 cm。因为磁体一般使用喇叭孔，也就是前方开孔稍微大一些，方便患者进出，但实际扫描处孔径是70 cm。③患者支持系统（patient comfort module），可以头先进或者脚先进（head or feet first imaging），两路对讲系统（2-way in bore intercom system），可调节磁体孔径灯（adjustable in bore lighting system），可调节磁体孔径内患者通风系统（adjustable in bore patient ventilation system）。这些配置不同厂家生产的设备基本相似。

（三）磁体均匀度指标

不同直径球体内磁场均匀度指标如表1-4-3所示。

表1-4-3 某型号MRI设备不同直径球体内磁场均匀度比较

LV vrms homogeneity specifications（等效规范）	参数值	
diameter of spherical volume——DSV （球体直径）	guaranteed（ppm） （指标范围）	typical（ppm） （典型数值）
10 cm		0.02
20 cm	<0.050	0.03
30 cm	<0.150	0.08
40 cm	<0.500	0.27
45 cm	<1.500	0.7
40（z）×50 cm	<3.000	1.8
50（z）×50 cm	<4.000	2.5

对于磁体均匀度指标，首先要明确表后的注释表明数值是被动匀场之后的结果。

磁体均匀度的指标一般都使用等效球体（DSV）的概念，也就是以磁体中心为球体中心，用不同直径的球体内部的均匀度来表征磁体的均匀度，这里球体最大使用了50 cm DSV，也就是说虽然磁体孔径是70 cm，但实际上可用的均匀部分大约就在这个直径为50 cm的球体内，当然这也跟梯度线圈的物理结构和实现原理相关，后续会详细介绍。

等效球体的均匀度同样使用了ppm来衡量，guaranteed表示指标范围，这是匀场的范围，小于此数字说明匀场合格，typical表示典型数值，这是给出一个典型的数值，只有参考意义。以50 cm DSV球体为例，指标范围<4 ppm，也就是说在此球体内部主磁场的进

动频率最大误差为512 Hz（假设磁体中心频率为128 MHz，128 MHz×4 ppm＝512 Hz），典型数值为2.5 ppm，也就是给出来的符合要求的一个典型值，这个典型值是要求更好时的数值，可理解为标准值。

与另一款设备的均匀度指标来对比分析（表1-4-4）。

表1-4-4　某款MRI设备的均匀度指标

均匀度指标		参数值
open bore design（开放孔径式设计）		70 cm
system length cover to cover（系统总长度）		1.86 m
10 cm DSV	guaranteed（指标范围）	0.005 ppm
	typical（典型数值）	0.003 ppm
20 cm DSV	guaranteed（指标范围）	0.04 ppm
	typical（典型数值）	0.03 ppm
30 cm DSV	guaranteed（指标范围）	0.15 ppm
	typical（典型数值）	0.11 ppm
40 cm DSV	guaranteed（指标范围）	0.45 ppm
	typical（典型数值）	0.37 ppm
50 cm DSV	guaranteed（指标范围）	3.0 ppm
	typical（典型数值）	2.4 ppm
55 cm×55 cm×50 cm DSV	typical（典型数值）	4.3 ppm
homogeneity（basedon highly accurate 24 plane plot）［同质性（基于高精度的24平面绘图）］		

可以看出，这款设备同样使用了70 cm孔径，50 cm DSV的指标范围是3.0 ppm，典型数值为2.4 ppm，同时还能看到这台设备将最大的DSV设定在55 cm×55 cm×50 cm的椭圆球体，但是并没有给出指标范围，而是给了典型数值为4.3 ppm。按照以往匀场的过程分析，可以知道这是由于55 cm×55 cm×50 cm球体边缘数值是通过计算得来的，而不是实际测试得到的，同时指标中并没有直接说明此数值是否经过了主动匀场。

以上介绍了MRI设备磁体方面的几个基本指标，虽然参数看起来比较简单，但实际上包含了很多技术细节知识。

第五节　磁共振成像设备场地技术要求

一、磁共振成像设备供电电源

MRI设备使用的是三相交流电，且为三相五线制交流电。中国大陆地区低压线路的额定电压是220 V（单相）和380 V（三相），供电频率是50 Hz，一个动力电配电箱铭牌如图1-5-1所示。

三相交流电是电能的一种输送形式，简称为三相电。三相交流电是由三个频率相同、振幅相等、相位依次互差120°的交流电组成的电源。三

图1-5-1　配电箱铭牌

相交流电用途很广，工业中大部分用电设备（如电动机）都采用三相交流电，且为三相四线制交流电，医学影像设备大多使用三相四线制交流电供电。日常生活中一般使用单相220 V电源，也称为照明电。当采用照明电供电时，使用三相交流电中的一相来给用电设备供电，而另外一根线是三相四线制中第四根线，即零线，该零线从三相电的中性点引出。

三相五线制是指三根相线加一根零线和一根地线。三相五线制的关键在于零线和地线是分开的，专门有一根地线接入了系统。三相五线制使用在比较精密的电子仪器中，电网中如果零线和接地线共用一根线的话，对电路中的"工作零点"会有影响，虽然理论上它们都是"0"电位点，如果偶尔有一个电涌脉冲冲击到工作零点，而零线和地线却没有分开，那么电器外壳就会带电，可能会损坏元器件，甚至损坏电器，造成人身安全的危险。这种电涌脉冲可能是由相线漏电引起的，也可能是电子电路中零点漂移现象严重而引起的电器外壳带电。

配电形式一般分为三种制式：TN-C制式（有重复接地）、TN-S制式（无重复接地）、TT制式。我国低压线路的额定电压是220 V（单相）和380 V（三相）。GB/T 156—2017规定标准电压是380 V，一般认为三相交流电电压就是380 V。但GB/T 6451—2015和GB/T 10228—2023规定变压器输出电压是400 V。因此对于新建大楼或者旧大楼进行变压器扩容改造时，变压器输出端电压都是400 V，一个变压器的铭牌如图1-5-2所示。

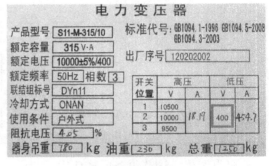

图 1-5-2　某变压器铭牌

变压器低压侧400 V指的是不带负载时的电压，当变压器带上负载后，实际电压会下降。如果变压器输出端也设计成380 V，真正使用时，负载上电压很可能会小于380 V。考虑功率因数为0.8，负荷率100%的情况下电压调整率为5%左右，所以规定380 V供电系统的变压器输出端空载400 V。

对于MRI设备，为了保证系统的工作稳定，一般都要求医院独立供电，也就是理想状态下希望设备间配电箱直接接入供电变压器，中间的损耗越小越好，某MRI设备场地准备手册中对于系统供电的要求如表1-5-1所列。

表 1-5-1　某 MRI 设备系统供电要求

项目	要求
电源	400 V±10%，AC，3P/N/PE，50 Hz±1 Hz
额定容量	80 kV·A（双梯）/60 kV·A（单梯）
主断路器	125 A（双梯）/100 A（单梯）
电源内阻	≤150 mΩ（双梯）/200 mΩ（单梯）
零地电压差	<5 V

表1-5-1看上去好像没有什么问题，但是国家电网对供电还有以下要求，即《供电营业规则》五十七条规定，在电力系统正常状况下，供电企业供到用户受电端的供电电压

允许偏差为：35 kV 以上电压供电的，电压正、负偏差的绝对值之和不超过额定值的 10%。这也是场地手册中对于供电要求 400 V±10% 的原因。

实际上，国标要求供电电压是 380 V，但是加上 ±10% 的波动后，电压范围为 342 ~ 418 V，400 V 是在标准之内的。对于能够按照标准供电的地区来说，三相电的相电压确实是 400 V，一般在 398 ~ 402 V 之间波动，非常稳定。但是我们需要注意表 1-5-1 中 400 V 变压器输出端，允许偏差 ±10%，输出端电压范围为 360 V ~ 440 V，380 V 用电设备能够接受的供电范围为 342 ~ 418 V，440 V 已经远超出 380 V 用电设备允许受电的范围。实际上变压器在负荷后，实际输出电压没有 400 V。

对于某些地区来说，国家电网的变压器输出端采用了 400 V±10% 的标准，这个电压医院一般无法修改，除非通过国家电网进行调整。假如输出电压是 420 V（符合 400 V 的输出标准，而且超限也没有到极限），那么它就超过了使用电器的电压范围（418 V）。

MRI 设备朝着越来越精密的方向发展，对于供电系统的要求也是尽可能符合。所以很多额定 380 V 的设备甚至安装了 380 V 升 400 V 的变压器（欧洲标准电压通常就是按照 400 V 设定的，因此很多影像设备的器件电压就是 400 V）。假如系统本身供电就是按照 400 V 准备的（大多数情况都是如此），如果还按照 380 V 国标来配置系统，经过升压后供给 MRI 设备的主配电箱里面的电压就有可能会超过 450 V。

二、磁共振成像设备的接地

（一）三相五线制的连接

三相五线制电源配电是指主电源由三根相线、一根零线和一根地线组成的电源配电（图1-5-3），三相四线制电源配电是指主电源由三根相线、一根零线组成的电源配电。一般用途最广的低压输电方式是三相四线制，零线由变压器中性点引出并接地，电压为 380/220 V，取任意一根相线加零线构成 220 V 供电线路，任意两根相线间电压为 380 V。

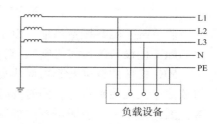

图 1-5-3 三相五线制供电电路示意图

三相五线制比三相四线制多一根地线，用于安全要求较高，设备要求有统一接地的场所。但实际上电源和接地是要统一考虑的。

三相五线制要关注两个指标：① 零地电压，即零线和地线之间的电压，国标要求零地电压在 5 V 以内；② 接地形式，地线的接地分为联合接地和独立接地。联合接地是医院的基础接地体和其他专设接地体相互连通形成一个共用地网，并将电子设备的工作接地、保护接地、逻辑接地、屏蔽体接地、防静电接地以及建筑物防雷接地等共用一组接地系统的接地方式。MRI 场地手册要求联合接地电阻指标小于 2 Ω。独立接地是指设备的供电地线直接接地。MRI 场地手册要求独立接地电阻指标小于 1 Ω。

MRI 装置是一种精密电子仪器，如果零线和地线共用一根线，对于电路中的工作零点会有影响，虽然理论上他们都是零电位，但是如果偶尔一个电涌脉冲冲击到工作零线，而零线和地线又没有分开，可能会损坏电路板中的电器元件，甚至造成设备的损坏、人身安全的危险。

（二）磁体间电磁屏蔽

对于 MRI 设备来说，可以先不考虑相线漏电或者电路零点漂移造成的外壳带电，我们单纯看一个最基本的问题——磁体间电磁屏蔽。因为电路有"同源同地"的要求，因此 MRI 设备在装机时，要求系统由同一个配电箱供电，由同一个地线引出。因此，MRI 设备的地线最终都会汇总到 MDU 系统配电柜中，其中也包括屏蔽体本身的地线（图 1-5-4）。

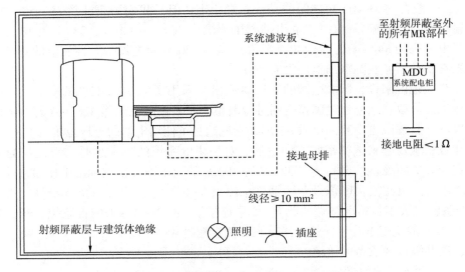

图 1-5-4　磁共振室"同源同地"示意图

假设某一磁共振室场地，由于人为或者疏忽，地线被剪断了（这是经常发生的事件，比如施工把设备的地线挖断），对屏蔽体会造成很大影响。

MRI 机房的铜屏蔽起射频屏蔽作用，可把机房类比为一个金属箱体，屏蔽室内部的射频信号无法传到室外，同时屏蔽体外部的射频信号、电磁波信号等也无法进入屏蔽体内部，因此它是一种射频场双向抑制技术。

屏蔽体对射频能量的衰减有两种机制（图 1-5-5）：① 反射损耗，射频场电磁波被屏蔽体反射，减小了射频场的强度。射频放大器的基本参数有反射损耗 REF。② 吸收损耗，射频场电磁波被屏蔽体材料吸收一部分，形成了吸收损耗，从而减小了射频场的强度。吸收的这部分电磁波转变成了电荷被屏蔽体吸收，形成了类似"电容"的效应，这部分电荷由屏蔽地线引出并消耗掉。

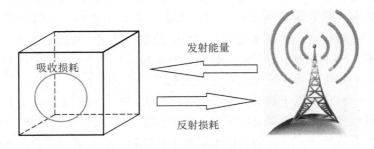

图 1-5-5　屏蔽体对射频能量的衰减形式示意图

先不用考虑反射损耗，单纯看吸收损耗引起的衰减。既然射频能量最终转变成电能（电荷）被屏蔽体以"电容"的形式吸收了，假如屏蔽体地线被剪断会发生什么呢？由于地线被剪断（图1-5-6），即放电通路被切断，很显然，屏蔽体会继续作为电容存在，屏蔽体不断地吸收射频能量，在屏蔽体内电荷被不断地累加，造成屏蔽体带电。一般来说，射频能量被屏蔽体电容吸收的量是很小的，但是累加一周、一个月、一年呢？当屏蔽体上能量被累加时，有两个途径可以释放电荷：① 由于屏蔽体与设备地线之间有地线连接，因此它们是一个等电位体，如果在维修或者保养设备过程中，工程师或者技师触摸到了导体，那么电容里面的能量也就会瞬间放电，也就是平时说的外壳触电；② 当积累的能量已经超过屏蔽体本身的电容承载能力的时候，也会产生放电。由于屏蔽体和磁体地线是导通的，瞬间释放的电涌可能会流向超导磁体，影响超导磁体线圈的安全。

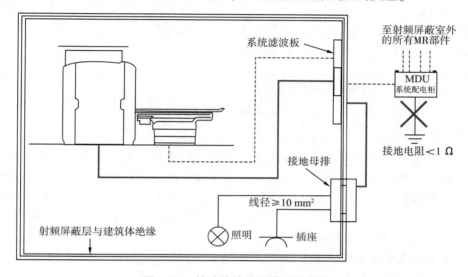

图1-5-6 接地线被剪断情况示意图

超导磁体内的超导线圈与外界实际上是导通的，而磁体内部的6组主线圈本身存在着一种电流平衡，一旦有外界的电流冲击其中一组线圈，这种平衡就可能被打破，其结果有可能会造成失超。因此，地线接地完好是极其重要的。

如果考虑到屏蔽体内本身还有照明和插座通路存在，而它们都会有同一根地线连接。当辅助设备或者灯泡出现问题产生瞬间电涌时，如果地线连接良好，这个电涌能通过地线被引出消耗掉，而不是积累在屏蔽层电容里。

根据以上分析不难看出，对于MRI设备来说，地线是直接影响安全甚至造成财产损失的重要部件。例如，飞利浦MRI设备安装中，对于地线有明确的要求：① 零地电压为0，即零线和地线之间的电压值为0。国标要求零地电压在5 V以内。② 接地电阻阻值小。MRI场地手册要求联合接地电阻指标小于2 Ω，独立接地电阻指标小于1 Ω。

（三）地线的测量

在安装过程中，对系统的接地情况需要使用专业地阻仪进行逐段测量，确保符合要求。每一项记录如果不合格都无法拿到生产商授权密钥（release key）。由此可见，这根小小的地线对于MRI设备的重要性有多大。逐段测量的要求见表1-5-2所示。

表 1-5-2　接地电阻逐段测量法

PE Technical room（PE 技术室）	Result（结果）
Check that the cable ducts in the technical room, if made from metal, are earthed to the external PE Busbar（检测技术室的电缆管道，如果是由金属制成的，那么与外部 PE 母线接地）	Passed
Check that the white 50 mm² cable from the gradient amplifier to the SFB is routed in close proximity of the ground cables（检测从梯度放大器到滤波板（SFB）的白色 50 mm²电缆的相对地线的电阻）	Passed
Check that the RF Enclosure Earth Point is within 100 cm distance of the SFB（在距离 SFB 的 100 cm 内检测 RF 射频线圈接地点）	Passed
Check that the T_x wires from RF amplifier cabinet to the SFB are routed in close proximity of the ground wires（检测从射频放大器柜到贴近地线的 SFB 的 T_x 线）	Passed
Check that the gas lines from compressor to the RF cage feed-through are routed in close proximity of the ground wires（检测从压缩机到紧密相连地线的射频笼的气体管路）	Passed
Check that the external PE Busbar is within 100 cm of the RF Enclosure Earth Point（在距离射频接地点 100 cm 内检测外部 PE 母线）	Passed

本部分从 MRI 设备使用的三相五线制电源配电的概念出发，引出了设备地线与屏蔽体地线连接的"同源同地"原则，同时介绍了屏蔽效能的实现方法，进而推导出地线在 MRI 系统中的重要安全作用。MRI 设备异常复杂，一套稳定安全系统的运行，不仅要求设备安装过程符合要求，而且要求后期使用维护中注意细节，尤其对于地线这种很不起眼但很关键的部分，应该加倍留意。

三、磁共振成像设备场地净化方案

（一）机房空调的要求

磁共振成像设备对温度、湿度要求较高，MRI 机房的通风装置及空调装置与其他影像设备（如 CT、X 线机等）是不同的。MRI 机房对空调的要求见表 1-5-3。

表 1-5-3　MRI 机房对空调的要求

房间	散热量	温度	相对湿度	空调开机率	备注
控制室（操作间）	0.5 kW	18~24 ℃	30%~70%	每周 7 d，每日 24 h	每 10 min 温度变化不超过 5 ℃，无冷凝现象
检查室（磁体间）	2 kW	20~24 ℃	40%~60%		
设备室（间）	12 kW	15~24 ℃	30%~70%		
换气量	每小时 5 倍换气量或至少 800 m³/h（检查室）				

由于磁体间对铁磁性物体有严格的要求，要保证温度、湿度的恒定，空调比其他影像设备机房的空调复杂得多。由于磁体间还有射频屏蔽需求，空调的铜管穿过机房会有漏信号的可能，因此直接在磁体间（扫描间）安装一台空调是不可能的。为了解决这个问题，常规做法是将大功率精密空调安装在设备间内，同时稳定控制磁体间和设备间两个房间的温度和湿度。精密空调只保持磁体间和设备间的环境条件，没有引入操作间，主要原因是精密空调运行过程中噪声较大，并且风量不能像家用空调一样方便调节，更关键的是空调通风管道如果再加一个房间，会对安装提出更加复杂的要求，因此，操作间的空调一般都使用单独的民用空调或者直接使用医院的中央空调。设备间和磁体间精密空调设计如图 1-5-7 所示。

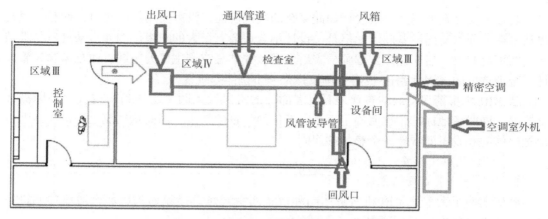

图 1-5-7　设备间和磁体间精密空调设计示意图

（二）精密空调系统结构

MRI 精密空调系统由以下部分组成：① 精密空调主机。位于设备间内，为了维持设备间内的温度、湿度，主机会连接水管和地漏进行补水和排水。② 精密空调室外机。布置在室外，方便进行散热，同时做好围栏防止误触。③ 风箱。位于设备间内连接空调主机，风箱在设备间内设置一个出风口和一个回风口，另一端直接连接风管波导管通向磁体间。④ 风管波导管。由于磁体间和设备间之间需要进行射频屏蔽，因此不能直接将风管贯穿两个房间，必须在屏蔽层上安装射频波导，风管需要连接波导管用来屏蔽射频信号。⑤ 通风管道。位于磁体间内，经常使用软管，分向磁体间各出风口处。⑥ 出风口。磁体间内的空调出风口。⑦ 平衡波导管（回风口）。位于磁体间到设备间之间的屏蔽层上。由于精密空调安装在单独的设备间，但是却要同时控制两个房间的温、湿度，因此需要设计保持空调系统进风和回风的平衡，避免由此产生的空调停机，从而影响 MRI 系统的正常使用。同时由于有射频屏蔽要求，因此平衡波导管还需要具备对射频信号进行遮挡的作用。完整状态下磁体间内气流流向如图 1-5-8 所示。

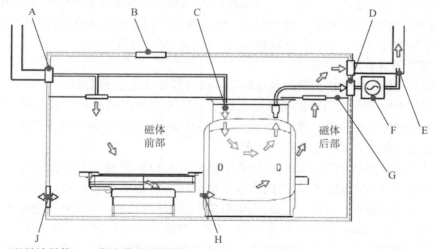

A-送风波导管；B-紧急排风波导管；C-进风口；D-梯度排风波导管；E-排风接口；
F-SACU（梯度风机）；G-天花板；H-气流；J-平衡波导管。

图 1-5-8　磁体间内气流流向示意图

实际上大多数的场地没有设计如此复杂的气流流向，没有使用排风接口，而是气流直接从平衡波导管流向设备间了。但是，设计不合理会有极大的隐患。例如，某进口品牌精密空调不能开机，后来经过工程师检查后发现，并不是空调主机的问题，而是风箱风管设计不合理造成的，因此 MRI 机房空调设计是一个整体系统性工程。

从 MRI 机房精密空调的布置来看，大部分的机房设备间和磁体间内空气是不断循环交换的，同时场地标准中也明确了每小时 5 倍换气量的要求，因此从气流上来讲大体上可以把磁体间和设备间看作一个整体的房间。

（三）空气净化消毒

1. 空气净化消毒设计方法

我们明确了大多数 MRI 机房磁体间和设备间空气是直接流通的，那么对磁体间进行空气净化消毒就有以下两种方法。

（1）重新设计磁体间独立恒温恒压回路，确保其与设备间没有联通。这种设计在联合手术室（OR）特殊应用场景中会见到。由于在 OR 应用场景中，磁体间本身就是无菌手术室，因此全新设计了独立的磁体间正压空气循环系统，由磁体间内一台带有手术室条件的过滤精密空调直接驱动。当然这种结构是在特殊场景下应用的，普通机房后期也不方便进行改造，但是具有传染病隔离需求的特殊机房可以考虑。

（2）空气净化消毒设备同时对磁体间和设备间两个房间起作用。这种设计只需要在设备间内安装相应的空气净化消毒设备就可以实现，但是在计算净化能力选择产品型号的时候需要将设备间和磁体间两个房间的面积相加。

既然设备间内有精密空调，那么这台空调不能直接进行空气净化作用吗？答案是目前暂时缺乏带"足够"净化能力的空调，原因很简单，精密空调要求较大的通风风量，在如此大的通风风量的条件下还要保证医用空气净化器或者 FFU 净化器的功能，那么它对空调功率的要求会非常高。

同时了解精密空调的读者可能还会问，空调里面不是有过滤网吗，它能起到空气净化作用吗？答案也是否定的，一般精密空调的过滤网只能过滤较粗的粉尘，对 PM2.5 基本是无能为力的，即便是这样这个过滤网也非常容易脏，因此在设备日常维护的过程中也需要对滤网定期进行清理，不然会影响到精密空调的控温、控湿能力。

2. 空调过滤消毒的注意事项

通过以上分析，MRI 机房的空调过滤消毒设计需要注意以下几点。

（1）对于有病毒隔离需求的特殊类型机房，传统的做法是设备间和磁体间气流相连通，因此为了避免病毒传播，建议在设计施工的时候就考虑磁体间单独设计负压新风和使用磁体间独立空调的方案，避免病毒扩散。

（2）传统机房升级空气过滤消毒功能时首先应该检查当时设备间的情况。由于很多医院安装 MRI 设备的时候，设备间地面以及墙壁的装修都不尽如人意，因此设备间往往都很脏，但是经过分析，实际上设备间和磁体间气流是流通的，因此如果想要升级机房的空气净化等级，须先检查设备间是否干净，PVC 地板是否已经铺好，最好预先进行全面的擦拭清理，这同时也给 MRI 设备提供一个减少灰尘的优良工作环境，毕竟灰尘也是设备故障的一大因素。大家可以回想 20 年前学校计算机房的准入要求，是不是还要带上鞋套防止灰尘，相对来说 MRI 设备更加精密，我们更应该爱护。

（3）当打扫完 MRI 磁体间和设备间卫生之后，可以考虑在设备间内放置一台大流量空气净化器或者消毒机，流量需要同时满足 2 个房间的空间。由于净化设备放置在设备间，因此运行噪声这个因素可以不需要考虑，毕竟精密空调运行起来的噪声比所有的空气净化器都要大得多。建议将净化器放置在平衡波导管回风口处，这样不会改变原有风路，避免出现风路紊乱的问题影响空调正常使用。

（4）如果一定要带空气消毒机进入磁体间，请务必联系设备厂家工程师，咨询机器是否能够进入，如果能够进入需要远离磁体多少距离等问题，避免出现意外的情况。

第二章

磁共振设备的安全及相关注意事项

磁共振安全是进行磁共振检查及开展相关维修维护工作的重要前提。随着高场及超高场 MRI 系统在医院和科研院所的普及应用，MRI 检查过程中的安全问题越来越多地受到关注，MRI 系统形成的静磁场、梯度磁场和射频脉冲为 MR 成像提供了必要的条件，但与此同时也产生了其独有的安全问题。如果处理不当，不仅会导致邻近的仪器设备损坏，更可能危及受检者和工作人员的安全。其中涉及磁体的安全性、射频脉冲的生物效应等一系列问题。此外，从事 MRI 设备安装、检测、维护、维修的工程技术人员，必须掌握相关的安全常识，以确保人员、设备及环境的安全。

第一节　磁共振场地安全基本要求

一、MRI 设备场地

磁共振设备的机房一般由 3 个房间组成：① 检查室（examination room），又称扫描间或磁体间，是 MRI 扫描仪所在的房间，被检查者在这里完成扫描；② 控制室（operator area），又称操作间，是 MRI 技师操作磁共振设备的房间，一般与扫描间相连；③ 技术室（technical room），又称设备间，主要存放与磁共振相关的各种机柜，具备完整的供电、供水设备，并尽可能与磁体间相连。

（一）MRI 场地的分区

为了尽可能合理利用场地及保证安全，MRI 场地从使用功能和安全等级上可以划分为 4 个不同区域（图 2-1-1）。

不同区域对于进出人员有不同的安全规范要求及限制。使用罗马数字 Ⅰ、Ⅱ、Ⅲ、Ⅳ，对不同的区域进行划分和标识（图 2-1-2）。

（1）区域 Ⅰ。该区域一般处于磁共振区域以外，属于公共区域，是受检者、家属及医务人员进出磁场环境的通道。所有人员在该区域并不受限。

（2）区域 Ⅱ。该区域也属于公共区域，但属于可自由进出的区域 Ⅰ 与被严格控制进出的区域 Ⅲ、Ⅳ 之间的过渡区域。在该区域人员并不受限，但未经许可不得进入下一个区域。被检查者一般也是在这个区域接受 MRI 工作人员的筛查。

（3）区域 Ⅲ。该区域是只有 MRI 工作人员有权限进入的区域，也叫作 MRI 设备的操作间。应当用门禁或者其他物理方法将区域Ⅲ中的 MRI 工作人员与外部非 MRI 工作人员隔离开来。

（4）区域Ⅳ。MRI 设备本身所在的区域，又称检查室或者磁体间。只有 MRI 相关工作人员和经过安全检查的被检查者才允许进入。建议在该区域入口设置醒目的红色警示灯，以提示强磁场的存在；同时，还应安装铁磁性物质探测系统，以避免铁磁性物体误入，造成安全隐患。

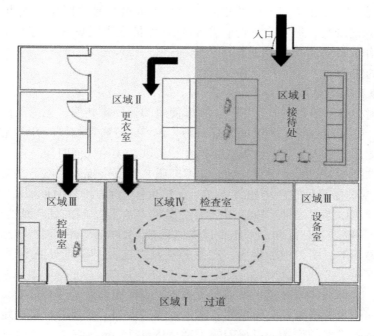

图 2-1-1 磁共振设备场地不同区域示意图

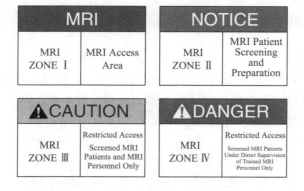

图 2-1-2 磁共振设备场地不同区域标识

（二）人员的分区管理

所有 MRI 相关工作人员，至少是区域Ⅲ、Ⅳ的工作人员，应该每年接受 1 次 MRI 安全培训并记录在案。根据受培训程度不同，可将 MRI 工作人员分为两级：① 一级 MRI 工作人员（level 1 MRI personnel）是指接受过基础安全培训，能够保证个人在强磁场环境中安全工作的人员，主要包括相关麻醉人员、护士、患者服务相关人员、场地工程师等；

② 二级MRI工作人员（level 2 MRI personnel）是指接受过高阶 MRI 安全培训和教育，对MRI 环境潜在危险及原理有深刻认识的相关工作人员，主要包括 MRI 操作技师、放射科医生、放疗科医生、医学物理师等。

非 MRI 工作人员（non-MRI personnel）是指不能通过 MRI 安全检查（如体内有铁磁性植入物）的人员，以及在过去的 12 个月内没有接受过任何 MRI 安全培训的人员。

非 MRI 工作人员处于区域Ⅲ或区域Ⅳ时，应该由二级 MRI 工作人员陪同。一级 MRI工作人员可在无二级 MRI 工作人员的陪同下独自进入区域Ⅲ或区域Ⅳ，也可以负责陪同非 MRI 人员进入区域Ⅲ，但不能负责监管非 MRI 人员进入区域Ⅳ。另外建议至少安排 1名二级 MRI 工作人员实施 MRI 检查前的安全筛查。

二、磁场的安全

（一）磁场强度及空间

和其他放射检查及治疗类设备不同，临床使用的超导磁共振，无论工作与否或者是否正在扫描患者，扫描间也就是区域Ⅳ都有磁场。磁场的分布在扫描间并不是均匀的，离磁体孔越近，磁场强度越大，其磁性吸引力越大。所以，无论任何时候，进入磁共振扫描间都需要进行磁共振相关的安全筛查并且必须遵守磁共振安全规范。以下是需要注意的基本原则：① 磁共振扫描间里的磁场始终存在，无论工作与否（时间性）；② 肉眼不能够直接看见磁场，但可以通过测量手段感知磁场；③ 磁场在扫描间的任何地方都存在（空间性），所以只要是要进入扫描间，一定得检查患者身上的物品是否符合安全条件；④ 越靠近磁体中心，磁场的吸引力增加越大，产生的抛射力越大；⑤ 对于任何强度的磁体，我们都需要注意安全。

磁体形成一个椭圆体的磁场，其强度由磁体中心向四周逐步递减散射，并在磁体中心形成了一个强而稳定的静磁场。磁场的范围由磁体的场强、磁体的种类决定。目前，高场强磁共振成像系统散射的磁场，可覆盖的半径范围达 15 m 左右，形成相对危险区域。在临床工作中，由静磁场引发的事故最常见，其主要安全问题包括铁磁性物体的投射效应、体内置入物的安全性和失超。

（二）5 高斯线

描述磁场强度的大小一般用特斯拉（tesla，T）来表示，还有一个量纲更小的单位——高斯（gauss，G），特斯拉与高斯的换算关系是：1 T = 10 000 G。地球自转时也会产生磁场，在南北极磁场相对比较高，大概是 0.8 G，而在赤道则最低，只有 0.3 G。可以说 1 G 的磁场强度是非常微弱的，基本可以忽略不计。

5 高斯线是一个区域空间概念，表示在这个区域以外的磁场强度都小于 5 G，为了形象地描述这个空间，把它以线段的形式反映出来。5 G = 0.000 5 T = 0.5 mT。一般认为 5高斯线以外是安全区域，其磁场强度可以忽略不计，可以认为是静磁场的安全范围。

不同场强的磁共振，其 5 高斯线范围并不相同。3.0 T 磁共振由于静磁场高于 1.5 T，所以其 5 高斯线范围也比 1.5 T 大（图 2-1-3）。一般要求将 5 高斯线控制在磁体间以内，也就是区域Ⅳ。操作磁共振的技术人员所在的操作间都是在 5 高斯线范围以外，所以可以认为是安全区域。厂家也会在相应位置标识出 5 高斯线范围，方便查看。

除了 5 高斯线范围，有些设备还要求标出其他一些高斯线范围，比如 40 高斯线范围、200 高斯线。在进行术中磁共振的时候，要求转运床不能接近磁场强度 40 G 的区域内，所以会专门标出 40 高斯线范围。

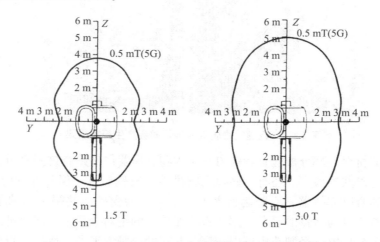

图2-1-3 1.5 T 和 3.0 T 的磁共振的 5 高斯线范围示意图

（三）抛射效应

当把物质置于外加的磁场环境中，物质将在静磁场的作用下感生出一个磁场，称为感生磁场。根据感生磁场的大小和方向，物质的磁性分为顺磁性、逆磁性、铁磁性及超顺磁性。使用磁化率（X）来描述物质的磁敏感性。

（1）顺磁性（paramagnetism）：$X>0$ 但非常小。顺磁性物质在外加磁场中感生一个磁场方向和外磁场方向相同的磁场。

（2）逆磁性（diamagnetism）：又称反磁性或者抗磁性，其 $X<0$ 但也非常小。逆磁性物质在外加磁场中感生一个磁场方向和外磁场方向相反的磁场。人体中大部分组织是逆磁性的，如水、脂肪及钙化灶。

（3）铁磁性（ferromagnetism）：$X>0$ 且非常大。铁磁性物质在外加磁场中感生一个强大的磁场，其方向和外磁场方向相同，并且外磁场环境撤销以后该物质仍然能保持磁性，类似于被永久"磁化"，其代表性的物质就是铁，所以把这种现象称为铁磁性。

（4）超顺磁性（superparamagnetism）：$X\geqslant0$，但小于铁磁性物质，其磁化率介于顺磁性物质和铁磁性物质之间。

抛射效应（projectile effect）或者称投射效应，是指在强大的静磁场环境下，铁磁性物质被吸引，迅速加速飞向磁体中心产生的一种物理效应。为了避免这种效应对扫描间里的人员和机器造成伤害，铁磁性的物质是严禁带入磁体间的，这是磁共振安全的第一原则。

金属物质是首先需要注意的，特别是铁磁性金属物质，如铁、钴、镍及一些其他合金，会被主磁场吸引产生抛射效应，这些铁磁性金属扫描前是必须全部摘除的。一些安全事故如图2-1-4所示。还有一些金属是顺磁性金属物质，如铱、钛、锰、钆等，其中部分由于其顺磁性可以产生缩短组织 T_2 及 T_2^* 效应，利用这种特性可以制成螯合物产生增强效应。另外一些金属是逆磁性的，这类金属主要是金、银、铜等，这类金属相对比较安全。

非铁磁性的物质也不是绝对安全的，如放疗定位常用的碳纤维板材，虽然没有铁磁性，但是扫描过程中会产生热量，影响射频的发射和接收，并且使被检查者有烧伤风险。这是磁共振安全的第二个原则：只有满足 MRI 兼容的第三方设备或装置才能进入磁体间。

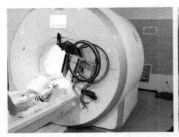

图 2-1-4　铁磁性物质进入磁体间会产生严重后果

除了外部的材料，部分被检查者体内有植入物，需要严格筛查这些物质，存在铁磁性的材料则禁止行磁共振检查。还有一些植入物虽然没有铁磁性，但是在静磁场的影响下，可能会失效，如心脏起搏器，心脏起搏器的功能可能会受到磁共振磁场的干扰，从而失灵。以往安装有心脏起搏器的患者，都是磁共振检查的绝对禁忌证，严禁进入磁共振扫描间。现在，有部分厂家已经制造出可以兼容磁共振的心脏起搏器。所以，目前美国食品药品监督管理局（FDA）要求心脏起搏器材料制造商必须标识出材料是否兼容磁共振检查。

（四）材料的磁共振安全标识

只有满足 MRI 兼容的设备、装置或者材料才能带进磁体间，这就要求设备或者材料的制造商对该材料是否满足磁共振安全进行标识。

图 2-1-5 所示为常用的材料磁共振安全标识，一般把材料是否兼容 MRI 分为三类来标识。① 材料满足磁共振安全（MR safe）：该材料可以带入磁共振扫描间并且扫描时可以使用，该标志一般以一个方形里面显示 MR，多采用绿色字体。② 材料不满足磁共振安全（MR unsafe）：有这种标识的设备、装置及材料不能带入磁共振扫描间。该标志一般以一个圆圈加斜杠显示，多采用醒目的红色字体。谨记永远不要把贴有该标记的物品带入磁体间。③ 在一定条件下满足磁共振安全（MR conditional）。有这种标识的设备、装置及材料，需要制造商标记出满足什么条件可带进磁共振使用。该标志一般以三角形里面显示 MR，多以黄色颜色填充三角形。

左：满足磁共振安全；中：不满足磁共振安全；右：在一定条件下满足磁共振安全

图 2-1-5　常用的材料磁共振安全标识

磁共振安全及磁共振不安全的标识都是非常醒目并且清楚的，通过以上标识，磁共振相关工作人员及用户可以一眼就方便看出材料是否兼容磁共振检查。这里强调特别要警惕黄色标识，也就是满足一定条件下才可使用的材料，要关注制造商标识出的具体使用条件或要求。例如，有些材料可以在 1.5 T 磁共振中使用，场强再高则存在安全隐患；有些材料可以在 40 高斯线范围外使用，再靠近磁体间则不行。

进入磁体间的设备、装置及材料必须满足磁共振兼容性并且保证没有安全隐患才可以使用。很多医院会在进入扫描间的门外安装金属安检门，这种方法能够起到一定作用，避免有不兼容磁共振的物品由于遗忘而被误带入扫描间。当然，我们还是要强调人的作用，操作者在患者进入扫描间前一定要严格仔细地筛查。

三、安全注意事项

对于患者和工作人员而言，MRI 扫描室内最大的危险就是那些接近磁体的铁磁性物体。因为磁体磁场中的投射效应，周围的强大静磁场会吸引附近的铁磁性物体。静磁场并非线性衰减，从由外向内的方向靠近磁体的某一点，磁场吸引力会迅速增强，仅数厘米范围内可增强十几倍，形成非常危险的情势。

一些小的铁磁性物品，如手术刀、剪刀、钉子、发卡、硬币、打火机、手电筒、手机、钢笔等，可能在无意间靠近磁体的过程中，因受到强烈磁力的吸引作用而突然"飞"向磁场中心，并在惯性作用下继续飞行，穿过磁体扫描孔中心点或被牢固地吸附在磁体上。这一运动过程可能会伤及人体。一些体积比较大的金属物品，如氧气瓶、轮椅、病床、雨伞、金属拐杖等，以及一些磁共振系统不兼容的仪器设备（监护仪、注射泵、呼吸机等）在接近磁体时，不仅会伤害人体，还可能毁损仪器设备，造成重大安全事故。因此，严格禁止将这些铁磁性物品和相关设备带入 MRI 扫描室。在磁共振室外，通常张贴有不能带入磁共振室的物品的警示标识（图 2-1-6），应加以关注。

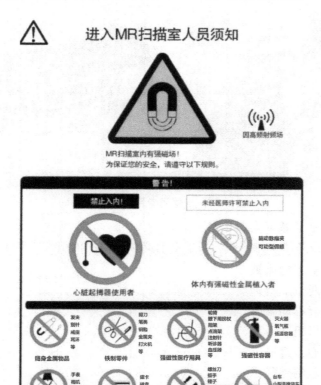

图 2-1-6　常用磁共振安全标识

磁共振成像装置的主磁场是地球磁场的数千倍，要接触磁共振成像装置磁体，必须注意以下几点。

1. 不能将铁磁性物体带入磁体间

磁共振设备维修工程师要使用无磁性的维修工具，不能将有磁性物体（如工具、卷尺、钢笔、真空泵等）带入磁体间，无磁性工具是进行磁共振设备维修的必备工具。如果使用有磁性工具，即使在可控范围内，也可能会带来安全隐患。无磁性工具应放置在5高斯区域之外，以避免放置的工具被拉入磁体，造成人身或设备的伤害。在更换冷头需要使用真空泵时，切记要将真空泵放在磁体间门外，远离主磁体。

2. 不要将大型金属物体带到磁体间的外墙附近

大型金属物体（如氧气瓶、备件箱体、轮椅、病床等）带到磁体间的外墙附近时，这些金属物品会影响磁体间主磁场的均匀性和稳定性，也影响射频磁场的均匀性，特别是磁体间外移动的车辆对磁场影响很大。因此，不要将大型金属物体带到磁体间的外墙附近。

在医院诊疗过程中，最常见的影响磁共振的大型金属物体主要是患者的轮椅、病床，有条件的医院可以选用适用磁共振场所的轮椅和病床（图2-1-7），以进一步确保磁共振安全。

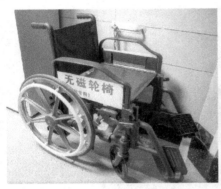

图 2-1-7　磁体间专用轮椅和病床

3. 建立设备维护维修双人工作制

在进行磁共振设备维护维修时，可能会有必须将铁质的组件或者工具运入或移出磁体间的情况。为防止金属物体被主磁体吸入，应有两位工程师同时在场，相互配合移动金属物。例如，更换鼓风机、冷头等，一定要格外小心，遵循远离磁体200高斯线范围路径原则，铁质工具尽可能远离主磁体、靠近磁体间的墙壁和地板。某3.0 T磁共振200高斯线范围的路径图如图2-1-8所

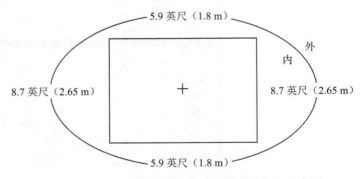

图 2-1-8　某 3.0 T 磁共振 200 高斯线范围路径示意图

示。图中，椭圆线表示200高斯线范围路径线，此线以外场强小于200 G。

4. 严禁将含金属的电子产品带入磁体间

一些含金属的电子产品（如手表、信用卡、磁卡、手机、相机等），禁止带入磁体间，靠近磁体可能会导致产品损坏、磁卡磁性消失，也可能影响主磁体安全。

5. 张贴高磁场警示区域标识

在磁场强度为5高斯区域外，张贴警示标识（图2-1-6），警告装有心脏起搏器、神经刺激器和其他生物刺激设备的人员，磁场对这些设备有影响和威胁，应远离高磁场区域，必须在工作人员的引导下进入相关区域，图2-1-9为某品牌磁共振设备张贴的警示标识，国内使用时也要同时配备中文的警示标识。

图 2-1-9 强磁场区域警示标识

第二节 磁场的生物学效应与安全

一、静磁场的生物学效应

主磁体作为磁共振设备的主要组成部分，其作用是提供一个稳定的静磁场环境。临床用于人体的磁共振扫描仪，静磁场大部分在$0.2\sim3.0$ T，目前临床最常用的超导磁共振静磁场主要是1.5 T和3.0 T，在这个磁场范围内并没有文献报道对人体有负面影响。最近几年也逐渐有7.0 T的磁共振用于人体脑部扫描的报道。随着静磁场的升高，长期暴露于强磁场环境中，对人体有无短期或者长期的不良影响目前并不清楚。

对磁场影响人体的研究已有数十年历史。一般认为高频磁场对人体有害，低频磁场在短时间内对人体无明显影响。一项对长期暴露在0.35 T磁场下的工人进行的研究发现，头痛、易疲劳、胸痛、食欲下降、眩晕、失眠和其他非特异性疾病与长期暴露在磁场中有关。多项研究结果显示，不超过4.0 T的磁场不会产生有害的生物效应，包括不改变细胞的生长和形态、DNA结构和基因的表达、胎儿期的发育和出生后的生长、视觉功能、神经的生物电活动、动物本能、对光刺激的视觉响应、心脏血管的动力学、血液学指数、生理的适应能力和 24 h 节律、免疫表达等。

虽然在 0.2~3.0 T 范围内，静磁场对人体的影响非常小，但仍然存在一些生物学效应。主要包括以下几种情况。① 温度效应：由于人体的体温调节中枢具有强大的调节体温的能力，所以静磁场对人体温度的影响几乎可以忽略不计（射频场对人体的体温影响更大）；② 磁流体动力学效应：主要是指人体的血液、体液等流体在静磁场环境中产生的一些效应，包括红细胞沉降速度加快、心电图改变，不过这种效应对人体的影响也并不大；③ 中枢神经系统效应：人体的神经系统传递是一种电活动，磁场有可能影响这种电活动。目前并没有文献报道磁共振对人体神经活动有显著的不良影响。

二、射频场的生物学效应及安全注意事项

每一种影像检查技术成像都需要有一种介质通过人体，利用人体组织对介质的差异及不同反应来达到成像的目的，如 X 射线和 CT 主要是通过 X 射线穿透人体来成像。磁共振成像也同样有这种介质，为了激发人体氢质子，必须使用一个与氢质子进动频率相同且方向与主磁场 B_0 垂直的 RF 脉冲。RF 脉冲其实就是一定波段的电磁波，磁共振检查之所以没有电离辐射是因为激发人体氢质子的射频脉冲波长较长、能量不大，不会改变人体的化学性质。

RF 脉冲由射频线圈产生，由于 RF 脉冲本来就是电磁波，它也会在周围产生一个磁场，为了区别主磁场 B_0，我们把 RF 脉冲形成的磁场称为射频场，虽然不会对人体产生电离辐射，但是它也具有一些生物学效应。

（一）生物学效应

射频场的主要生物学效应表现为热效应（heat effect），即人体组织吸收了射频的能量，可能导致组织温度上升，在局部产生发热或者热量积累效应。不同的被检查者的体验可能是不同的，有的人做完检查全身大汗淋漓，有的人则基本上没有感觉。

MRI 射频是一种波，在与生物体组织接触过程中，会使生物体组织发热，日常生活中使用的微波炉就是一个例证，某型号微波炉输出功率为 700 W，产生的热量可以加热食物。因此，MRI 射频生物学效应是首要考虑的问题。MRI 系统射频放大器功率是微波炉功率的 20 倍以上，如果严格按照规范使用 MRI 系统，是不会产生烧伤事件的，这主要是因为两者工作原理不同（图 2-2-1）。

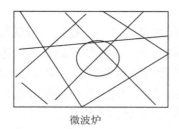
微波炉

MR 射频

图 2-2-1　微波炉微波与磁共振射频特点

微波炉工作原理：射频通过腔体不断进行无规则反射，入射的射频角度不定，最终作用于物体导致物体内各个分子产生了更加杂乱无章的运动，由此产生了一种类似于摩擦生热的作用，导致温度升高。

MR 射频工作原理：入射信号按照同一个方向作用于物体，氢质子产生了能级跃迁，

质子停止吸收能量后产生弛豫。但是所有的运动都是严格有序的，因此产生的摩擦生热非常小，发热效率很低。只要严格按照操作规范进行线圈摆放，一般情况下是比较安全的，但仍需要关注可能存在的风险。

人体组织吸收 RF 脉冲的能量导致体温上升，体温的升高程度和 RF 脉冲持续时间、检查的序列、总体检查时间、被检查者自身的体温调节能力都有关系。检查过程中体温会略微上升，对于正常人来说完全没有问题。但是对于一个本来就高热的患者，则比较危险，所以应该禁止高热者进行磁共振检查。

身体上有大面积文身的患者需要特别注意防止烧伤事件。如果文身不能去掉，这种情况就需要考虑是否适合进行 MRI 检查。另外，如果检查者佩戴口罩，在进行磁共振检查时需要注意口罩是否含有金属成分，如带有金属丝的鼻夹或者具有纳米颗粒或抗菌涂层的口罩，在进行磁共振扫描时可能产生烧伤事件。FDA 建议，进行 MRI 检查之前，由专业人员确认被检查者所戴口罩是否安全。

在磁共振检查过程中，射频场产生的热效应不可避免，它会产生一些潜在的安全隐患，如接收线圈或者线圈连接线接触被检查者可能导致皮肤裸露部位烧伤。所以，在检查过程中，应该在线圈和人体之间增加隔热的线圈垫，使被检查者不直接接触线圈及线圈连接线。在对被检查者进行摆位时，要求被检查者双手不要交叉，形成环路。另外，应该尽量限制被检查者接收的射频能量。

（二）特定吸收率和特定能量剂量

为了能够更好地控制人体接收的射频能量，量化射频场的热效应，引入了以下一些指标。

1. 特定吸收率

特定吸收率（specific absorption rate，SAR）：是指每千克单位的组织所吸收的射频能量，它的单位是瓦每千克（W/kg），又简称 SAR 值。从这里可以看出，SAR 值和被检查者的体重有关。磁共振检查前通常要求技师输入被检查者的体重，就是为了计算需要发射的射频能量，并且可以监测 SAR 值。体重输入不恰当则会导致射频能量差异过大，比如一个 90 kg 的患者，如果输入的体重只有 45 kg，则射频系统按照 45 kg 重量发射能量，就会能量不足；同样一个 45 kg 的人，如果输入的体重是 80 kg，则射频发射的能量对于这个人来讲就过大，热量沉积就多，可能就超过了 SAR 限定值。1 W/kg 的 SAR 值能量的标准量化是 1 h 使得绝缘板温度升高 1 ℃。

某射频放大器相关参数中功率为 18 kW，放大倍数为 72.6 dB，信号发生器生成的 0 dBm 的信号通过射频放大器放大至 72.6 dB，利用射频线传输到 QBC 中，最终产生激励信号作用于被扫描物体，射频能量发射到被扫描物体后会发热，也就是在扫描界面中的 SAR 值。

电气与电子工程师协会（IEEE）及 FDA 对于 SAR 值是有限定的，一般规定：① 全身的平均 SAR 值<4 W/kg；② 头部的平均 SAR 值<3.2 W/kg；③ 胎儿扫描要求全身平均 SAR 值<3 W/kg。

同一个被检查者的总扫描时间长短也会影响其热量沉积。显然，总扫描时间越长，其累积的能量沉积越多，体温升高越大。所以，为了评价在整个检查过程中被检查者积累的射频能量，又引入了另一个指标——特定能量剂量。

2. 特定能量剂量

特定能量剂量（specific energy dose，SED）等于全身平均 SAR 值乘以检查时间。采用 SED 来定量描述射频能量的积累，可更好地反映整个检查过程。

通常扫描过程中磁共振设备会对 SAR 值及 SED 值进行监控（图 2-2-2），如果 SAR 值超出了规定的大小，则机器会自动停止扫描，待 SAR 值恢复正常再继续扫描，这也是为了最大限度地保护患者，避免风险。

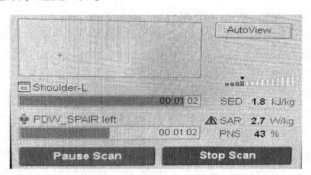

图 2-2-2　扫描过程中磁共振系统会对 SAR 值及 SED 值进行监控

我们还可以通过磁共振参数来限制 SAR 值，如修改机器的 SAR 值模式。一般的磁共振设备都会通过 SAR 值模式来控制射频脉冲输出的能量。一般 SAR 值模式分为低（low）、中（moderate）、高（high），部分型号的设备还可以设置为超低（ultra low）模式。选择越低的 SAR 值模式，射频脉冲输出的能量越低，被检查者接收的能量就越低。

三、梯度场的生物学效应及安全注意事项

梯度场是叠加在主磁场上的额外附加场，磁共振信号的空间定位及信号采集阶段都需要使用梯度场，在磁共振扫描时梯度系统产生梯度场。相对于静磁场，梯度场的大小和方向随着不同磁共振序列扫描不断发生变化。

（一）生物学效应

变化的磁场在导体中可以产生感应电流，所以梯度场的生物学效应和静磁场是完全不同的。梯度磁场对人体的影响主要表现为周围神经刺激（peripheral nerve stimulation，PNS），即梯度场的快速变化（切换）在人体组织中产生诱导电流。如果梯度切换过快，诱导电流可能引起神经或肌细胞的刺激，特别是刺激人体的末梢神经，产生周围神经刺激症状。一般来说，这种感觉非常轻微，不容易被检查者察觉；当然部分特殊序列检查时，PNS 会比较明显，这种感觉有可能造成被检查者的不适。

为了避免产生 PNS，一般要求检查过程中的梯度变化率小于外周神经刺激出现的阈值。以梯度场变化率来量化梯度场的变化，梯度场变化率越大，则越有可能产生 PNS。目前各大公司推出的最新磁共振设备，梯度性能都非常高，体现在梯度场大小和梯度切换率上，不同磁共振序列的梯度切换率也不同，部分序列的梯度场切换率比较大，如 DWI-EPI 序列相对容易产生 PNS。在扫描过程中，系统会对梯度切换率及可能产生 PNS 的阈值进行监控（图 2-2-2），如果超过了阈值系统会自动停止扫描。

对于可能引发 PNS 的扫描，需要注意以下事项：① 告知患者可能出现 PNS，并描述感觉症状，避免患者紧张；② 两手相握会形成一个传导环路，从而增大发生刺激症的可能性，因此建议患者不要两手相握；③ 在扫描过程中，通过监视器和对讲机或直接与患者保持有效联系；④ 如果观察到刺激征兆或得到患者的反应，立即停止扫描；⑤ 患者应将双臂放在身体两侧，以降低发生 PNS 的可能性。如果戒指、拉链、腰带等金属物件开始振动，则表示发生 PNS。

最后需要注意的是，PNS 的发生部位和症状因人而异，大部分被检查者表现为轻微的刺麻感或轻微颤搐。

（二）噪声

MRI 扫描时伴随的噪声是由电流通断导致梯度开关振动产生的。周期性的梯度切换导致了噪声重复。梯度磁场越强，噪声越高。在几种医用 MRI 扫描设备上，测得与梯度磁场相关的噪声水平为 65~95 dB，这处于 FDA 认可的安全范围。有研究表明，当患者没有佩戴耳保护装置接受 MRI 检查时，这些噪声对患者的听力可造成一定的损害。噪声还常使患者感到厌恶、情绪激动，一些患者因此放弃 MRI 检查。降低噪声有多种方法，包括主动和被动技术。被动降噪法使用特制的耳机或耳塞，简单而实用。

对于 1 000 Hz 以上的高频噪声，耳机或耳罩可使其衰减到 30 dB。但对于 250 Hz 左右的低频噪声，耳机或耳罩对其衰减不明显。此外，耳机或耳朵只对双耳附近的噪声起作用，其他部位的噪声仍可通过皮肤、骨骼等传至大脑。主动降噪技术采用有源噪声控制（active noise control，ANC）技术，更为有效。ANC 技术先采集目标区域的噪声，并对其进行分析，而后产生方向相反、强度相等的声音信号回放到目标区，使回放声音与 MRI 产生的噪声相干涉，最终达到抑制噪声的目的。这种方法不会明显影响图像质量，且像音乐之类的声音可以向患者正常传送。

第三节　超导磁共振制冷系统的安全

根据磁共振磁场产生的方式，磁共振设备可分为铁磁型和电磁型。铁磁型又叫永磁型，直接用永磁材料制成，一般其产生的静磁场强度比较低，在 0.1~0.5 T 范围内。电磁型利用的是通电产生磁场的原理，在磁体周围绕了很多线圈，线圈通电后可以产生磁场。根据导线材料，电磁型又可分为常导和超导两种，常导电磁型需要持续通电才能维持静磁场强度；超导电磁型则不需要，当将超导材料置于某一临界温度，则其电阻为零，通电后电流在线圈中自发流动，也就是一次性完成线圈励磁后，后续不需要电源持续供电磁场也会存在。目前临床上大部分高场强磁共振都是超导型。

一、超导磁共振的特点

和永磁型磁共振设备相比，超导磁共振设备有很大的区别。首先是静磁场的方向不同，永磁型设备形成的磁场方向是与人体长轴垂直的纵向方向，而超导磁共振设备的静磁场方向是与人体长轴平行的水平方向。两者在设备的组成及构造上也有很大的不同，超导型磁共振设备一般结构如图 2-3-1 所示。超导型磁共振的磁体系统相对更加复杂，从外观来看，一个显著的特征是其具有一个类似烟囱的部分通向天花板，这是为了让液氦排出的管道结构。

超导磁共振虽然有诸多的优点，但是为了维持超导状态，磁体内部温度需要足够低以达到材料的超导临界温度，这就需要磁体内有制冷装置或者制冷剂。一般磁体内需要注入 1 500~2 000 L 液氦（liquid helium）。而液氦又是一个稀缺的资源，所以越来越多的厂家在研发无液氦的超导磁共振。比如，PHILIPS 在 2018 年北美放射学会（RSNA）年会上推出的 Ambition 1.5 T 超导磁共振，采用 blue seal 磁体技术，磁体内没有大的液氦罐，而是在磁体的四周设计了 4 个相对小的腔体（也就是 blue seal 密封容器）用于盛放液氦，4 个液氦储存器通过真空通道连接，内部管道联通并与外界不导通，则这种磁体仅需要 7 L 液氦。这样的话，该磁共振就不需要失超管，而且由于液氦只有原来的 5%，磁体的重量也减轻了 900 kg，可以安装在高楼层。

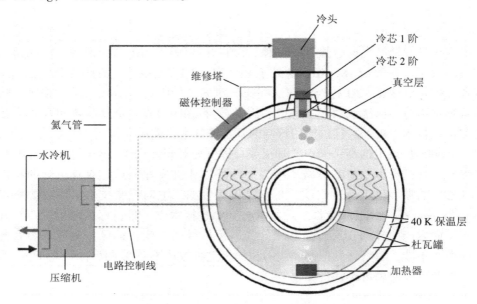

图 2-3-1　超导型磁共振的磁体结构

二、制冷剂安全问题

液氦会随着时间不断损耗，液氦位置（液位）到了一定的低点则提示液氦不足需要补充。如果采用最先进的高效制冷系统，如 4 K 冷头技术，超导磁体理论上可以做到液氦零消耗。正常情况下，液氦是不会大量蒸发以气体形态排出的，但是在一些特殊情况如失超状态下，液氦有可能大量排出，产生安全隐患。

氦气具有无色、无味、无毒等特性，密度比空气小，但是氦气从液体形态变成气体形态体积会增加 763 倍。所以，液氦一旦泄漏到扫描间会造成非常严重的后果，主要包括：直接冻伤人体；体积增加 700 多倍导致扫描间压力增大，造成缺氧等情况。这些液体与皮肤接触会导致严重冻伤（图 2-3-2）。在进行设备维修或者补充液氦的

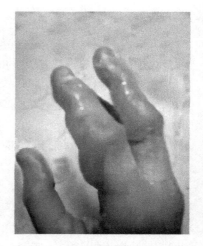

图 2-3-2　低温液体造成严重冻伤

时候，必须要求工程师穿戴非吸收性的防护服和手套，防止溢出物流到皮肤上，避免极端情况下发生冻伤。眼睛接触液态制冷剂或气体，会导致严重的冻伤，建议戴防护目镜或面罩。实际操作中，维修工程师往往没有自觉佩戴护目镜或面罩。

保持通风，防止窒息。液氦在高于一定温度时会发生汽化，氦气会在无预警情况下置换室内空气，如果机房通风不良，会导致人员窒息甚至死亡。因此给氦压机充气时，一定要记住开门通风。正常情况下，空气中的氧气含量大约为21%，高于18%的氧含量一般认为是安全的。氦气具有窒息性，氦气的泄漏会造成缺氧。当空气中氧含量低于6%，会导致休克甚至死亡。如果氦气泄漏到扫描间，会导致磁体间压力瞬间增大，这时从里面拉开门是不可能的，这也是为什么磁共振扫描间的门是向外开的。为了安全，超导磁共振都会安装一个专用的管道装置将液氦排出，避免其排到扫描室。这就是我们前面说的磁共振设备的"烟囱"，又称为失超管。

通常推荐在 MRI 扫描室使用氧气监视器，而且应安装在扫描室内适当的高度上。监视器显示氧浓度较低时，所有人员必须尽快离开扫描室，并打开扫描室门及通风装置。只有在氧浓度恢复正常水平后，才能返回扫描室。

三、失超

失超（quench），即失去超导，指超导 MRI 系统在主动或被动情况下，瞬间失去超导状态的一个过程。据粗略统计，全球超导磁共振失超率为12.5%。失超是 MRI 系统中非常重要的现象。

超导 MRI 设备内部的核心就是一个超导电磁铁，为了保持磁铁中心的磁场强度均匀，磁铁一般做成空心状，超导线圈在中空支架上缠绕。为了保证线圈处于超导状态，磁体内部温度需要足够低，目前主流磁体的内部使用液氦作为冷却液，液氦的温度为 4.215 K，约等于−269 ℃。

失超一般意味着磁共振主磁场的消失（去磁），以及制冷剂（氦气）的大量释放。

（一）去磁

励磁过程是给主磁体线圈施加电流的过程。给电磁线圈充电必须使用复杂的励磁回路，并且使用专用工具。如果本身已经有磁场的磁体，因为某种原因需要去除掉磁场，称为去磁。超导 MRI 磁体有两种去磁方式：① 退场去磁；② 失超去磁。

1. 退场去磁

退场是指同样通过励磁回路，可控地将电流通过加速器（具有很小的电阻，但是叠加了强大的散热系统）缓慢地消耗掉电能的过程。

一般来说超导磁体励磁时，需要将电击棒插入磁体中，将励磁回路引入主磁场，而励磁结束后将电击棒拔出。如果要退场去磁，也需要重新将电击棒插入磁体。

退场去磁优点有：① 过程可控；② 液氦消耗比较小；③ 对主线圈没有损害。

退场去磁缺点有：① 时间较为漫长，1.5 T 磁体大约需要 1.5 h，3.0 T 磁体大约需要 3 h；② 需要准备专用工具；③ 一般需要重新将电击棒插入磁体。

2. 失超去磁

失超是指主线圈中的一段或几段发热，导致此处线圈温度上升，从而失去超导状态产生电阻，线圈中流过的大量电流通过这一段电阻后，又产生大量的热量加热附近的线圈，从而引发连锁反应，最终导致全部主线圈失去超导状态，并将电流转换为热量加热液氦。

发生失超时，超导线圈在很短时间内失去超导特性，并把磁能变成热能释放出来，导致超导线圈的温度急速升高，液氦吸收这部分热能并汽化。在常温下，失超过程中约有 400~2 000 L 液氦汽化，导致大量氦气形成，并迅速膨胀、泄流，此时须注意安全。虽然，在磁体上方通常设置有氦气释放通道，以保证能够及时将氦气导出 MRI 扫描室。但是，在发生失超时，一旦因释放通道被堵或其他意外，致使氦气进入 MRI 扫描室内，便会危及患者和工作人员的生命安全。

失超不需要独立工具，是依靠磁体自身就可以发生的物理现象，结果是电磁线圈中的电流瞬间消失，同时液氦大量蒸发，蒸发产生的氦气通过失超管排向室外（图 2-3-3）。液氦蒸发变成氦气，体积膨胀大约 700 倍，通过失超管排出，气体排出的流量很大，因此失超发生后，失超管会发生猛烈的低温氦气排放。由此可见，失超管以及安全围栏是磁共振设备相当重要的辅助设备。失超后需要重新进行励磁才能恢复主磁场强度。

图 2-3-3　失超后氦气排出

失超去磁的优点有：① 过程瞬间完成；② 不需要专用工具。

失超过程的缺点有：① 过程不可逆，一旦开始只能任其发生；② 失超过程消耗大量液氦，一般情况会消耗掉磁体内全部的液氦；③ 失超后需要更换爆破膜；④ 一般需要经过培训的高级工程师对磁体内部进行除冰操作，此过程需要消耗大量高纯度氦气，并且费时费力；⑤ 有可能会损坏磁体。

（二）失超的类型

1. 主动失超

主动失超是指按下失超开关后发生的失超。退场需要较长时间，同时还需要专用工具，在紧急情况时（如果不马上退场，会导致威胁生命的情况发生），退场过程所需要的时间显然是不能被接受的，必须迅速地采取行动，这时就需要使用到失超开关。失超开关按下后，会加热磁体中的一个特殊的加热器（bath heater），这个加热器可以主动地加热一小段主线圈，从而引起连锁反应，最终导致失超现象的发生（图 2-3-4）。

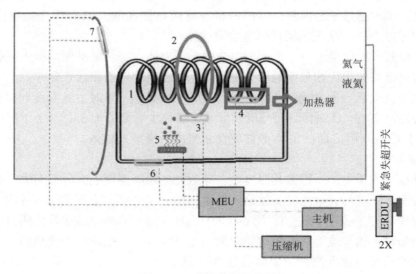

图 2-3-4　主动失超示意图

2. 被动失超

主线圈中任何一段线圈发热产生了电阻，就会导致连锁反应，最终发生失超。在实际使用过程中，其实有很多因素都可能被动地引发失超，并且发生被动失超时，一般工程师都不在现场，爆破膜往往不会第一时间恢复，这样会导致磁体内部较多地结冰，重新恢复的过程费时费力。被动失超可能是磁体内部的原因，也可能是由错误操作引起的，以下是被动失超的常见原因：① 主磁场线圈不够紧固，运行过程中相互间产生了摩擦；② 磁体内结冰，某些因素导致冷头停止工作后，冰融化掉落在主磁场线圈上引发热量变化；③ 金属物体吸入磁体引发失超；④ 磁体安全区域内有大质量的金属物体运动引发失超；⑤ 失超开关的误动作，失超开关实际上就是一个接触开关，两根导线接触就会引发失超；⑥ 还有就是操作人员或者患者误触失超开关引起失超。

3. 意外引起失超

常见的几种意外情况引发的失超事故：① 墙面装修打孔不小心直接打到失超线，引发了失超；② 老鼠咬断失超线引发了失超，所以一定要注意保护好失超开关以及失超线，尤其注意装修操作和防鼠。

这些意外引起的失超，也属于被动失超，但可以通过加强管理，避免这些情况的发生。

4. 励磁失超

励磁失超是一种特殊的失超，是新装机励磁过程引起的失超。这种失超虽然不是可控的和完全可以预计的，但是由于励磁操作过程中工程师在现场，可以第一时间更换爆破膜（失超后越早更换爆破膜越好，这样后续需要的操作也就越少），所以很多时候可能不需要除冰操作，多数情况下只需要重新添加液氦就可以重新励磁。而且由于磁体生产和运输的特殊原因，这种失超的发生对磁体以后的稳定运行可能还是有利的。

5. 失超训练（quench training）

既然失超并不是我们想看到的，那为什么还要训练呢？首先失超训练是工厂生产超导 MRI 磁体的一个步骤，介绍磁体的时候讲过，磁体内部的超导线圈浸泡在液氦中，工厂生产的时候是将超导线圈以一定顺序缠绕在固定件上制作而成的（图 2-3-5）。在介绍失超产生的原因时，提到过主磁场线圈不够紧固，运行过程中相互间产生了摩擦可能会引发失超，对于新生产出来的磁体，线圈一般来说都不会特别的紧固，如果要使它变得更加紧固，需要通过给线圈通电的方法，通过电磁场的相互吸引使其自然紧固。

图 2-3-5　超导磁共振磁体上的主线圈

第一次通电过程中，电流可能并没有加到 100% 就已经发生了失超，但是在这个过程中线圈已经比刚制作出来的时候紧固了许多，下一次线圈能够承受的电流就会增加。通过重复"励磁、失超、再励磁"的过程，最终主线圈能够承受的电流强度就可以达到标准要求。但是生产出来的磁体需要经过海陆空各种运输途径，最终到达安装的场地，在这个过程中，由于震动碰撞等各种因素，非常小的概率下主线圈的紧固程度会降低，能够承受的电流强度可能无法达到100%，此时进行励磁可能会发生失超。

然而就像上文所述，这样的失超实际效果是让主线圈更加紧固，我们可以认为是工厂的失超训练延续到安装过程中。因此如果通过专门的检测确认这类失超对磁体本身并没有多大影响，甚至可能会使其线圈更加紧固，更加稳定。需要说明的是，绝不是说安装过程中的失超对磁体是有益处的，因为安装励磁过程中失超发生的概率就极低，而且任何失超的发生都有一定的概率对磁体内部电路产生影响，因此失超本身一定要尽最大可能避免。

（三）失超后处理

MRI设备一旦发生失超，有两个问题需要尽快处理：一是失超后需要更换爆破膜，二是失超后一般需要经过培训的高级工程师对磁体内部进行除冰操作。

1. 爆破膜的更换

爆破膜，顾名思义是一个薄膜，它的作用是在发生失超时，第一时间破损把氦气排放出去。超导MRI系统中的液氦如果变成气态，体积膨胀大约700倍，封闭空间内气体迅速膨胀，这个过程我们在日常生活中偶尔能见到，就是爆炸。因此需要有失超管将氦气排放出去，避免造成更大的损害。但是失超管只能起到导气作用，平时没有发生失超时，我们并不希望磁体内部与外界接通，这样肯定会损失大量液氦，那么怎么做呢？很简单的方法就是在磁体和失超管之间加入一个可以破损的薄膜，正常情况下，薄膜能够起到密封作用，一旦磁体内部压力急剧增大时，氦气冲破薄膜，磁体内部的高压气体通过破损的爆破膜顺着失超管排出磁体（图2-3-6）。

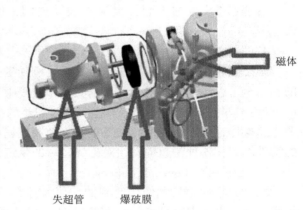

图 2-3-6　爆破膜安装位置

每一个爆破膜都有一个临界压力，在此压力以下时，保持密封状态，一旦超过临界压力爆破膜破损，比如某型号超导MRI磁体的爆破膜极限压力为10 psi（1 psi ≈ 6 894.8 Pa），意思是磁体内外压力差超过10 psi时，爆破膜破损。爆破膜种类很多，一般有金属爆破膜、石墨爆破膜，这类属一次性爆破膜；还有可以多次使用的弹簧结构。图2-3-7所示为石墨爆破膜正常状态和失超后的状态。

正常状态　　　　　　　　　　　失超后

图 2-3-7　石墨爆破膜

发生失超并当现场情况稳定后，越早更换爆破膜越好，后续需要专业处理的工序也就越少，因此提醒大家如果遇到失超的发生，第一时间通知维修工程师到场处理。

2. 磁体内部的除冰

失超后一般需要经过培训的高级工程师对磁体内部进行除冰操作，失超后为什么要除冰呢？失超后爆破膜破损，磁体内大量氦气排出，磁体内压力急剧下降，如果长时间不处理甚至会变成负压。如果磁体内部变成负压，空气就会涌入磁体内部，此时虽然磁体内部大量液氦蒸发排出，但是内部温度远远低于室温。

实际上磁体失超后，内部温度还是基本保持在−269 ℃左右（只有失超后长时间不处理磁体才会升温，一旦磁体升温，后续再降温就会非常烦琐，因此发生失超后，尽可能第一时间更换爆破膜），空气一旦进入磁体会很快结"冰"，磁体内形成的冰不是我们平常意义上的固态水，更多的是固态氮和固态氧，磁体失去密封的时间越长，结冰也就越多。

如果要重新励磁，需要把这些冰除去，原理是用常温的高压氦气加热这些冰，将固态氮和氧重新变成气态，并通过管道将混合气体排出磁体（图 2-3-8）。听上去很简单，但是一般需要经过专业训练的高级工程师，使用专门的工具一点一点地将冰吹掉，结冰越多所需要的操作时间也就越长。吹冰结束之后重新励磁，超导 MRI 系统就可以重新正常使用了。

其实失超并不复杂，也不用害怕，需要做的是尽可能加强 MRI 使用的管理，避免误操作、防止误触发失超开关，加强日常管理，加强防止金属物体进入磁体间的管理，同时按照场地要求规范的标准，避免大质量的金属物接近磁体安全区域。其他的情况如果发生失超，都可以看作自然现象，没有必要特别紧张。

图 2-3-8 用高压氦气除冰示意图

四、失超管围栏

失超管围栏是指在失超管出口附近的围栏，目的是隔离安全区，防止人员受伤。失超管是超导 MRI 系统的一个特有组成部分，失超管就像一个烟囱，一端连接磁体，另一端通向室外。当磁体进行励磁、加注液氦或者失超的时候，磁体里面的低温氦气会顺着失超管排放到室外安全区域，这个安全区域就是失超管围栏。一旦发生失超，低温氦气会从失超管出口猛烈地排放出来（图 2-3-9）。如果没有任何围挡措施，当时恰好附近有人经过时，会发生严重的低温烧伤。失超管围栏是超导磁共振设备必备的辅助装置。

图 2-3-9 失超后氦气排放的状态

目前，市场占有率较高的"GPS"（GE、PHILIPS、SIEMENS）三个品牌 MRI 设备失超管设计中，以 PHILIPS 最为严格。PHILIPS MRI 设备在安装过程中有一个独有的步骤，称为"释放密钥（release key）"申请导入，设备安装调试完毕后，如果没有拿到释放密钥，系统是无法进行临床扫描的，而且特殊软件包全都无法打开。申请释放密钥需要将系统数据一并发送给国外的 snapshot 小组，小组专家审查通过后，才会发放解锁文件。发送的数据中包含了完整的失超管及失超管围栏各个角度的详细照片以及材质说明。

MRI 工程师团队在安装设备的过程中，一个很重要的步骤是检查失超管围栏是不是符合要求，对其确认无误后才会将数据发送给 snapshot 小组审查。国外专家关注手册中的"标准"，一个小小的失超管围栏，有时需要修改完善好多次，这么做是考虑到安全重于一切！

有些失超管设施，表面上看围栏并没有什么问题，警示标志、保温材料一应俱全，但实际上并不符合要求。下面来分析一些典型的不合格失超管围栏的设计案例：① 有围栏，但围栏下方缝隙作为排水口，不合格原因是没有考虑缝隙会被泥土堵塞，导致排水不畅。② 有围栏，但失超管出口处距离侧面板边缘的距离小于出口的直径。③ 有围栏，但失超管没有包保温棉。不合格原因是失超管从窗户出去，窗户可以打开，人有可能接触到失超管，人接触到没有包保温棉的失超管，会被低温气体冻伤。④ 有围栏，失超管出口的"上、下、左、右"3 m 范围内有空调室外机，万一失超时维修空调室外机的工程师正在维修，会对空调维修工程师造成伤害。⑤ 无围栏，失超管出口在房顶上，日常极少有人，但是极少有人不代表没有人，因此必须要有围栏，所以也不合格。

目前大型医院常见多个失超管出口设计在一起并排放置。专门设置安全排放区域，或者把排放区域抬高，并非完全解决了问题，实际上按照要求两个失超管出口需要间隔失超管 2 倍管径距离，否则当一台设备失超的情况下，有一定概率会引起隔壁另一台设备的失超。失超管围栏的安装是一项重要的技术工作。

五、超导 MRI 系统失超开关

超导 MRI 成像设备内部的核心就是超导磁体，为了保持磁体中心的磁场强度均匀，磁体一般做成空心状，超导线圈在中空支架上缠绕，大部分超导 MRI 系统磁体的外观是一样的。同时为了保证线圈处于超导状态，磁体内部温度需要足够低，目前主流磁体的内部使用液氦作为冷却液，液氦的温度为 4.215 K，约等于-269 ℃。主流 MRI 设备使用的超导磁体磁场强度是 1.5 T 和 3.0 T，比永磁 MRI 设备的磁场强度大得多，表现出强大的成像性能。但是超导 MRI 系统需要一套复杂的制冷系统给磁体中-269 ℃的液氦制冷以保持其温度。如果采用最先进的高效制冷系统，理论上讲超导磁体可以做到液氦"零"消耗，但是在实际的制冷系统中，液氦是会随着时间不断损耗的，到了一定的低点需要补充液氦。

超导 MRI 相比永磁型 MRI 的另一个优势是可以瞬间退磁，超导磁体实际上也是一个特殊的电磁铁，将电流降到 0 也就意味着电磁铁失去磁性，达到这个结果最直接的方法就是让线圈失去超导状态。因此每一台超导 MRI 设备都附带了特殊的开关：失超开关（图 2-3-10）。

图 2-3-10　失超开关

对于超导磁体而言，这个开关不是普通的急停按钮，一般情况下一旦按下失超开关意味着两件事：① 损失金钱，磁体中的液氦会瞬间全部消耗或至少消耗一大部分；② 损失时间，需要经过长期复杂的除冰以及励磁过程才能重新产生磁场。除非涉及生命安全的特殊情况发生，否则请勿按下失超开关!

第四节　非磁性相关安全事项

除了和磁场及磁性有关的注意事项，一些非磁性的安全问题在检查中也要引起重视。

一、高压电

磁共振射频系统中的射频放大器在工作期间存在超过 4 100 V 的"致命"电压，瞬时电流能达到 100 A，所以在接触任何高压电路模块之前，必须关闭电源。需要拆卸模块盖板时，至少等待 5 min，使电路中的滤波电容放电。触碰高压电路前，应查阅服务手册，注意手册中的警示语（图 2-4-1），切记不要因为好奇心在设备工作期间触碰高压组件。梯度电源有专设的放电开关。

在接触系统任何部分之前，请查阅服务文档以免造成可能的高压触电危险

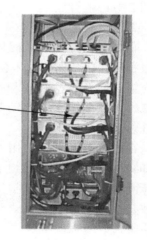

图 2-4-1　服务手册中的警示语

电路中设置安全锁定标记（safety LOTO，safety lock out-tag out），顾名思义，它就是一把锁，用来锁电源箱门，避免在维修人员关闭电源开关进行设备维修时，他人在不知情的情况下将电源箱内电源总开关合上，造成意外触电。在日常维修工作中，很少人会用到安全锁，因为周边环境中的工作人员相对稳定，但具有安全意识的工程师应在关闭电源箱电源后，及时锁上安全锁。安全锁不仅仅运用在 MRI 设备中，电气设备工程师经常会接触到。

安全锁有颜色区分，表达安全信息的颜色有"禁止、警告、指令、提示"等意义（图 2-4-2），红色表示危险锁（danger lock），黄色表示当心锁（caution lock）。

还有一些提供警告信息的牌子，挂在电路板上，起警示作用，警告信息牌上有工程师签名，提醒无关人员不要操作该设备（红牌表示危险，黄牌表示要当心）（图 2-4-3）。

图 2-4-2　安全锁

图 2-4-3　警示牌

安全锁与警示牌的具体使用操作参阅图 2-4-4。

二、机械运动

在将被检查者送入磁体等中心位置的过程中，磁共振扫描床会升降和移动。这时需要注意被检查者和扫描床的相对位置，防止扫描床在移动时发生夹手等意外。

在摆位时，可以使用一些定位辅助器如防夹手板等，将被检查者的手和扫描床隔开。特别留意被检查者的手指不能放在扫描床缝隙内，避免移动床造成夹手等。

另外，有时为了方便被检查者上下，扫描床还可以升降。技术人员在进行降床操作之前，请务必确认床下没有其他物品，如无磁轮椅、木梯等，防止造成机械碰撞。

三、激光灯

为了将被检查者成像的部位送到磁体的等中心位置，磁共振设备中都有内置的激光灯定位系统。另外，如果是专用的放疗定位磁共振模拟机，为了保证摆位的一致性及精准性，还会安装外置的三维激光灯桥架。

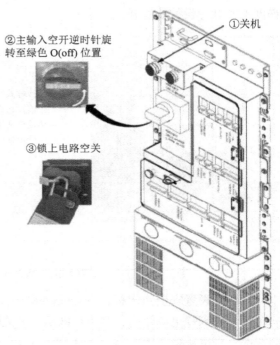

① 表示关机按钮；② 表示逆时针旋转主输入电路断路器至关机位；③ 把主输入电路断路器反锁起来，并挂上警示牌。

图 2-4-4　检修前安全操作示意图

定位使用的激光一般是红光或绿光。使用激光灯时需要注意，激光对人眼有损伤作用。研究表明人眼长时间暴露在激光下会导致视力损伤，所以在进行患者摆位及定位时，应尽量避免将激光灯照在被检查者眼睛上。如果是特殊部位的检查，如眼球扫描，需要激

光灯照在面部，应该嘱咐被检查者闭眼以保护被检查者视力。

四、火灾

有些磁共振扫描间还配备了烟雾报警器，及时报警并防止产生火灾等安全隐患。需要注意的是，磁共振扫描间和操作间里只允许使用专用的无磁灭火器。

第五节　接受检查者的安全事项

一、磁共振检查注意事项

每一种检查方式都有其禁忌证和适应证，不是人人都可以做的，磁共振也是一样，由于其特有的静磁场、射频场、梯度场等生物学效应，接受磁共振检查的人应该严格遵守磁共振检查的安全性，存在禁忌证的患者一律不得进行检查。而随着技术及材料科学的发展，部分装有磁场兼容置入物的患者也可以进行磁共振检查。常见的禁忌证包括以下几类。

（一）体内有铁磁性金属植入物的患者

铁磁性植入物可能在磁共振磁场中发生位移或偏移，产生安全隐患。目前临床中大部分使用的植入物如动脉瘤夹、骨科固定器等，是采用非铁磁性不锈钢或钛合金材料制成的，可以进行磁共振检查。当然，有金属植入物的患者一定要首先确认金属植入物是什么材料，如果是具有铁磁性的材料，则禁止进行检查。装有心脏起搏器的患者，如果装的是磁兼容型材料的心脏起搏器，则可行磁共振检查。体内有金属异物如假牙、节育环等的患者，能够摘掉就尽量摘掉。即使没有铁磁性，这些金属异物也会破坏局部磁场均匀性，导致图像存在大量伪影而无法提供有价值的信息。

（二）眼球内疑似铁磁性异物的患者

眼球内是软组织和房水，如果有铁磁性异物，即使很小，在磁场影响下移位也可能造成严重后果，如失明。

（三）高热者

人体在进行磁共振检查的过程中，体温可能会略微上升，这对于正常人来说是完全没有问题的。但是对于一个本来就高热的患者，则比较危险，所以应该禁止高热者进行磁共振检查。

（四）有幽闭恐惧症的患者

幽闭恐惧症是一种在封闭空间内感到过度恐慌的心理障碍。在 MRI 检查过程中，个别患者会发生幽闭恐惧症和其他的精神反应，如焦虑、恐慌、气短、心跳加快。这些反应主要源自磁体扫描孔径空间受限、长时间检查及较大的噪声刺激。

（五）危重症患者

危重症患者不推荐首先进行磁共振检查。首先是因为安全性，部分危重症患者需要生命支持系统维持生命，而这些装备很多时候不能带进磁共振检查室；其次则是由于磁共振检查时间相对较长，不利于急诊的快速诊断及抢救。可以待危重情况缓解后，再行磁共振检查。对于昏迷、神志不清、意识模糊者，尽量避免做磁共振检查，特殊情况下，可打镇静剂后再做磁共振扫描。

（六）孕妇及生产前

产前影像学检查是一项重要的影像学检查，因为产前诊断是减少患儿出生缺陷的有效措施。传统的产前检查手段主要是超声检查。随着磁共振技术的发展，越来越多的专家开始注意到磁共振检查在产前诊断的重要价值。磁共振产前检查是对超声检查的补充，并可提供更精确的诊断。同超声检查一样，磁共振主要优势在于无电离辐射、无创性，软组织对比度高及多参数等特点也便于更精准地诊断。

在具体的扫描过程中，还应该遵循"四不"原则，即不打药、不镇静、不屏气、不门控。不打药是指扫描过程中不使用对比剂，不镇静则是扫描前不使用镇静剂，不屏气是扫描中不让孕妇屏气，不门控指扫描中不使用各种门控装置。

目前，有关孕妇磁共振检查的安全研究虽不够充分，但也没有足够的证据表明 MRI 检查对胎儿或胚胎有损害。一般认为，孕妇应该慎重接受磁共振检查，尤其在最初 3 个月以内。这是考虑到磁共振成像时的电磁场可能对胎儿产生生物学效应。另外，胎儿或胚胎组织内分化中的细胞可能易受到电磁场干扰及破坏。

MRI 室的工作人员如果怀孕，应尽量避免进出扫描室。尤其在 MRI 系统扫描期间不要停留在扫描室内，以免受到电磁场的慢性辐射。

（七）婴幼儿及儿童

婴幼儿及儿童作为未成年个体，年龄小，配合意识不足，沟通不畅，不能耐受长时间扫描，与成人相比进行磁共振检查有一定的难度。

婴幼儿及儿童不具有独立完成磁共振检查的能力，要由其监护人（家长）配合完成，检查前需要向家长交代检查时间及检查前注意事项。扫描过程中，家长最好也佩戴耳机在扫描间监视检查情况。

新生儿、婴幼儿及 5 岁以内的儿童由于没有主动配合意识，而磁共振检查相对时间又比较长，对于受检者制动要求比较高，所以需要使用镇静剂。

对于年龄相对比较大及能够配合的儿童，磁共振操作者在进行磁共振检查前一定要告知检查时机器会产生较大的声音，这样患儿在检查前有一定的心理准备，不至于产生恐惧心理，检查时能够保持不动。

二、安全筛查与防范措施

建立详细而有效的安全检查措施，是保证每一个患者安全地接受 MRI 检查的重要环节。需要指出，患者曾经安全接受过 MRI 检查，并不能作为下一次接受 MRI 检查的安全依据。因为在很大程度上，MRI 系统的静磁场和变化的梯度磁场、线圈的类型、患者的体位、体内金属置入物相对于磁场的方位、接受外科或介入治疗、发生金属异物损伤等各种因素变更，都能影响 MRI 检查的安全性。为此，安全筛查措施应落实到准备接受 MRI 检查的每一位新老患者。对于外伤患者，其体内可能残留金属碎屑，若贸然进行 MRI 检查，将导致金属碎屑位移，损伤脏器。为消除 MRI 检查时可能发生的危险，通常需要采取以下措施。

（1）在患者等候区和休息区的醒目位置，悬挂介绍安全性的宣传横幅。

（2）将磁场的危险性，告知每一个在磁共振系统附近的工作人员，包括等候的患者、陪护、保洁人员、销售人员等。

（3）MRI 检查前，询问患者是否携有金属物品和置入物。对于外伤患者，应确认体

内无金属碎屑，尤其是眼、脊髓等部位。

（4）在 MRI 扫描室门口张贴磁场安全性的警示牌。告知患者及家属扫描室内有强磁场，强调不能携带起搏器、金属置入物、病床、轮椅等进入扫描室。

（5）对于准备进入扫描室的患者及其他人员，检查其身上是否带有铁磁性物品，尤其是衣服的口袋。如有条件，可使用金属探测器检查。

（6）在 5 高斯线界处设置警示牌，表示危险。强调不允许携带起搏器、神经刺激器越界。

（7）在患者进入 MRI 检查室的过程中，MRI 室工作人员要监视，并限制陪同人员随意进入扫描室。

（8）MRI 检查时，患者使用报警系统，按压球囊向工作人员报警时，应停止扫描，及时询问。

（9）随时关闭扫描室的屏蔽门，防止其他人员误入。

三、磁共振扫描前准备工作

没有绝对禁忌证的人，原则上均可以进行磁共振检查。被检查者进入扫描间前，还需要做一些准备工作。

（1）被检查者去除一切金属物品，最好更衣，以避免金属物被吸入磁体造成抛射效应及影响磁场均匀性。

（2）文身、文眉、化妆品、染发等应事先告知医生，因其可能会引起烧伤。

（3）摆位过程中不要让被检查者身体（皮肤）直接触碰磁体内壁及各种线圈导线，防止发生烧伤。

（4）被检查者躺在扫描床上，两手不要交叉，双手亦不要与身体其他部位的皮肤直接接触，避免形成环路，这样可以减少周围神经刺激症的出现。

（5）佩戴降噪耳机或耳塞。

（6）准确输入被检查者体重信息。

（7）必要时使用镇静剂：对婴幼儿、躁动及严重不配合的成年人患者，往往需要给予镇静药物，以完成检查任务。尤其是小儿，如果不能沉睡，即使父母进入磁共振检查室，陪同在患儿身边，也需要使用镇静药物。

随着 MRI 技术的不断发展，装备更高磁场强度和更快切换率梯度磁场、更强射频脉冲能量的 MRI 系统变得越来越普遍。随之而来的问题是，当那些体内有置入物或置入设备的患者接受 MRI 检查时，置入物或置入设备对他们造成的潜在损伤程度也将增加，应当引起注意。MRI 相关工作人员应及时从医学文献中了解这方面的研究进展，随时更新对 MRI 检查安全性的认识和对策。管理人员应加强监管相关规章制度的执行情况。

第三章

磁共振装置硬件组成

磁共振装置由硬件和软件组成，不同品牌的磁共振装置应用的软件不同，其设备硬件组成也不完全相同。同一品牌不同型号（系列）的磁共振设备除软件因升级而不同外，硬件组成可能也有所不同，设备的功能也不同。因此，临床医学工程师、影像技师等熟悉设备硬件结构，了解设备性能、规格、参数，对开展工作有很大的帮助。本章以 GE MRI 为例，介绍磁共振装置硬件组成。

第一节　概述

一、设备型号

设备型号一般反映该设备的性能、规格和参数。GE MRI SIGNA 系列设备型号更迭情况如图 3-1-1 所示，目前广泛使用的型号有 HDx、HDxt、HDe 等，其中 HDe 采用光纤信号传输方式，与以往相比，硬件设备发生很大变化。

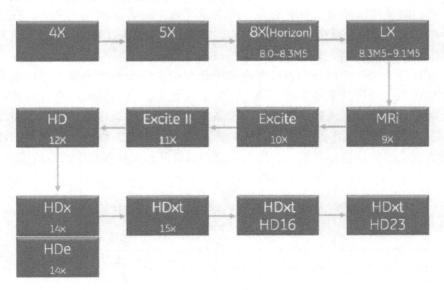

图 3-1-1　GE 磁共振型号更迭情况

自 20 世纪 80 年代磁共振装置开始应用于临床以来，磁共振装置从永磁型、常导型磁共振到超导型磁共振，从低场强磁共振到高场强磁共振，更新换代速度很快。以 GE 为例，目前新型磁共振装置系列如图 3-1-2 所示，其中 Discovery750 系列、Optima 360、Brivo355 是中、高端机型。此外，SIGNA Architect with Air 和 SIGNA Creator 系列，也是目前的中、高端机型。

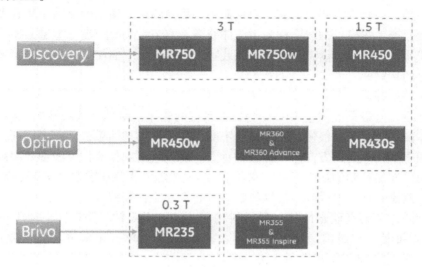

图 3-1-2 GE 新型号磁共振装置系列

二、磁共振装置硬件

磁共振装置硬件分类有不同的分类方法，有按硬件结构进行分类的，也有按设备（部件）所处的房间来进行分类的。下面以 GE Optima 360 为例介绍磁共振装置的硬件组成。

1. 按硬件结构进行分类

磁共振装置按硬件结构分类可分为：① 磁体部分（magnet，包括主线圈、匀场线圈、梯度线圈、氦舱等）；② 制冷部分（包括水冷机、氦压机、冷头等）；③ 床体部分；④ 系统柜部分（system cabinet，包括梯度组件、射频组件、图像处理信号组件等）；⑤ 外部线圈（包括头线圈、腹部线圈、膝关节线圈等）；⑥ 控制端。

2. 按部件所在房间来进行分类

按部件所在房间来进行分类可分为：① 磁体间设备（磁体部分设备、床体部分、外部线圈等）；② 设备间设备（系统柜部分设备、制冷部分设备等）；③ 操作间设备（控制端设备）。

三、磁共振装置制冷系统

磁共振装置的制冷系统 24 h 工作，是最容易出故障的部位。制冷部分设备包括水冷机（如 MCS、8 KWLCS、4 KWLCS 型）、氦压机（CSW-71、F50 型）、冷头。冷头是在磁体上的组件，是制冷系统的一部分。制冷系统是一个循环体，各个部件间相互关联，并不是独立存在的。

第二节　主磁体

早期磁共振装置的磁体是永磁型磁体，也有常导型磁体。永磁型磁共振装置由于磁场强度小、信号强度弱、图像信噪比低，故临床应用受限。常导型磁共振装置由于运行中会产生大量热量，运行成本高，目前也很少使用。目前临床上使用的磁共振装置多为超导型磁共振装置，产生主磁场的线圈称为主磁体线圈。本节主要介绍超导型磁共振装置主磁体与主磁体线圈。为了便于读者了解磁共振装置发展历程，下面简要介绍永磁型磁体和常导型磁体各自的特点。

一、永磁型磁体

永磁型磁体是最早应用于 MRI 全身成像系统的磁体，由具有铁磁性的永磁材料构成。永磁型磁体磁场强度衰减极慢，几乎永久不变，且运行维护简单，无水电消耗，磁力线闭合，磁体漏磁少，磁力线方向与人体长轴垂直。射频线圈制作简便，线圈效率高。但永磁型磁体目前已知能达到的最大场强为 0.5 T，与主流磁共振场强有较大差距，而且磁体庞大、笨重，其磁场均匀度受环境温度影响大，磁场稳定性较差。

永磁型磁体由具有铁磁性的永磁材料构成，如，铝镍钴、铁氧体、稀土钴。其特点为：① 磁场强度衰减极慢，几乎不变；② 运行维护简单，无水电消耗，磁力线闭合；③ 磁场低，图像质量受干扰性强，伪影多。

图 3-2-1 为永磁型磁体的磁路。两个磁极（N 极、S 极）分别位于磁体上、下两端，使磁场方向（磁场内部从 S 极至 N 极）与两个极面相垂直，受检者体轴将与磁场方向垂直，两极面距离 d 就是磁体孔径。d 越小磁场越强，但 d 太小又不能容纳人体。为了提高净磁场强度，唯一的办法就是增加磁性材料用量。

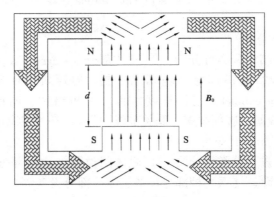

图 3-2-1　永磁型磁体磁路

二、常导型磁体

常导型磁体根据丹麦物理学家奥斯特（Oersted）于 1820 年发现的电流磁效应原理，由电流通过导线产生磁场，即用线圈导线中的恒定电流来产生 MRI 设备中的静磁场 B_0，其磁力线与受检人体长轴平行。

电流磁效应是指载流导线周围存在磁场，其磁场强度与导线中的电流强度、导线形状、磁介质形状有关。常导型磁体是在常温条件下线圈中通电后，线圈内部产生磁场构成的磁体。常导型磁体有以下几种类型：空心磁体、铁心磁体和电磁永磁混合型磁体。常导型磁体是通过铜线绕成的线圈来实现电磁效应，因铜有一定电阻率，又称为阻抗型磁体。常导型磁体为产生较高磁场和足够孔径，往往数个线圈并用，如常见的四线圈常导磁体（图3-2-2）。

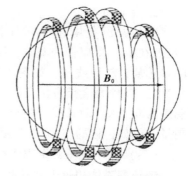

图 3-2-2　四线圈常导型磁体示意图

常导型磁体优点是结构简单、安装容易、质量较轻、造价低廉；可随时建立或卸掉净磁场。缺点是磁场均匀性差、稳定性较差，受室温影响大；开机耗电大（典型值80 kW），会产生较大热量，需要大量的循环水冷，运行费用较高，且其磁场强度较低（典型值为 0.23 T）。此外，常导型磁体需要配备高质量的大功率恒流电源，否则线圈供电电源的波动将会直接影响磁场的稳定。

三、超导型磁体

1908 年，荷兰物理学家昂内斯（Onnes）成功地液化了地球上的氦气（氦由气态变成液态），并且获得了接近绝对零度的低温（-273 ℃，标为 0 K）。1911 年，昂内斯又发现在 4.2 K 左右的低温下，金属汞的电阻急速下降，最后电阻完全消失，即零电阻。1913年，他在一篇论文中首次以"超导电性"一词来表达这一现象，并获得当年的诺贝尔物理学奖。

（一）超导的物理概念

超导电性（superconductivity），简称"超导"，指在一定条件下导线中电阻值为零，电流无限大的状态。

1. 描述超导体性能指标的物理量

（1）临界温度（critical temperature T_c）：超导体从呈现一定电阻的正常状态转变为电阻为零的超导状态时所处的温度，称为临界温度（图3-2-3）。

（2）临界磁场（critical filed）：当外加磁场达到一定数值时，超导体的超导性即被破坏，物质从超导态变为正常态，这一磁场即为临界磁场。

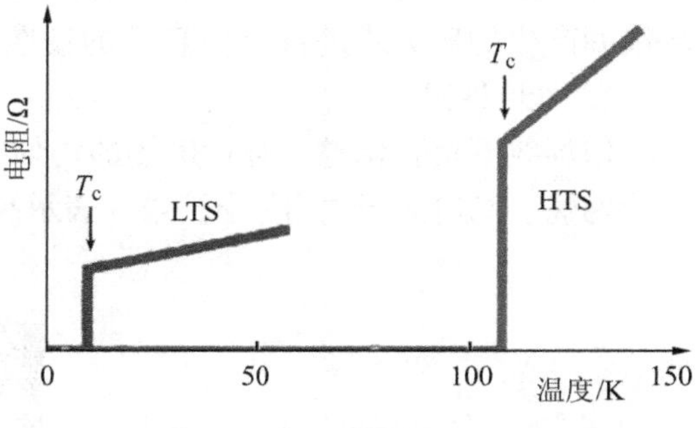

图 3-2-3　超导体性能指标示意图

（3）临界电流（critical current）：在一定温度和磁场下，当超导金属中的电流到达某一数值后，超导性会遭到破坏，这一数值的电流就是临界电流。

（4）麦斯纳效应：指给处于超导状态的物体外加一磁场，磁感线无法穿透该物体，保证了超导体内的磁通量为零的现象。

从图 3-2-3 可以看出，电阻率随温度的变化，其中 T_c 为临界温度，LTS 为低温超导体（low temperature superconductor），HTS 为高温超导体（high temperature superconducter）。图中左侧折线表示氦气在温度约 4.2 K 时变成液氦状态；图中右侧折线表示氮气在大约110 K 时变成液氮。

2. 超导材料

磁共振设备中超导磁体常用材料为：铜基铌钛合金（NbTi/Cu），即以铜为基础，用 NbTi（铌钛）合金加工而成的多芯复合超导线材，如图 3-2-4 所示，临界温度（T_c）为 4.2 K。NbTi 合金具有优良的超导电性和易加工性，其临界温度为 9.3 K。而其他一些金属的临界温度与 NbTi 合金相比更低，例如，锡的 T_c 为 3.7 K。

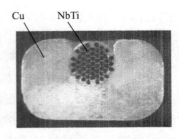

图 3-2-4 铜基铌钛合金超导材料

（二）超导型磁共振磁体结构

超导型磁体相较于常导型磁体的主要差别在于其导线由超导材料制成并将其置于液氦之中。超导体线圈的工作温度在绝对温标 4.2 K 的液氦中的超低温环境获得，达到绝对零度（−273 ℃）的线圈处于超导状态。当超导线圈在 8 K 温度下其电阻即等于零，液氦的沸点为 77 K。超导磁体配有一个励磁电源，励磁电流从励磁电源发出通过超导磁体线圈循环流动，当电流上升到使磁场建立起预定的场强时，超导磁体开关闭合，励磁电源断开，电流在闭合的超导线圈内几乎无衰减地循环流动，产生稳定、均匀、高场强的磁场。

如果把磁体比作人体，解剖磁体后发现内部有很多的"器官"，如主线圈、匀场线圈、射频线圈、梯度线圈、冷头等。

1. 主线圈

主线圈（main coil），产生主磁场的线圈，其作用是让"杂乱无章"的质子"整齐划一"。所有线圈都是对称绕制的，每个磁体的主线圈由 6 个部分组成（参考 GE），最大号的线圈绕组在最外侧，中号绕组在中间，小号绕组在最内侧。主线圈产生的磁场强度并不均匀，这时需要"补偿线圈"，"补偿线圈"分为横向（transverse）和轴向（axial）两种。轴向线圈的绕线方向和主线圈的绕线方向相同，使磁场强度更大。横向线圈是对主磁场线圈产生的磁力线进行"拉直"的校准线圈。

2. 匀场线圈

匀场线圈负责调整、补偿磁场的均匀度。匀场有主动匀场、被动匀场，主动匀场又有一阶匀场、高阶匀场之分。图 3-2-5 表示高阶匀场线圈。

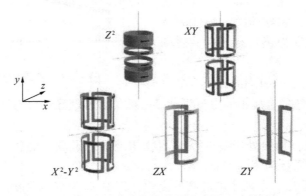

图 3-2-5 主动高阶匀场线圈示意图（立体图）

被动匀场是利用金属垫片附着磁体内侧（图 3-2-6 深灰色正方形所示），改变磁场分布的。每一个深灰色正方形都是一个长条，这些长条紧密排列，围绕着磁体内圈。而每一个长条都由不同排列组合的薄垫片（shim）构成，通常使用的是铁材质。

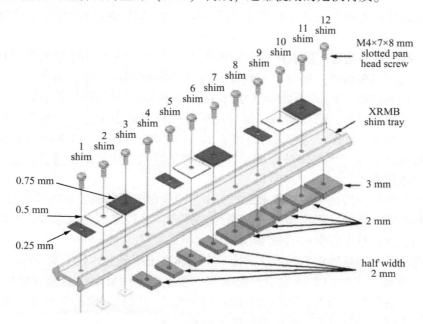

图 3-2-6　被动匀场垫片块

超导磁共振磁体中，除采用主动匀场和被动匀场外，梯度线圈也有一定的匀场作用。

四、主磁体的性能指标

主磁体的主要性能指标有磁场强度、磁场均匀性、磁场稳定性、磁体有效孔径及边缘场空间范围等。不同种类的主磁体在磁场强度、磁场均匀性、磁场稳定性等方面有显著的差别。永磁型磁体的场强最高能达到 0.7 T，要求更高的场强只能用超导型磁体。

（一）磁场强度

MRI 设备的主磁场又叫静磁场。因为生物组织中含有大量氢质子，氢质子的旋磁比大，所以，即使静磁场 B_0 很低也能实现氢质子 MRI。在一定范围内增加其强度，可提高图像的信噪比（SNR）。因此，MRI 设备的场强不能太低。提高场强的唯一途径就是采用超导磁体。随着超导材料价格和低温制冷费用的下降，现在大多数 MRI 设备采用超导磁体，磁场强度在 0.5~9.4 T 范围内。

（二）磁场均匀性

主磁体在其工作孔径内产生匀强磁场 B_0，为对受检者进行空间定位，在 B_0 之上还需叠加梯度磁场 $\triangle B$。单个体素上的 $\triangle B$ 必须大于其磁场偏差，否则将会扭曲定位信号，降低成像质量。由于磁场的偏差越大，均匀性越差，图像质量也会越低。因此，磁场均匀性是 MRI 设备的重要指标之一。

磁场均匀性（magnetic field homogeneity）是指在特定容积限度内磁场的同一性，即穿过单位面积的磁感线是否相同。这里的特定容积通常取一定球形空间的直径（diameter of spherical volume，DSV），如 10 cm DSV，40 cm DSV。在 MRI 设备中，均匀性是以主磁场的 10^{-6} 作为一个偏差单位定量表示的，称为 ppm（part per million），即百万分之一。显然，在不同场强的 MRI 设备中，每个偏差单位或 ppm 所代表的磁场强度偏差是不同的。

在 0.5 T 的 MRI 设备中，1 ppm 为 $0.5×10^{-6}$ T（0.000 5 mT）。有了这样的规定之后，人们就能够用均匀性标准对不同场强的设备或同一场强的不同设备进行比较，以便客观评价磁体性能。

均匀性标准的规定还与所取测量空间的大小有关。对同一 MRI 设备的磁体，测量空间越大，磁场均匀性越差，测量范围越小，磁场均匀性越好。如目前典型的 1.5 T 超导 MRI 设备，10 cm DSV 磁场均匀性≤0.02 ppm，而 30 cm DSV 磁场均匀性≤0.1 ppm。在测量空间一定的情况下，磁场均匀性还可用另外一种方法表示，即给出磁场强度的 ppm 值在给定空间的变化范围，这称为绝对值表示法。例如，40 cm DSV 的 5 ppm 值用绝对值法表示就是±2.5 ppm，无论何种标准，在所取测量球大小相同的前提下，ppm 值越小表明磁场均匀性越好。

磁场均匀性的测量是一件非常细致的工作。测量前先要精确定出磁体中心，再在一定半径的空间球体上布置场强测量仪（高斯计）探头，并逐点测量其场强，然后通过计算机处理数据、计算整个容积内的磁场均匀性。

磁场均匀性并不是固定不变的。即使一个磁体在出厂前已达到了某一标准，安装后由于磁（自）屏蔽、房间和支持物中的钢结构、楼上楼下的移动设备等环境因素的影响，它的均匀性也会改变。因此，磁场是否达到均匀性，应以最后验收时的测量结果为标准。厂方在现场进行的匀场是提高磁场均匀性的重要步骤。

（三）磁场稳定性

受磁体附近铁磁性物质、环境温度或匀场电源漂移等因素的影响，磁场的均匀性或 B_0 也会发生变化，这就是常说的磁场漂移。稳定度就是衡量这种变化的指标。磁场稳定度是指单位时间内磁场的变化率，用百万分之一/时（ppm/h）表示。一般而言，1 h 的磁场漂移应小于 1 ppm，许多 MRI 设备磁场稳定度已可达到≤0.1 ppm/h。

稳定性下降意味着单位时间内磁场的变化率增高，在一定程度上亦会影响成像质量。磁场的稳定性可以分为时间稳定性和热稳定性两种。

时间稳定性指的是 B_0 随时间而变化的程度。如果在一次实验或一次检测时间内 B_0 发生了一定量的漂移，就会影响到成像质量。磁体电源或匀场电源波动，会使磁场的时间稳定性变差。B_0 还可随温度变化而漂移，其漂移的程度是用热稳定性来表述的。永磁体和常导磁体的热稳定性比较差，因而对环境温度的要求很高。超导磁体的时间稳定性和热稳定性一般都能满足要求。

（四）磁体有效孔径

磁体有效孔径是指梯度线圈、匀场线圈、射频体线圈、衬垫、内护板、隔音腔和外壳等部件均在磁体检查孔道内安装完毕后，所剩余柱形空间的有效内径。对于全身 MRI 设备，磁体的有效孔径以足够容纳受检者人体为宜。一般来说其有效孔径尺寸必须至少达到 60 cm。有效孔径过小容易使受检者产生压抑感，诱发受检者潜在的幽闭恐惧症。有效孔径大些可使受检者感到舒适、轻松，同时也能满足体形肥胖者的检查需要。近年来出现了开放式磁体，其优点是受检者躺在检查床上，处于半敞开的磁体内，不会产生恐惧压抑感，且能开展磁共振介入项目。

（五）边缘场空间范围

主磁体周围空间中的磁场称为边缘场，其大小与空间位置有关，随着空间点与磁体距离的增大，边缘场的场强逐渐降低。边缘场是以磁体原点为中心向周围空间发散的，具有对称性，以边缘等高斯线来表示。等高斯线是接近于椭圆的同心闭环曲线。每一椭圆上的点都有相同的磁场强度。5高斯线（安全线）的空间分布最为重要，在磁场强度一定的前提下，5高斯线边缘场空间范围越小，说明磁体的自屏蔽系统性能越好，该磁体的环境安全性能也更好。5高斯线空间范围以内禁止无关人员进入，5高斯线空间范围尽可能局限在磁体间内。为此需要采取措施抑制、屏蔽磁体的边缘场，缩小边缘场的空间范围，以保证周围环境的安全。

此外，磁体的重量、长度、体积、液氦消耗量（超导磁体）等因素也是衡量磁体性能的重要指标。

第三节 梯度线圈与梯度系统

通电导线的周围产生磁场，通电的螺旋管线圈内部（及周围）产生磁场，这叫电磁感应。反过来，若一个线圈放置在磁场强度变化的磁场中，线圈两端则产生感应电动势。电磁感应磁场方向的判断是根据安培定律（右手螺旋定则），四指弯曲的方向与电流方向一致，则大拇指方向就是磁场方向（图3-3-1）。超导磁共振设备中有许多线圈，如梯度线圈、射频线圈等。

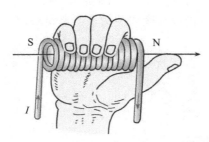

图3-3-1 安培定律（右手螺旋定则）示意图

电流在空间某点处产生的磁感应强度的大小与电流的大小呈正相关，称作毕奥–萨伐尔（Biot-Savart）定律。根据毕奥–萨伐尔定律，通过设计线圈形状以及电流强度，可以得到不同的磁场分布。在线圈几何形状确定的情况下，产生的磁场强度只与线圈中的电流大小有关。

一、梯度线圈

梯度，顾名思义就是按线性规律变化的函数，梯度大小就是线性函数（直线）的斜率（直线与横轴夹角的正切值），角度越大，即斜率越大，梯度越强。

（一）梯度线圈的结构

梯度线圈（gradient coil）是指产生梯度磁场的线圈，梯度线圈由三组正交线圈组合而成，形成的梯度磁场有三个方向，分别为 X 轴方向梯度磁场、Y 轴方向梯度磁场、Z 轴方向梯度磁场。

超导 MRI 系统梯度线圈安装在磁体洞内，位于磁体中心位置。梯度磁场线圈的作用是在一定电流的驱动下，产生线性程度好的梯度磁场。不同梯度磁场采用不同的线圈。用一对半径为 a 的圆形线圈可得到梯度磁场 G_z，两线圈中电流的方向相反。当取两线圈的

距离为线圈半径 a 的 $\sqrt{3}$ 倍时,可得到线性最好的梯度磁场,此为著名的麦克斯韦对线圈。梯度磁场 G_X 和 G_Y,可用相同的线圈得到,在空间上互相垂直。产生 G_X 和 G_Y 的线圈不是四边形的,一般为鞍形线圈。从磁体中解剖出三组梯度线圈示意图如图 3-3-2 所示。

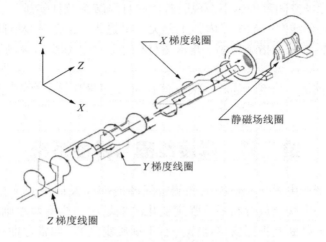

图 3-3-2　从磁体中解剖出三组梯度线圈示意图

磁体中梯度线圈从外观上看是一个个线圈绕组,将 X、Y、Z 轴三个方向的三组线圈同时集成到一个圆柱体表面,构成梯度线圈的基本电路结构。梯度线圈的形状及安装方式如图 3-3-3、图 3-3-4 所示。

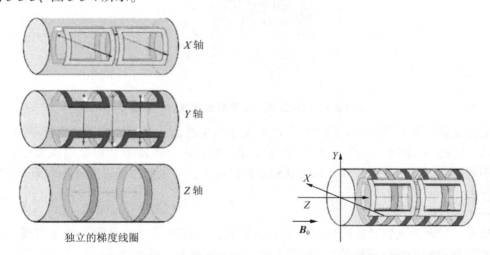

图 3-3-3　磁体中三组梯度线圈分别安装示意图　　**图 3-3-4　磁体中三组梯度线圈组合安装示意图**

（二）梯度磁场线圈的要求

MRI 设备的梯度磁场线圈应满足下列 4 个要求:① 良好的线性特性。当梯度磁场线圈所产生的梯度磁场的线性范围小于成像视野时,图像将会出现空间畸变。梯度磁场线圈设计时要求在给定的几何尺寸下,梯度磁场的线性范围至少大于成像视野。② 响应时间短。梯度磁场从零上升到所需稳定值的时间称为梯度磁场的响应时间。响应时间应尽可能短,响应时间决定或限制着成像系统最小可用的回波时间。最小回波时间的长短在梯度回波成像、平面回波成像、弥散成像、超薄层面成像、MRA 成像和 MR 频谱分析中有重要意义。③ 功耗小。因梯度磁场线圈建立梯度磁场需要很大的驱动电流，故驱动电源电路中一般有大功率器件。大功率器件需要采取有效的散热措施。为降低散热需求，要求驱动电源在能建立需要的梯度磁场强度的前提下，尽量减小电源自身的功耗。④ 最低程度的涡流效应。MRI 设备设计中必须尽量避免梯度磁场的涡流效应，至少将涡流效应减小到最低限度。

二、梯度放大器

梯度系统包括梯度电源、梯度放大器（X、Y、Z 三个）、梯度控制器和梯度线圈等。梯度放大器输出电流施加到梯度线圈上，产生相对于主磁场较小的磁场，叫梯度磁场。梯度控制器的作用就是控制梯度放大器输出电压，以控制梯度线圈中的电流，达到控制梯度磁场的目的。线性变化的梯度场强，叠加到主磁场上，形成了在磁体洞内一定区域磁场强度有规律的变化。

梯度线圈中电流在 100 A 左右，需要一个功率较大的放大器，线圈中大电流会产生大量热量，为了防止梯度线圈的损坏，梯度线圈内埋入水冷回路进行冷却。梯度系统设计时，X、Y、Z 轴方向独立控制，梯度线圈有三组，分别由三个梯度放大器提供电流（图 3-3-5）。

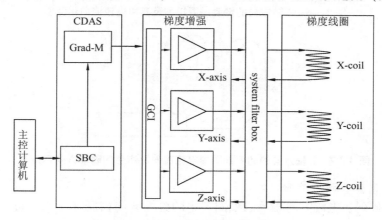

图 3-3-5　梯度系统控制框图

从图 3-3-5 可以看出梯度磁场控制过程如下。

（1）主控计算机发出数字信号，确定梯度磁场产生的大小，传递给数据采集系统（CDAS）中的接收系统 SBC。

（2）SBC 将数字信号传递给梯度控制板（Grad-M）。

（3）Grad-M 经过计算得出 X、Y、Z 轴三个方向梯度线圈应该施加的电流强度，将数字信号传递给梯度放大器（gradient amplifier）上的 GCI 板。

（4）GCI 通过 D/A（数模）转换，将数字信号转换成 X、Y、Z 轴方向三路模拟信号。

（5）三路模拟信号通过功率放大器将电流放大。

（6）放大器输出的电流通过滤波板（system filter box）输入到 X、Y、Z 轴方向三组梯度线圈内，产生特定的梯度场。

梯度系统中梯度放大器发挥了极其重要的作用，维修工程师熟悉梯度放大器电路是做好维护、保养磁共振设备的基础；影像技师了解梯度放大器工作原理，对进一步理解磁共振成像原理有很大帮助。

三、梯度磁场的形成

1. Z 轴方向梯度线圈位置

Z 轴方向梯度线圈（Z-gradient coil）是两个平行排列的环形线圈，线圈直径为 70 cm 左右。放置在磁场中的两个环形线圈（图 3-3-6）相互平行排列，但两个环形线圈中电流方向相反（一个为顺时针方向，另一个为逆时针方向），形成的磁场一个与主磁场（B_0）方向相同，一个与主磁场（B_0）方向相反（图 3-3-7）。

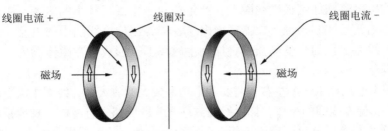

图 3-3-6 Z 轴方向的梯度线圈排列及其中电流流向示意图

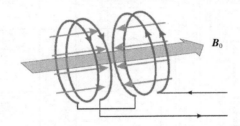

图 3-3-7 Z 轴方向的梯度线圈中电流流向及产生的磁场方向示意图

2. Z 轴方向梯度磁场形成

两个平行排列、电流方向相反的线圈产生的磁场方向相反（一正一负）（图 3-3-8）。然而在它们中间的区域形成一个线性的梯度场（图 3-3-8 中灰线表示）。

图 3-3-9 进一步说明 Z 轴方向梯度磁场形成的过程，在 Z 轴方向上平行排列的两个线圈之间产生线性梯度磁场 G_z。G_z 使磁场中沿 Z 轴方向上各点磁场强度变得均不相同，只有中点处的磁场强度仍为 B_0。中点处向左，总磁场强度逐渐增大（产生的磁场与 B_0 方向相同）；中点处向右，总磁场强度逐渐减小（产生的磁场与 B_0 方向相反）；中点处，两个线圈产生的磁场正好相互抵消，总磁场强度仍为 B_0（图 3-3-9）。

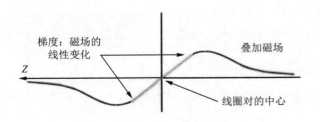

图 3-3-8 Z 轴方向线性梯度磁场形成过程示意图

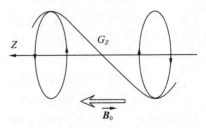

图 3-3-9 Z 轴方向线性梯度磁场示意图

3. X、Y 轴方向梯度线圈位置

X 轴方向和 Y 轴方向上梯度线圈产生梯度磁场的原理稍微复杂些，X、Y 轴方向垂直于 Z 轴方向，为了得到与 Z 轴方向正交的磁场，利用 Biot-Savart 定律（磁场在几何形状确定的前提下只与线圈中的电流有关），设计高莱线圈的排列方式，每个梯度磁场需要 4 个马鞍形线圈，4 个马鞍形线圈两两面对面排列产生梯度磁场。根据对称性原理，将 X 轴方向线圈旋转 90° 就可以得到 Y 轴方向线圈，因此 X、Y 线圈的构造是相同的，如图 3-3-10 所示。

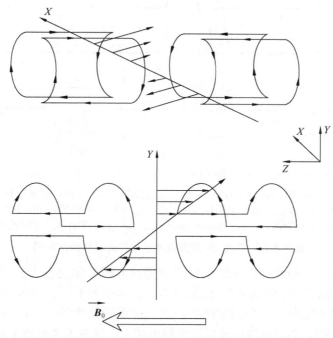

图上部为 4 个马鞍形线圈构成 X 轴方向梯度线圈；图下部为 4 个马鞍形线圈构成 Y 轴方向梯度线圈。

图 3-3-10 X、Y 轴方向梯度线圈放置示意图

4. X、Y 轴方向梯度磁场形成

由于 X 轴方向梯度线圈旋转 90° 就可以得到 Y 轴方向梯度线圈，以 Y 轴方向梯度线圈为例说明 Y 轴方向梯度磁场形成过程。图 3-3-11 中，在 Y 轴方向上中点处磁场强度大小为 B_0，中点处向上，总磁场强度逐渐增加［因为产生的磁场方向与主磁场（B_0）方向相同，离中点处越远，产生的磁场越强］；中点处向下，总磁场强度逐渐减小［因为产生的磁场方向与主磁场（B_0）方向相反，离中点处越远，产生

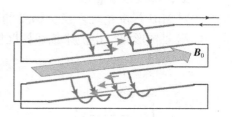

图 3-3-11 Y 轴方向梯度磁场形成示意图

的反向磁场越强，总磁场强度变得越来越小］，形成一条与 X 轴成一定角度的直线。

四、梯度磁场工作分析

梯度磁场的作用是对被检者体内的空间质子进行定位，首先利用梯度磁场进行选层，选定层面后，再对选定层内的质子进行相位编码和空间频率编码。

图 3-3-12 描述了 SE 序列脉冲和梯度磁场之间的工作关系。

MRI 系统中的梯度实际上就是为了给 MRI 接收回波信号（echo）叠加编码，用于解码后区分位置信息，进行成像。

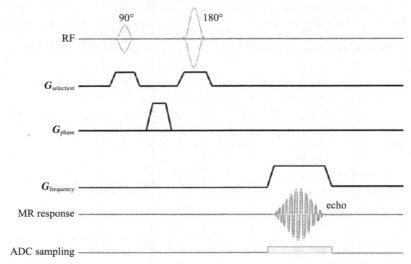

RF-射频（发射一个 90° 和一个 180° 脉冲）；$G_{selection}$-选层梯度场（施加时序与 SE 序列 90° 和 180° 脉冲产生的时刻同步）；G_{phase}-相位编码梯度场；$G_{frequency}$-频率编码梯度场；MR response-磁共振信号；ADC sampling-ADC 信号采样（Analog-to-Digital Converter 将模拟信号转换为数字信号）。

图 3-3-12　结合 SE 序列脉冲描述梯度场作用示意图

MRI 扫描过程中，梯度场快速地进行交变切换而产生洛伦兹力，表现为线圈振动的机械力，这个振动就是 MRI 扫描时产生的噪声。扫描序列不同，产出的声音也会有变化，噪声正相关于线圈中的电流大小和主磁场强度。梯度线圈中的 X、Y、Z 每一组线圈分别引出正、负电极接头，连接到梯度放大器的输出端，梯度放大器输出电流控制梯度场强的大小。根据矢量叠加的原理，通过改变 X、Y、Z 轴方向梯度线圈电流的大小，可以生成任意方向的梯度场，这就是梯度磁场产生与控制的原理。

五、梯度系统参数

对 MRI 梯度系统来说，梯度的斜率取决于梯度放大器的输出电流，为了方便描述，一般用"梯形波"电流来描述梯度场参数（图 3-3-13）。

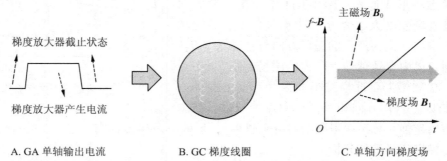

A. GA 单轴输出电流　　　　B. GC 梯度线圈　　　　C. 单轴方向梯度场

A 图为梯度放大器输出电流波形，C 图为形成的梯度场 B_1 示意图，梯度场是一个线性变化的磁场。

图 3-3-13　梯度（场）表示法

1. 梯度系统基本参数

描述梯度系统性能的参数很多，基本参数有梯度强度、梯度切换率等，图 3-3-14 显示梯度系统基本参数。

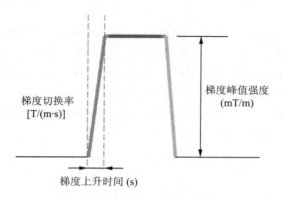

图 3-3-14 梯度系统基本参数示意图

某型号 MRI 设备梯度系统参数见表 3-3-1。从表中可以获得 3 个参数。① 梯度峰值强度（peak amplitude）：最大梯度强度为 80 mT/m；② 梯度切换率（peak slew rate）：描述梯度场强度从 0 上升到最大的爬升速度；③ 梯度爬升时间（rise time）：描述梯度场强度从 0 上升到最大所需要的时间。

梯度切换率与梯度爬升时间相关联，梯度爬升时间越短，梯度切换率越快。梯度切换率公式为：梯度切换率［T/（m·s）］＝梯度场强（mT/m）/爬升时间（s）。

表 3-3-1 某型 MRI 设备梯度系统参数

gradient performance（梯度参数）	参数值
peak amplitude（梯度峰值强度）	80 mT/m
peak slew rate（梯度切换率）	200 T/（m·s）
maximum FOV（X，Y，Z）（最大视野）	50 cm×50 cm×50 cm
duty cycle（占空比）	100%
rise time（梯度爬升时间）	0.4 s

图 3-3-14 中的梯形，可以理解为用施加在梯度线圈上的电流（图 3-3-13A）表征了梯度磁场强度。梯度放大器可以看成一个大功率器件，理想状态是在需要输出时，瞬间产生一个大电流，而停止输出时，电流瞬间降到 0，类似"矩形波"。但是这样的功率器件是不可能实现的。从表 3-3-1 和图 3-3-14 中可以清晰地看到三个基本参数：① 梯度切换率，衡量梯度系统切换的速率；② 梯度爬升时间，衡量梯度系统用多长时间能够达到要求的梯度场；③ 梯度峰值强度（peak amplitude），其数值由放大器最大输出电流和梯度线圈匝数共同决定。此外，常用的参数还有最大梯度强度，它是可用于临床的最大梯度强度，此参数是不包含额外预留涡流补偿梯度及为保证功放稳定输出预留 15% 余量的情况下测得的参数。

从表 3-3-1 中还可以看出占空比（duty cycle）这一重要参数。占空比是指在一个脉冲循环内，通电时间相对于总时间所占的比例，自动控制领域常用此参数。对于 MRI 梯度系统来说，占空比是梯度打开时间相对于系统运行总时间的最大占用比例。几个不同比例的占空比示意图如图 3-3-15 所示。占空比大小取决于梯度放大器的能力，以及梯度系统的冷却能力。

从表 3-3-1 中也可以看出最大扫描范围（maximum FOV）。设备孔径为 70 cm，每一个方向的扫描范围只有 50 cm 左右，这是因为 X、Y、Z 三个方向的梯度线圈分别使用了麦克斯韦线圈排列（Z 方向）和高莱线圈排列（X、Y 方向）组成，每组线圈都分为正向和负向成对组成，线圈产生磁场是 sin（X）函数的波形（图 3-3-16）。MRI 梯度系统所需要的线性梯度场其实是 sin（X）中间线性的那一段（图中粗线标注部分），限于物理结构影响，梯度线性部分的尺寸只能小于孔径尺寸。

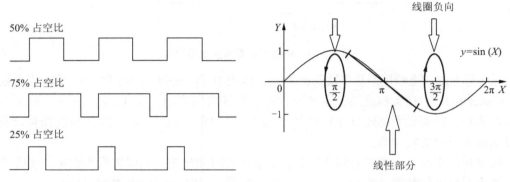

图 3-3-15　占空比示意图　　　　　图 3-3-16　梯度系统所需要的线性梯度场

有些型号磁共振设备梯度强度和切换率这两个指标用矢量梯度指标（vector gradient performance）描述（表 3-3-2），矢量梯度是空间矢量和，数值等于 3 个方向梯度场全部加到最大时，得到的空间梯度强度（图 3-3-17）。由于实际扫描时不可能把三个方向梯度都开到最大实现矢量强度，因此这个指标只有参考意义，不代表梯度强度和切换率的大小（不是以这个值为准）。

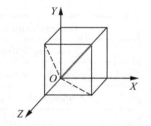

图 3-3-17　矢量梯度指标

表 3-3-2　矢量梯度指标描述梯度强度和切换率

vector gradient performance（vector addition of all 3 gradient axes） 矢量梯度指标（3 个梯度轴的矢量相加）参数	参数值
max eff amplitude（最大切换幅度）	138 mT/m
max eff. slew rate（最大切换率）	346 T/（m·s）
gradient duty cycle（梯度占空比）	100%

矢量梯度强度计算公式为：矢量变化幅度＝变化幅度×$\sqrt{3}$；同理矢量切换率计算公式为：矢量变化率＝变化率×$\sqrt{3}$。

2. 描述梯度场性能其他指标

梯度系统三个重要指标是梯度强度、梯度切换率以及占空比，梯度强度、梯度切换率与序列扫描性能直接相关，占空比与系统持续运行时间相关。除了三个重要参数（基础参数）外，还有一些其他参数：① 梯度波形优化（gradient wave form optimization），梯度系统可以选择不同的模式，用来后期进行降噪（降低声学噪声）；② 高阶匀场（high order shim），描述梯度系统采用梯度线圈和另外 5 组二阶匀场线圈一起进行匀场。梯度磁场的功能是对共振的质子实现空间定位，同时也在匀场中发挥作用。

3. 不同品牌磁共振设备梯度系统参数比较

表 3-3-3、表 3-3-4、表 3-3-5、表 3-3-6 列出几种不同品牌设备的梯度参数。从表中可以看出，除梯度强度、梯度切换率这两个指标外，其他指标都没有统一的标注，有的厂家标注梯度放大器峰值电流和峰值电压（peak gradient amplifier current and voltage），有的厂家标注最大功率（max power）。对于标注功率，不同厂家标注功率方法也不同，有的标注总功率（max power），有的标注单轴功率（power output per axis）。梯度放大器功率比较时，要将单轴功率换算成总功率进行比较。放大器总功率=单轴功率×3。

表 3-3-3　GE 品牌设备 G 的梯度参数

设备 G 的梯度磁场系统性能参数	参数值
peak amplitude（峰值幅度）	80 mT/m
peak slew rate（峰值切换速率）	200 T/（m·s）
gradient amplifier & coil（梯度放大器 & 线圈）	—
peak gradient amplifier current and voltage（梯度放大器电流和电压峰值）	1 034 A/2 324 V

表 3-3-4　SIEMENS 品牌设备 S 的梯度参数

设备 S 的单轴梯度性能参数	参数值
max amplitude（峰值强度）	45 mT/m
min rise time（最小上升时间）	225 us
max slew rate（最大切换率）	200 T/（m·s）
gradient amplifier（梯度放大器）	—
max output voltage（最大输出电压）	2 250 V
max output current（最大输出电流）	900 A
max power（最大功率）	2.025 MW

表 3-3-5　PHILIPS 品牌设备 P1 的梯度参数

设备 P1 的梯度参数	参数值
max amplitude［峰值（梯度）强度］	45 mT/m
max slew rate（最大切换率）	200 T/（m·s）
max sustained power output per axis（单轴最大持续输出功率）	600 kW

表 3-3-6　PHILIPS 品牌设备 P2 的梯度参数

设备 P2 的梯度参数	参数值
max amplitude［峰值（梯度）强度］	80 mT/m
max slew rate（最大切换率）	200 T/（m·s）
max sustained power output per axis（单轴最大持续输出功率）	600 kW

本着同参数对比原则，选取梯度切换率都是 200 T/（m·s）的 4 款设备进行分析（表 3-3-7），比较结果如下：① 设备 G 与 P2 的峰值梯度强度都是 80 mT/m，峰值功率相差大约 25%；② 设备 S 与 P1 的峰值梯度强度都是 45 mT/m，峰值功率相差大约 10%。

表 3-3-7 列出了几个常见品牌的梯度参数。

表 3-3-7　几个常见品牌梯度参数对照表

设备	梯度强度/（mT/m）	梯度切换率/［T/（m·s）］	放大器功率/MW
G	80	200	2.403
S	45	200	2.025
P1	45	200	1.800
P2	80	200	1.800

从表 3-3-7 可以得出如下结论：① 相同梯度强度、梯度切换率，在不考虑更高级的梯度场屏蔽等因素下，峰值功率的差距归结于梯度放大器与梯度线圈的匹配程度。如系统匹配程度高，在相对较小的功率时，也可以实现同样的功能。② MRI 系统运行时，消耗功率最大的就是梯度系统，因此梯度系统功率可以简单等效为系统运行峰值功率。根据对比可以看出，G 设备运行功率最大，也就意味着对安装场地要求中，G 设备需要对供电提出相对更高的要求。③ G 设备的梯度放大器功率比 S、P1 和 P2 都大，整体上看 PHILIPS 设备的梯度线圈匹配程度相对更高一些。

4. 梯度放大器的控制

不同品牌磁共振设备梯度放大器的控制方式有所不同，表 3-3-8 为 GE 品牌某磁共振设备梯度放大器的控制参数。

表 3-3-8　GE 品牌某磁共振设备梯度放大器控制参数表

梯度放大器控制参数	参数值
peak amplifier current and voltage（放大器峰值电流和电压）	1 034 A/2 324 V
gradient current accuracy（梯度电流精度）	300 μA·s
shot to shot repeatability（快速切换重复性）	100 μA·s
symmetry（对称性）	200 μA·s

GE 品牌某磁共振设备梯度放大器控制模式通过使用数字控制方式，系统通过使用主动闭环控制来减小电流误差。

从表 3-3-8 可以看出，有三个描述梯度误差的特殊定义参数：① 梯度电流准确度（gradient current accuracy），一个扫描周期内梯度波形累加的最大积分误差，梯度系统误差用放大器发射电流（μA）的积分误差来描述，梯度电流准确度的单位为 μA·s；② 快速切换重复性（shot to shot repeatability），描述一次小的扫描梯度波形中取的积分误差的最大误差；③ 对称性（symmetry），描述梯度波形一个正向梯度加一个负向梯度周期内取的积分误差最大值。

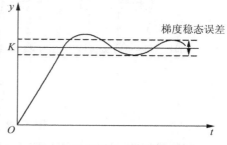

图 3-3-18 PHILIPS 磁共振设备描述梯度误差的特殊参数

PHILIPS 磁共振设备用稳态精度（gradient fidelity）来描述梯度稳态误差（图 3-3-18），这是自动控制术语，就是梯度电流稳态精度，是指实际产生的梯度场与要求产生的梯度场的最大误差，PHILIPS 磁共振设备梯度系统稳态精度>99.97%。

第四节 射频线圈与射频系统

射频线圈是磁共振装置磁体内垂直于主磁场方向的线圈。射频电源、射频放大器、射频控制器及射频线圈共同组成射频系统。

在垂直于主磁场方向平面内放置一个射频线圈，射频线圈中产生的射频能量激发受检者体内质子后产生的 MRI 信号，可以通过射频线圈进行接收。

由此可见，射频线圈既可以发射射频脉冲信号（射频能量），又可以用来接收磁共振回波信号。

不同厂家对射频线圈命名不一样，GE 磁共振射频线圈叫 RF body coil，PHILIPS 磁共振射频线圈叫 QBC。

一、射频线圈

射频线圈通常设计成圆形桶状，可以使受检者接收到的射频能量分布均匀，信噪比较高。射频线圈安装在磁体洞最内层，尽可能靠近被检测物体（受检者）。

由于超导磁体的磁体洞直径是固定的，要增大 MRI 设备测试孔径，最直接的办法就是缩减射频线圈的厚度。常见的鸟笼式 QBC 如图 3-4-1 所示。

鸟笼式 QBC 展开后（图 3-4-2），共有 16 个杆（rods），16 个杆分成两部分。相位差为 90° 的两路射频能量分别从鸟笼式 QBC 的两部分输出，形成正交的两路射频信号。QBC 内同时集成了 PU 线圈和 Tune 线圈。PU 线圈，即 Pick-up 线圈，实时监控 QBC 发出的射频能量大小；Tune 线圈发出模拟自由感应衰减（free induction decay，FID）信号的测试信号，用来测试接收线圈的性能。

图 3-4-1 鸟笼式 QBC

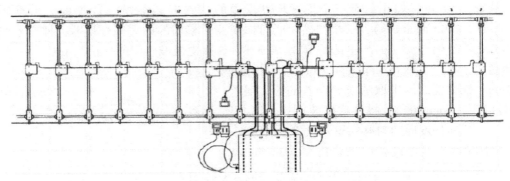

图 3-4-2 鸟笼式 QBC 展开后构成图

射频线圈发射和接收信号是不能同时进行的，需要设计相应的开关，通常用二极管作为开关元件，利用电压来控制二极管，决定射频线圈是用来发射射频信号，还是接收回波信号。

射频线圈需要有良好的射频屏蔽（RF shield），特殊的屏蔽材料（铜皮）位于射频线圈的外圈（图 3-4-3）。

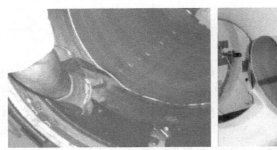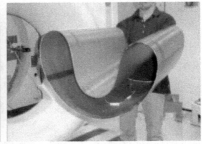

图 3-4-3 磁体中射频屏蔽（铜皮）

二、射频系统参数

不同磁共振设备制造商对射频系统指标（参数）定义有所不同，以 GE、PHILIPS 和 SIEMENS 为例，介绍射频系统结构与参数。

1. GE 射频系统

GE 某型号射频线圈 QBC 示意图如图 3-4-4 所示，图中左侧显示两路相位差为 90°的射频激发脉冲进入 QBC 内进行正交化；右侧是部分指标说明，该射频线圈由 16 个横档正交组成（16 rung quadrature）。GE QBC 结构（GE 称 QBC 为 RF body coil）与 PHILIPS QBC 结构相似（16 个横档、16 个杆）。GE 某型号磁共振设备射频系统指标描述如图 3-4-5 所示。

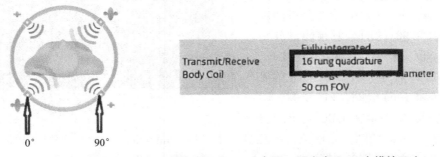

图 3-4-4 GE 磁共振设备正交体线圈 QBC 示意图（图中表示 16 个横档正交）

MultiDrive	
At 3.0T, precise control over the RF environment in a 70 cm patient bore has been challenging until now. The SIGNA™ Premier RF transmit architecture consists of two liquid-cooled 15 kW solid-state RF power amplifiers. By optimizing the phase and amplitude of each RF amplifier output channel that is applied to GE's 70 cm whole-body RF transmit coil, the RF uniformity and signal homogeneity improves regardless of the patient's shape, size, and/or body habitus.	
	1

RF Transmit Architecture	
RF amplifier	Multiple output Small footprint Water cooled
Maximum output power	15 kW body per channel (30 kW peak total) 4.5 kW Head
Maximum B₁ field with whole body RF coil	19 uT at 75 kg (> 25 uT at 20 kg)
Transmit gain	40 db coarse, > 84 dB instantaneous
RF exciter frequency range	127.72 +/- 0.625 MHz
Receiver resolution	< 0.6 Hz/step
Frequency stability	14 parts per billion (0 to 50 C)
Phase resolution	0.005 deg/step
Amplitude control	16 bit with 12.5 ns resolution
Amplitude stability	< 0.1 dB over one minute at rated power
Digital RF pulse control	2 amplitude modulators 2 frequency/phase modulators
Transmit/Receive Body Coil	Fully integrated 16 rung quadrature Birdcage 70 cm inner diameter 50 cm FOV
	3

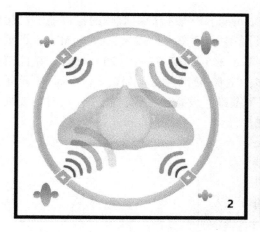

图 3-4-5 GE 某型号磁共振设备射频系统参数

图 3-4-5 中 "1" 部分：描述了这款设备的射频系统采用双射频技术，使用两个 15 kW 射频放大器驱动两路射频进入 QBC，实现正交发射。两路射频可以通过优化各自的相位和幅度，实现根据患者的身材进行自适应调整，提高射频磁场的均匀度以及信号强度。

图 3-4-5 中 "2" 部分：显示 QBC 发射情况，此图有一些迷惑性，好像是四路射频发射，从 QBC 正交体线圈工作原理可知，此系统是一个双射频系统。

图 3-4-5 中 "3" 部分为射频系统传输结构（RF transmit architecture）说明，详细描述射频系统的性能参数。

（1）射频放大器（RF amplifier，RF-AMP）：① 射频多路输出（multiple output）；② 小型化（small footprint）；③ 水冷方式冷却（water cooled）。这些是此款设备射频放大器的特点。

（2）最大输出功率（maximum output power）：表示射频场最大发射能量。一个射频放大器的峰值功率为 15 kW，两路射频放大器峰值功率 30 kW［15 kW body per channel（30 kW peak total）］。使用 T/R coil 时发射功率为 4.5 kW（4.5 kW head）。TR-SWITCH 的作用为当使用 T/R coil 时将激发射频进行分路（图 3-4-6）。

（3）整体体线圈最大射频磁场强度（maximum B_1 field with whole body RF coil）：对 75 kg 的人体来说磁场强度最大为 19 μT。这里可以看到 MRI 设备主磁场强度单位（T），梯度场强度单位（mT），射频场强度单位（μT）。

（4）放大器发射增益（transmit gain）：普通持续 40 dB，瞬时 84 dB。

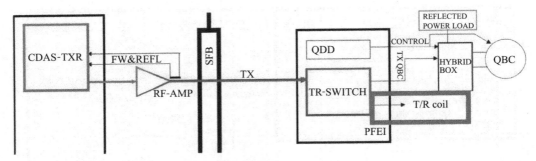

图 3-4-6　TR-SWITCH 的切换

（5）射频频率范围（RF exciter frequency range）：一般指产生射频的器件能够产生的射频频率范围。127.72±0.625 MHz 表示这款设备中心频率允许偏差±0.625 MHz，即射频频率范围在 127.095（127.72−0.625）MHz～128.345（127.72+0.625）MHz，在此范围内图像质量不受影响。假设随着时间推移，主磁场产生了漂移，中心频率下降到127 MHz，此时由于频率超出了射频激发的频率范围，设备报错无法扫描，这时需要使用励磁工具给主磁场补充一些电流，提高中心频率。

（6）射频接收器频率分辨率（receiver resolution）：指射频接收通路模数转换器（ADC）对频率的分辨率。由于 ADC 线性器件接收的信号实际上是阶跃信号（图 3-4-7），每一级阶跃对应 ADC 器件的分辨率极限，该型号射频接收器频率分辨率为 0.6 Hz/step，描述了 ADC 接收分辨率极限，也就是说射频接收器最大能够分辨出射频场 0.6 Hz 的频率变化，这里对应频率编码。

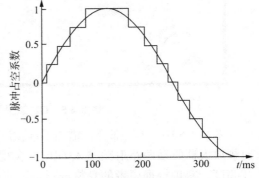

图 3-4-7　阶跃信号示意图

（7）发射相位分辨率（phase resolution）：指射频发射通路对相位的分辨能力，此参数对应相位编码。对于正弦信号，相位 0° 和 360° 的波形是相同的，为了能够分辨出不同的相位，只能在 0°～360° 相位内分辨。相位分辨率越高，说明能够分割的相位越多，相位编码分辨率越强。该型号射频接收器相位分辨率为 0.005°/step，表示最小能分辨 0.005° 相位。

（8）振幅控制（amplitude control）：振幅控制一般指射频脉冲幅度控制。16 bit with 12.5 ns resolution，表示 12.5 ns 时间内能分辨出 2^{16} 等级（16 位）。

（9）振幅稳定性能（amplitude stability）：MRI 射频激发脉冲是通过射频放大器放大后产生的，脉冲振幅稳定性能指放大器放大的稳定能力，实际上表征了射频场的稳定性。振幅稳定性能参数<0.1 dB over one minute at rated power，指的是射频放大器工作在额定功率的情况下，每分钟放大倍数稳定在误差 0.1 dB 以内。

（10）数字射频脉冲控制（digital RF pulse control）：采用双射频控制，采用两个射频放大器控制两路射频能量的频率和相位。

（11）发射或接收体线圈（transmit/receive body coil）：系统采用正交体线圈 QBC。① 集成化设计（fully integrated）；② 正交体线圈 QBC 里包含 16 个横档（16 quadrature）；

③ 70 cm 孔径（birdcage 70 cm inner diameter）；④ 扫描直径 50 cm 的球体空间（50 cm FOV）。

2. PHILIPS 射频系统

射频线圈为正交体线圈 QBC，包含 16 个杆（rods）（图 3-4-2）。相位差 90°的两路射频激发脉冲进入 QBC 内进行正交化。PHILIPS 某型号磁共振射频系统指标描述见表 3-4-1。

表 3-4-1　PHILIPS 某型号磁共振射频系统部分指标

射频系统指标参数	参数值
number of independent amplifiers（独立放大器的数量）	2
parallel RF transmission（并行射频传输）	yes
output power（输出功率）	≥2×18 kW
maximum output power（最大输出功率）	15 kW body per channel（30 kW peak total） 4.5 kW Head

从表 3-4-1 可以看出，该系统有两路独立的放大器，平行（并行）的射频传输系统，每路输出功率大于 18 kW（共 36 kW），体线圈每个通道最大输出功率为 15 kW，头线圈最大输出功率为 4.5 kW。

3. SIEMENS 射频系统

SIEMENS 某型号 MRI 设备指标对 QBC 进行以下描述："Body Coil" integrated whole body no tune transmit/receive coil with 32 rungs and two independent RF transmit channels；optimized RF efficiency and signal to noise radio（SNR）。SIEMENS 此款磁共振设备的 QBC 使用了 32 个横档，比目前常见的 16 个多了一倍。从原理上说 32 个横档能够实现更好的射频场均匀度。SIEMENS 某型号 MRI 设备射频发射部分指标参数见表 3-4-2。

表 3-4-2　SIEMENS 某型号 MRI 设备射频发射部分指标参数

射频发射部分指标参数	参数值/相关说明
General（常规）	It uses two independent reansmit channels for fully dynamic RF excitation.（通过使用两个独立的重发通道来实现完全动态的射频激励）
Transmit amplifier（传输放大器）	Extremely compact, water-cooled solid state amplifiers, fully integrated at the magnet as part of Direct RF technology（完全集成在磁器作为直接射频技术的一部分的非常紧凑的水冷固态放大器）
Transmit amplifier bandwidth（发射放大器带宽）	800 kHz
Peak power（峰值功率）	43.2 kW

从表 3-4-2 指标参数中可以看出，SIEMENS 该型号设备有两个独立的射频发射通道，实现射频的正交激发，但是并没有像 GE 和 PHILIPS 设备中明确说明使用了两个射频放大器。SIEMENS 该型号设备性能指标峰值功率为 43.2 kW，是两路射频能量共同发射的峰值功率，可以代表单射频技术一个射频放大器的功率，也可以表示双射频系统两路射频放大器组合功率，以上在性能指标中没有详细说明。

QBC 正交发射有两种办法，一种是一个射频发射源通过 3 dB 定向耦合器拆分成相位差 90°的两路射频能量进行发射，另一种是用两个射频放大器和两个射频源直接进行双射频发射。

三、射频系统性能指标比较

1. 射频系统带宽

射频系统带宽（bandwidth），不同品牌设备此项指标描述不同，参见表 3-4-3。

表 3-4-3　不同品牌设备射频系统带宽比较

射频系统带宽	参数/相关说明		品牌
bandwidth（带宽）	1 100 kHz（±550 kHz around operating frequency）（运行频率±550 kHz）		PHILIPS
transmit amplifier（传输放大器）	extremely compact, water cooled solid state amplifiers, fully integrated at the magnet as part of direct RF technology（完全集成作为直接射频技术一部分的非常紧凑、水冷式的固态放大器）		SIEMENS
	transmit amplifier bandwidth（发射放大器带宽）	800 kHz	
RF exciter frequency range（射频激励器频率范围）	127.72±0.625 MHz		GE

从表 3-4-3 可以看到，GE 设备射频激发带宽为 127.72 MHz，SIEMENS 设备激发带宽为 800 kHz，PHILIPS 设备为 1 100 kHz。带宽越大，设备受到中心磁场 B_0 漂移影响越小，背后还隐含着 RF 接收系统的 ADC 模块接收带宽更大。

2. 频率编码和相位编码精度

频率编码和相位编码的精度是射频系统的重要参数，SIEMENS、GE、PHILIPS 磁共振设备射频系统频率编码和相位编码精度的比较见表 3-4-4。

表 3-4-4　几种品牌磁共振设备射频系统频率编码和相位编码的精度

参数	参数值	品牌
frequency control（频率控制）	32 bits（0.03 Hz）	SIEMENS
phase control（相位控制）	16 bits（0.006°）	
receiver resolution（接收分辨率）	<0.6 Hz/step	GE
frequency stability（频率稳定度）	14 parts per billion（0~50 ℃）	
phase resolution（相位分辨率）	0.005°/step	
frequency resolution（频率分辨率）	0.07 Hz/bit	PHILIPS
phase resolution（相位分辨率）	16 bits（0.005°）	

从表 3-4-4 可以看到，SIEMENS 设备对于频率编码的控制更加精确（0.03 Hz），GE 和 PHILIPS 设备对于相位编码的控制精度更高（0.005°/step）。从各种指标中可以看到，目前对于射频系统的发展方向是：① 采用双射频系统和更多的 QBC 杆数量，提高射频均匀度；② 使用更大的射频通路激发功率，提高信噪比。

这些措施对应的就是尽可能提高激发脉冲的强度，提高图像信噪比，提高射频场均匀度，提高整体系统的均匀度指标。

目前对于 MRI 系统性能评价主要在梯度系统的指标上，由于射频系统的复杂性，能够用来进行衡量的主要指标不多。射频系统的性能每个厂家说法都有所区别，主要指标和单位都有所区别，同时与梯度系统梯度强度、切换率那样非常明确的梯度系统核心指标不同，目前市面上很少有关于射频系统的核心指标，一般来说就是用接收通路多少来评价设备的好坏。

第五节　系统柜

系统柜（system cabinet）内部结构比较复杂，包含射频系统、梯度系统、通信系统、图像处理系统等，不同品牌磁共振装置系统柜组成略有不同，图 3-5-1 为 GE Optima 360 系统柜总览图。

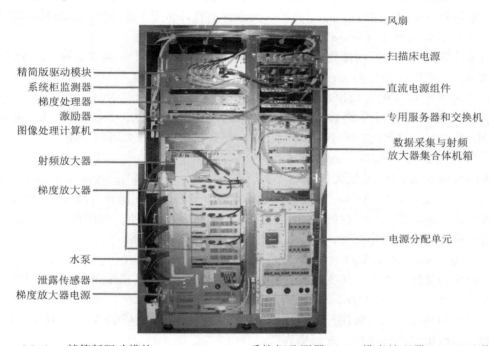

driver module-lite-精简版驱动模块；cabinet monitor-系统柜监测器；GP-梯度处理器；exciter-激励器；ICN-图像处理计算机；RF amplifier-射频放大器；gradient amplifier-梯度放大器；water plumbing-水泵；leak sensor-泄露传感器；gradient power supply-梯度放大器电源；fans-风扇；PHPS-扫描床电源；DC power supply assy-直流电源组件；term server-专用服务器；HUB-交换机；CAM-lite-数据采集与射频放大器集合体机箱；PDU-电源分配单元。

图 3-5-1　系统柜功能示意图（前视图）

一、系统柜中各个模块（单元）功能

从图 3-5-1 中可以看到系统柜的内部各组件名称，各模块名称及功能如下。

1. 精简版驱动模块（driver module-lite）

"驱动"即给线圈提供各种电压，驱动线圈工作。例如，给复合线圈（multi-coil）提供直流电源，给 RF 放大器提供"使能"信号（UNBLANK 信号）等。驱动模块还能检测线圈内是否有开路、短路等。

2. 系统柜监测器（cabinet monitor）

系统柜监测器也叫系统柜检测器，进行温度检测、LCC 液位检测、泵工作检测等，监视整个设备是否处于"安全"状态。系统柜监测器上有许多信号指示灯，指示设备工作状态。例如，梯度放大器、射频放大器中有水冷装置，为了防止漏水导致设备损坏，有漏液传感器，"漏液"发生时，"cabinet monitor"报警、停机，保护系统柜内的组件。

3. 梯度处理器（gradient process，GP）

梯度处理器控制所有梯度放大器，同时为梯度放大器提供驱动信号，并采样检测信号，进行故障检测和分析。GP3为第三代梯度处理器。

4. 激励器（exciter）

激励器激励（放大）模拟射频（RF）信号，形成放大了的射频源，用于激发受检者体内的质子。激励器还有其他功能，如提供80 MHz时钟信号，为多路切换器（mega switch）提供本振信号（local oscillator signal）等。激励器上有许多用于连接射频线的射频端口。

5. 图像计算机单元（image computer nodes，ICN）

图像计算机单元也叫图像处理计算机，从硬件组成和功能上看是个电脑，但操作系统不是Windows系统，而是Linux系统，主要负责图像处理和重建。

6. 射频放大器（RF amplifier）

射频放大器可进行射频放大。GE射频放大器称为SRFD3（scaleable RF driver），scaleable意为"可扩展的、大小可以改变的"，形容这个射频放大器功能强。

7. 梯度放大器（gradient amplifier）

不同品牌设备的梯度放大器命名不同，如SGA（switching gradient amplifier）、HFA（high fidelity amplifier）、XFA、XGA等。总而言之，只要知道它是梯度放大器即可。它同射频放大器功能类似，只不过放大的不是射频（RF），而是电压。梯度放大器上有高压，检测时严格执行安全操作流程，非专业人员不要维修此部分电路。

8. 水泵（water pumping）和泄漏传感器（leak sensor）

该模块为梯度放大器、梯度电源、射频放大器提供水冷，并配备相应的漏液传感器。

9. 梯度放大器电源（gradient power supply）

该模块为梯度放大器提供三组直流电源，分别为+200 V、+700 V、−700 V。为了降低功率，梯度电源内部使用"超级电容"。

10. 扫描床电源（patient handing power supply，PHPS）

扫描床电源——"把患者举起来的电源"，其实就是为围绕患者的设备组件提供电源，例如，定位用的激光灯、磁体洞内的风扇、照明灯、床电机的驱动电源等。

11. 直流电源组件（DC power supply assy）

该模块输出电压为5 V、10 V、12 V、24 V等。直流电源本质就是开关电源。

12. 专用服务器（term server）

专用服务器又名术语服务器，CAM-lite模块中有很多电路板，板与板之间存在通信，这些通信通过串行连接。term server又名HUB，其实就是交换机（多端口转发器），实现通信数据的交互。

13. 电源分配单元（power distribution unit，PDU）

电源分配单元通过电源分配器进行电源配置。因为梯度电源中采用了超级电容的设计，故降低了额定功率。系统柜的开关机（E-stop）也由该单元负责。

14. 数据采集与射频放大器集合体机箱（CAM-lite）

数据采集与射频放大器集合体机箱把放大器支持控制器（ASC）与老式型号设备上的

数据采集单元（MGD）集合在一起的机箱。consolidated 意为"合并"，ASC（amplifier support controller）意为放大器支撑控制器，MGD（multi-generational data acquisition chassis）意为多代数据采集机箱。

二、射频放大器支持控制器

射频放大器支持控制器（amplifier support controller，ASC）是 CAM-lite 中的一部分，负责对接收的各类信息进行处理。Optima 360 型中 ASC 在机箱中的位置如图 3-5-2 所示。

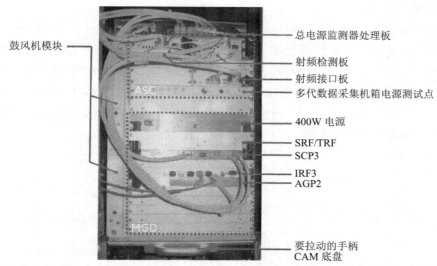

blower module-鼓风机模块；UPM processor board-总电源监测器处理板；RF detector board-射频检测板；RF interface board-射频接口板；MGD power supply test point-多代数据采集机箱电源测试点；400 W power supply-400 W 电源。

图 3-5-2　Optima 360 型中 ASC 位置

从图 3-5-2 中可以看出，ASC 由几块电路板组成，整个 ASC 组件以总电源监测器（universal power monitor，UPM）为核心，对 RF 放大器的功率进行检测，筛选出不合格的 RF 功率，并向系统发出警告，限制 RF 放大器输出功率。ASC 具体结构如图 3-5-3 所示。

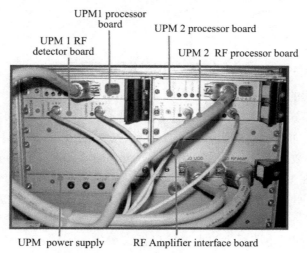

图 3-5-3　ASC 具体结构（实物图）

从图 3-5-3 中可以看出 ASC 中电路板情况：① 总电源监测器处理板有两块，分别是 UPM 1 processor board 和 UPM 2 processor board。总电源监测器处理板负责对检测到的 RF 功率数据进行数据处理、反馈；② 射频检测板也有两块，分别是 UPM 1 RF detector board 和 UPM 2 RF detector board。射频检测板检测 RF 功率，每个电路板有两组射频线。③ 射频放大器接口板（RF amplifier interface board），连接 RF 放大器和 ASC 组件的接口板，便于检测 RF 放大器的功率数据；④ 总电源监测器电源（UPM power supply），为 ASC 内板路提供对应的供给电压。

ASC 组件背面结构如图 3-5-4 所示。在 ASC 组件的背面，有一个用于连接 CAN 回路的接口，便于将错误或故障情况传递给系统。通信关系如下：整个 ASC 组件的作用，都是为了实现对 RF 放大器的输出功率进行检测、控制。图 3-5-4 中有两个总电源监测器（UPM 1、UPM 2），每一个 UPM 由一个总电源监测器处理板 UPB（UPM processor board）和两个射频检测板（RF 检测板）（不超过两块）组成。不同型号的设备，射频功率不同，配备的 RF 检测板的数量也不同。

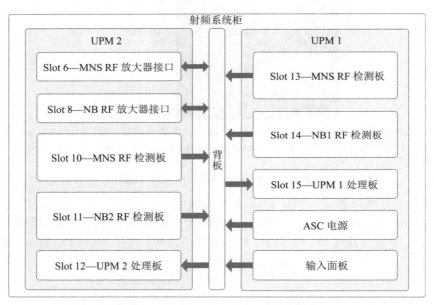

图 3-5-4　ASC 组件的背面接口示意图

三、电路板之间的通信关系

电路板间的通信联系如图 3-5-5 所示，RF 检测器（RF detector，RFD）是总电源监测器（UPM）组件的"前端"，整个 MRI 系统中各种输出射频都要通过 RFD 进行检测，并且将检测的 RF 功率数据通过总电源监测器处理板（UPB）进行 A/D 转换，实现数字化。数字化的功率信号在 UPB 内通过运算处理，并进行检测。若检测出"过大的 RF 功率"（超出允许输出的功率），UPB 会将错误情况（RF 功率过大）通过 CAN 回路将信息传递给系统。

图 3-5-5 中，中间的电路板为放大器接口板（AMP interface board，AMPIF 板），从驱动组件（driver module），接收 NB UNBLANK 信号，并将这些信号传递给射频放大器

（SRFD3），如图 3-5-6 箭头①所指过程。当 RF 功率超出限制时，UPB 将创建 RF LOCK 信号，将其发送到 AMPIF 板。AMPIF 板将向射频放大器发送 RF LOCK 信号，用来停止 RF 功率的输出，如图 3-5-6 箭头②所指过程。并且 UPB 同时向 driver module 发送指令，停止输出一切 UNBLANK 信号。

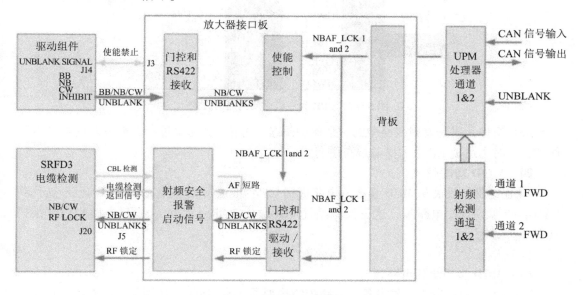

图 3-5-5　板件之间的通信关系

在图 3-5-5、图 3-5-6 中，NB/BB/CW UNBLANK 为"使能信号"。NB（narrow band）窄带；BB（broad band）宽带；CW（continuous wave）连续波（类比雷达信号）。注意：BB 和 CW 的信号仅适用于 MNS（多核光谱）放大器。

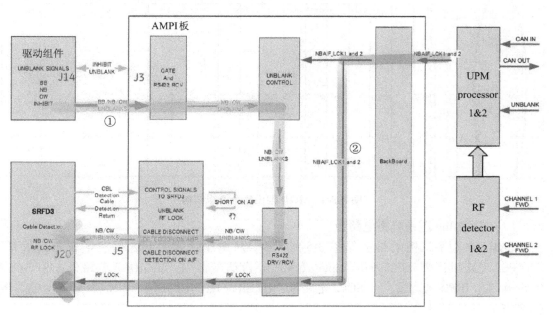

图 3-5-6　板件之间的通信关系

UPM 和主机之间的通信方式通过 CAN 回路（如图 3-5-6 右上角部分所示），将数据传输给 SCP 板，再由“以太网”直接同主机工作站进行通信，这样就能通过主机来控制 ASC 组件的工作状态，如图 3-5-7 所示。

UPM1
UPM1 HWO
SCP
UPM2
UPM2 HWO
Ethernet
Host
Power Mon
Scan
PSD

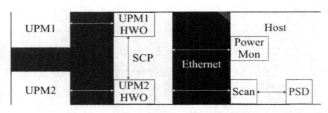

图 3-5-7　UPB 和主机之间的通信方式

ASC 组件是射频发射回路中的一个保护回路，防止 RF 功率过高，造成对受检者意外伤害，同时也避免 RF 放大增益过高引起图像失真。

四、MGD 功能简介

MGD 组件的发展从 MGD 系统柜电路板到 CAM-lite 型系统柜电路板，目前已经迭代到 CAM-lite2 型系统柜电路板。这三代产品（MGD、CAM-lite、CAM-lite2）电路板内部结构具有一些变化。

1. 电路板

（1）MGD 型系统柜电路板。

MGD 型是一种老式型号设备，电路板结构如图 3-5-8 所示。从图中可以看到，自左至右电路板有：① APS 电路板；② AP 电路板（两块）；③ DRF-2 电路板；④ AGP 电路板；⑤ IRF-2 电路板；⑥ SCP-2 电路板；⑦ SRF/TRF（和未标注的 STIF）电路板；⑧ MGD power supply 电路板（两块）。

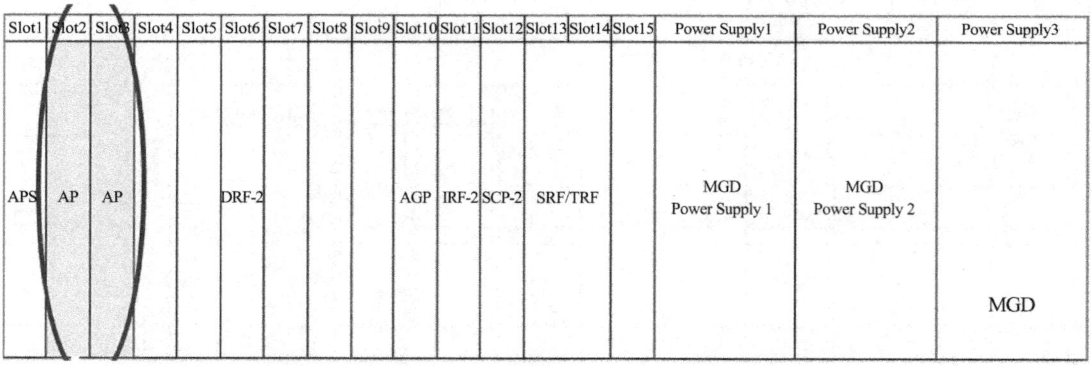

Slot1
Slot2
Slot3
Slot4
Slot5
Slot6
Slot7
Slot8
Slot9
Slot10
Slot11
Slot12
Slot13
Slot14
Slot15
Power Supply1
Power Supply2
Power Supply3
APS
AP
AP
DRF-2
AGP
IRF-2
SCP-2
SRF/TRF
MGD Power Supply 1
MGD Power Supply 2
MGD

图 3-5-8　MGD 型设备电路板结构

（2）CAM-lite 型系统柜电路板。

CAM-lite 型系统柜电路板如图 3-5-9 所示。从图中可以看到，自左至右电路板有：① APS2 电路板；② infiniband adapter（无限宽带适配器）；③ DRF-2 电路板；④ AGP2 电路板；⑤ IRF2 电路板；⑥ SCP2 电路板；⑦ SRF/TRF 电路板；⑧ power supply 电路板（400 W）。

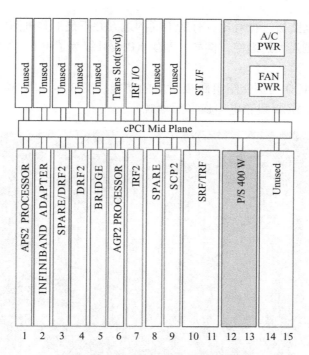

图 3-5-9　**CAM-lite** 型系统柜电路板

（3）CAM-lite2 型系统柜电路板。

CAM-lite2 型系统柜电路板如图 3-5-10 所示。从图中可以看到，自左至右电路板有：① AGP2 电路板；② IXG 电路板；③ SCP3 电路板；④ PSE 电路板；⑤ power supply 电路板（400 W）。

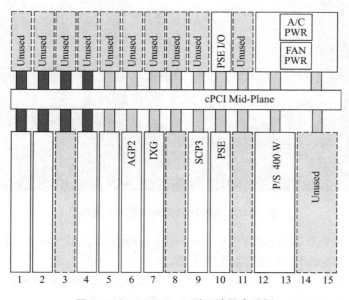

图 3-5-10　**CAM-lite2** 型系统柜电路板

以上三代产品电路板进行对比，有所不同的地方并不是那些电路板被取消了，而是电路板被升级为功能更强大的组件，例如，两块 AP 板升级为了 ICN（VRE）。

2. MGD 功能

以 HD 系列的 MGD 为例介绍电路板对应的功能，图 3-5-11 为 MGD 机箱电路板（前面观），图 3-5-12 为 MGD 机箱电路板（后面观）。

图 3-5-11　MGD 机箱电路板（前面观）

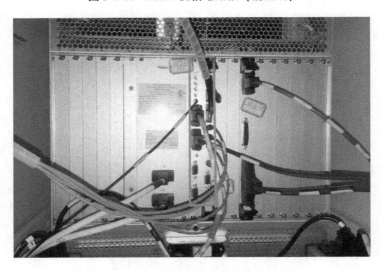

图 3-5-12　MGD 机箱电路板（后面观）

（1）采集重建子系统（acquisition processing subsystem，APS）：负责原始数据的采集重建。有网线接口通过 HUB 直接连接到主机。

（2）阵列处理器（array processor，AP）：主要负责原始图像数据的图像重建。后被 ICN 升级代替，故该型号系统柜有 ICN，所以就没有 AP 板。

（3）数字接收滤波器（digital receive filter box，DRFB）：功能为将从接收器通道接收的数据进行预重建处理（前级重建）。不同型号会根据接收通道的数量来安排 DRF 电路板的数量。

（4）应用通道处理器（application gateway processor，AGP）：主要负责协调其他电路板（IRF、SRF/TRF），以创建生成扫描波形所需的数字 RF 和梯度数据。实际上从硬件角度看，AGP 板和 APS 板是一样的，只不过负责的功能不同。操作技师使用的 TPS reset 指令就是直接传输到这块电路板和其他三块电路板，分别是 SCP、APS、STIF，然后再由它发号施令，进行 MGD 的硬件重启，恢复通信。

（5）接口和移动功能（interface & remote function，IRF）：IRF 板有两个主要功能。首先是向其余的 MGD 组件提供主数据采集时钟信号，信号为 exciter 的提供 20 MHz 信号。IRF 板的第二个主要功能是从 SRF/TRF 板获得数字化数据；然后将这些数据提供给 IRF I/O（input/output 就是接口板），以传输到 RRF 内的 exciter，从而可以生成 RF 波形。在老设备中，exciter 为一块板子，安装在射频相关的 RRF 机箱内。

（6）扫描控制处理器（scan control process，SCP）：主要负责向 APS 和 AGP 提供扫描状态信息。SCP 还有其他功能，如负责 SRI 的控制、管理 CAN 回路等。

（7）SRF/TRF（sequence related functions/trigger & rotational functions，SRF/TRF）：SRF/TRF 同样也是非常核心的电路板，这两块板路生成数字数据，根据操作者选用的不同序列，再由 AGP 发出指令，然后产生用于生成扫描所需的 RF 和梯度波形的数字数据。当然它还有很多其他功能，例如，扫描顺序控制，生理门控算法，生理波形显示生成，实时涡流补偿等。

（8）IRFI/O（interface & remote function input/output，IRFI/O）：实际上该板是个接口板，实现 MGD（数据处理）和 RRF（射频控制）之间的通信，通过光纤连接到 RRF 机箱上的 RF-DIF 板上，以此把需要使用的 RF 数据传输到射频相关组件上，经放大后，传输到线圈上，并作用于患者。其位置在 MGD 机箱的背面。

（9）STIF：实际上它也是个接口板，实现 SRF/TRF 和梯度控制器（GP）的通信，当然它同样也负责与其他组件通信。只需要知道它是 SRF/TRF 的接口板即可，为实现 SRF/TRF 上的多种功能而连接到很多相应组件上。其位置在 MGD 机箱背面。

（10）电源：提供板路内各个元器件的支持电压。

本节介绍了 MGD 内各个电路板的功能，对于维修工程师来说，MGD 集成化程度越来越高，本身故障率就很低，设备有处理能力较强的电脑系统，设备报错指向性也很明确，简单做一些软件诊断，就可以完成电路板的维修更换。

第六节 冷头及相关组件

磁共振设备磁体间温度一般保持在 20 ℃ 左右，也就是 293 K。为了保证磁体主线圈的超导状态，主线圈需要浸泡在液态氦中，而液态氦的温度是 4 K（换算成摄氏温度为 −269 ℃）。这也就意味着磁体内外存在着大约 290 K 的温差，很显然保持这样的温差必须引入制冷系统维持磁体内部的温度。冷头是超导磁共振设备中十分重要的部件。

一、超导磁体制冷原理

常温下，氧气、氮气、氦气、二氧化碳以气体状态存在，当环境温度下降到一定程度时，物理状态发生改变。常见的几种气体状态变化时温度为：液体氮（−196 ℃，换算成开氏温度为 77 K）、液体氦（−269 ℃，换算成开氏温度为 4 K）、氟利昂（−60~−90 ℃）、固态氧（−218 ℃）、固态二氧化碳（−70 ℃）。超导磁共振冷头用氦作为冷媒，氦在 −269 ℃为液体状态（称为液氦）。

1. 理想气体状态方程（理想气体定律）

理想气体处于平衡状态时，气体压强（p）、体积（V）、物质的量（n）、温度（T）间的关系：$pV=nRT$。式中 p 的单位为 Pa；V 的单位为 m^3；n 的单位为 mol；T 的单位为 K；R 为气体摩尔系数，不同状况下数值有所不同，单位是 J/（mol·K）。以上几种状态参量之间的相互关系称为理想气体状态方程。

根据理想气体定律，在气体体积一定的情况下，当气体压强降低时，气体的温度也会降低。利用这个原理就可以对超导磁体进行降温。

2. 冷头（组件）制冷工作原理

冷头（组件）工作原理如图 3-6-1 所示，图中矩形虚线框部分像一个"缸体活塞"，椭圆虚线框区域像一个冷凝器，圆形部件代表压缩机。压缩机工作后，矩形虚线框缸体内的气体被压缩，体积变小，压力变大，气体温度变高；当高温高压气体通过一段细管到达椭圆虚线框区域，体积突然增大，压力变小，释放热量，释放出的热量通过周围的冷凝器被带走。低压的气体回流至压缩机过程中，由于管路较长，气体在漫长的回流途中又吸收了周围环境中的热量，成为高温低压的气体再次被送到缸体内，经过压缩机后气体被压缩成为高温高压气体，重复下一次循环。如此往复循环，使整个冷头的温度逐渐下降。

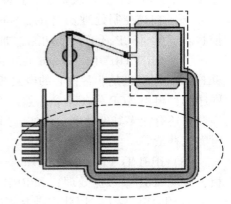

图 3-6-1　冷头组件工作原理

磁共振装置中制冷就是通过氦压缩机和冷头（冷凝器等）共同协作实现的。其步骤可简化为：① 高温低压氦气进入缸体内，通过压缩机压缩作用成为高温高压氦气；② 再通过冷头内部的活塞运动以及冷凝器等交换冷头内部热量；③ 排出的低温低压氦气在回流至压缩机的过程中又吸收了周围环境中的热量，成为高温低压气体再次被送到缸体内，经过氦压缩机压缩成为高温高压气体，进入下一次循环过程。

重复这一循环流程，使冷头温度逐渐下降，用这样的方式来维持一阶制冷 45 K、二阶制冷 4 K 的低温。

冷头在运行过程中会产生热交换，如果选择熔点高的冷媒，会导致冷头中的冷媒受热交换影响，变成液体甚至固体，导致制冷过程失效，甚至损坏冷头。因此，冷头中使用氦气作为冷媒，氦熔点为−273 ℃，沸点为−269 ℃。

冷头制冷过程中，制冷媒体不是直接降低磁体中的氦气压力，而是对冷头内部循环的氦气进行降压。这是因为冷头是安装在磁体保温层外部的机械运动部件，如果冷头中制冷压缩机直接对磁体中的低温氦气进行操作，必然会导致低温氦气与空气进行热交换，其结果就是制冷量远远小于热交换的发热量，无法达到制冷的作用。

3. 超导磁体制冷原理（过程）

超导磁共振的冷头并不是直接插在液氦里，而是通过冷屏（thermal shield）实现热交换降温，控制磁体"氦舱"内压力即可控制它的温度，实际上是控制"氦舱"内液氦的"气液比例"。气体分子的运动遵循"热气体向上运动、冷气体向下运动"的原则，因此磁体"氦舱"内部上方的氦气较热、下方的氦气较冷。为了保持磁体"氦舱"内部上下的温差尽可能的小，利用冷头使磁体腔上方热的氦气降温，保持磁体内部的动态平衡，这也就是为什么冷头一般都装在磁体上方的原因。

冷头位于磁体上方，此处有强磁场，因此给冷头提供高压氦气的压缩机被放置在设备间（磁体间的隔壁），用氦气管与冷头连接；同时利用水冷循环将压缩机制冷过程产生的热量带走，构成超导磁体冷头基本热力学回路。

实际在磁体"氦舱"内，上面流动着冷媒（氦气），下面储存着液氦。尽管"氦舱"外有严格的热隔离措施，但在运行过程中，外界仍可能有热量传到"氦舱"内，使液氦汽化，氦气向上运动。氦气分子上升到达冷头区域时，冷头的低温迅速传给氦气分子，导致氦气液化，滴落到"氦舱"底部。氦气液化后，气体分子变少，内部压力变小，根据理想气体状态方程可知，"氦舱"内温度下降，实现磁体氦舱压力和温度平衡。不断循环往复，使"氦舱"温度达到"超导"状态温度，这就是超导磁体制冷原理。超导磁共振冷头制冷及超导磁体"氦舱"内制冷过程（以 4 K 冷头制冷为例）如图 3-6-2 所示。

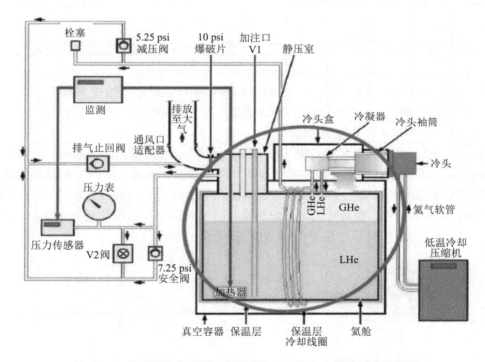

图 3-6-2 磁共振冷头制冷及超导磁体"氦舱"内制冷过程示意图

二、冷头制冷组件

图 3-6-2 中灰色圆圈标注区域显示冷头制冷过程及对"氦舱"压力控制过程。从图 3-6-2 右上角处可以看到冷头盒（coldhead box）。冷头盒包含三个组件：① 冷头袖筒（coldhead sleeve）；② 冷凝器（recondenser）；③ 冷头（coldhead）。

1. 冷头袖筒和冷屏

图 3-6-3 中冷头袖筒和冷屏两者连接在一起，冷头袖筒与冷屏之间通过"铜辫"连接，进行热交换，实现对冷屏降温（图3-6-4）。图 3-6-4A 图为冷头组件的完整结构；B 图为剖开显示内部结构图，下方的矩形框显示一阶制冷部分，与冷头袖筒相连，冷头袖筒上连接"铜辫"；上方的矩形框显示二阶制冷部分，与冷凝器相连。图 3-6-2 中灰色圆圈区域为冷头袖筒和冷屏协同制冷区域。

图 3-6-3　冷头制冷组件（冷头袖筒和冷屏）　　　图 3-6-4　冷屏和冷头袖筒通过铜辫连接

2. 冷凝器

冷凝器负责将氦压缩机送来的高温气体的热量带走，使之成为低温低压的氦气。

3. 冷头

冷头通过自身两阶降温系统，将温度降至 4～4.4 K 的低温，给冷头组件降温，冷头如图 3-6-5 所示。图中上方箭头指示一阶制冷处，下方箭头指示二阶制冷处。

4. 一阶、二阶制冷区域结构

冷头上一阶、二阶制冷区域结构（放大图）如图 3-6-6 所示。一阶铟垫片（first stage indium gasket）与冷头袖筒前端通过"金属铟"间接接触，通过"铜须"连接到冷屏，为其提供 45 K 的温度平衡。冷头的二阶制冷"接触平面"通过金属铟间接与冷凝器接触，为冷凝器提供 4 K 低温，使蒸发的液氦重新液化。一阶铟垫片接触位置如图 3-6-7 中箭头所示，二阶制冷区域接触平面如图 3-6-8 中箭头所示。

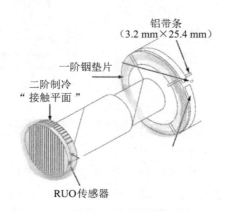

铝带条
（3.2 mm×25.4 mm）

一阶铟垫片

二阶制冷
"接触平面"

RUO传感器

图 3-6-5　冷头　　　图 3-6-6　一阶制冷与二阶制冷对应区域

图 3-6-7 冷头的一阶制冷区域（白色箭头所示） **图 3-6-8 冷头的二阶制冷区域（白色箭头所示）**

冷头顶端，即二阶制冷的冷头–RUO 传感器和冷凝器接触，但不是直接接触，是通过安装在冷头顶端的金属铟（Indium）进行间接接触（如图 3-6-9 中箭头所示）。假如直接接触，冷头会同冷凝器发生氧化反应，金属铟具备良好的抗氧化能力及很强的导热能力，减少冷头到冷凝器的低温损失。从参数上可以看到：冷头二阶温度是 4.0~4.4 K，而冷凝器的温度为 4.2~4.5 K。铟是有毒的物质，接触时须小心谨慎，做好防护。

图 3-6-9 二阶制冷铟丝（黑色箭头所示）

5. 温度传感器

冷头组件上有许多温度传感器，如某品牌冷头组件上有：Sheild si410、Recon RUO、Recon si410 以及 Coldhead-RUO。"Sheild" 本意为 "屏蔽"，这里指 "冷屏"，"Recon" 是单词 "recondenser"（冷凝器）的缩写。温度传感器在实物中具体位置如图 3-6-10 所示。

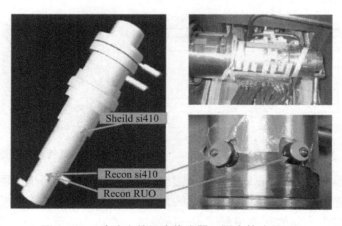

图 3-6-10 冷头上的温度传感器（图中箭头所示）

（1）Sheild si410：图 3-6-6 中圆圈标注区域的一阶制冷和冷头袖筒的接触温度通常为 45 K。该传感器在实物图中位置如图 3-6-10 上方箭头处。

（2）Recon RUO：图 3-6-6 中二阶制冷接触平面和冷凝器的接触温度通常为 4.4 K，但检测的是冷头袖筒内温度。该传感器在实物图中的位置如图 3-6-10 所示。

（3）Recon si410：Recon si410 位置同 Recon RUO 平行，功能相同，只不过它还能够检测高温，当更换冷头时，温度逐渐接近常温，通过这个传感器观察温度变化。该传感器在实物图中位置如图 3-6-10 所示。

（4）Coldhead RUO：冷头二阶铟丝位置的内部温度通过这个传感器进行检测，如图 3-6-11 所示。

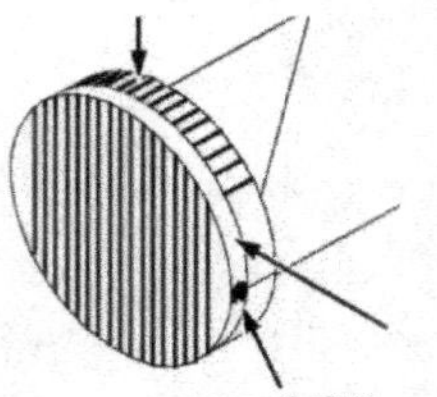

RUO 传感器

图 3-6-11　冷头二阶铟丝内部温度传感器

三、冷屏制冷组件

超导磁共振磁体结构（magnet construction）中有主磁体线圈、梯度线圈、射频线圈等，磁共振技术人员都比较熟悉这些内容，其是理解磁共振成像原理的基础。对于设备维修工程师和影像技师，特别是维修工程师来说，熟悉超导线圈制冷部分氦容器（helium vessel）等方面知识，理解"绝对零度（0 K）"条件下"超导"现象等，对开展相关工作有很大帮助。

主线圈浸泡在液氦/氦气中，实现超导性，主线圈浸泡的方式如图 3-6-12 所示。图 3-6-12 左图中深灰色圆圈代表主线圈，浅灰色区域代表氦容器，可以看出线圈与液氦的关系，内外层氦气容器壁（helium vessel walls）共同围成圆柱体（cylinder）。图 3-6-12 右图中浅灰色部分表示主线圈，虚线表示氦容器内壁（三视图中的主视图和侧视图）。

冷屏组件由真空容器、热屏蔽层、磁低温冷却器、磁体绝缘层等组成，如图 3-6-13 所示。图中真空容器（vacuum vessel）内外壁通过悬架（suspension）支撑；真空层（vacuum space）起隔热作用，真空层也叫热屏蔽层（thermal shields）；氦容器和主线圈（helium vessel and main field coil）为图 3-6-12 中显示的全部内容。从图 3-6-13 中可以看出，两个真空区域分别代表两个热屏蔽层。图 3-6-13 中间的孔为加热棒的插入孔（warm bore free space），新设备安装时，插入加热棒，帮助励磁。

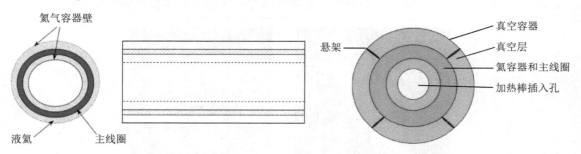

图 3-6-12　主线圈与液氦关系示意图　　　　**图 3-6-13　氦气容器内外真空层结构示意图**

磁低温冷却器（magnet cryocoolers）即冷屏。图 3-6-14 中有两级冷屏，分别与一阶冷头和二阶冷头相连接。图 3-6-14 中最上方的方框处为冷头的位置，常规的超导磁体冷头有两阶冷却，方框中中间的灰色矩形代表一阶制冷，左边小矩形代表二阶制冷。冷头的一阶制冷冷头、二阶制冷冷头分别连接真空层中两个磁低温冷却器，低温冷却器的功能就是从热屏蔽处（真空层）吸收热量，从而减少氦容器的热负荷。

从图 3-6-14 中可以看到：一阶制冷冷头温度为 45 K，耦合到低温冷却器上，温度达到 80 K；二阶制冷冷头温度为 4~4.4 K，耦合到低温冷却器上，温度达到 20 K。低温冷却器（冷屏）温度比较低，有助于维持液氦容器的超低温环境。

OBO 型磁低温冷却器（magnet cryocoolers OBO）是一种新型低温冷却器，如图 3-6-15 所示。OBO 型低温冷却器工作原理和常规型磁体低温冷却器工作原理基本相同，不同的是 OBO 磁体低温冷却器仅使用一个低温冷却器。冷头中的一阶制冷耦合到 60 K 的热屏蔽上（冷屏温度达到 60 K）；冷头（冷却器）的二阶制冷（最冷阶）耦合到氦气冷凝器壁上，温度达到 4 K。

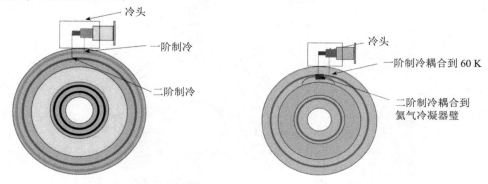

图 3-6-14　磁体低温冷却器位置示意图　　　　图 3-6-15　OBO 型低温冷却器

磁体多层绝缘层（magnet multi layer insulation）结构如图 3-6-16 所示。图中热屏蔽层外有几层绝缘层，多层绝缘/多层隔离层采用镀铝聚酯薄膜材料，起进一步隔热作用。

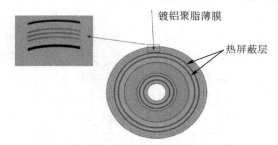

图 3-6-16　磁体多层绝缘层结构

综上所述，磁体冷头插入冷头袖筒内，冷头的最前端接触"冷凝器"。冷头是安装在冷屏外的机械组件，并不与氦舱中的液氦接触。假如冷头直接对氦舱中的氦气进行操作，会导致低温氦气和空气热交换，出现制冷量远小于发热量的情况。

四、常用冷头比较

鉴于当时的技术水平，第一代超导磁体单纯靠液氦的蒸发保持磁体腔内部的绝对低温，在运行过程中消耗大量的液氦，当时的液氦容器每两周就需要加满一次，使用成本高，因此很快被淘汰了。为了尽量减少液氦的消耗，同时也为了使磁体中的液氦状态保持稳定，必须要加入制冷系统对磁体内部进行降温。目前典型的超导磁体制冷系统如图 3-6-17 所示。

图 3-6-17 中，超导磁体的制冷系统包含以下部分：① 冷头，对磁体内部液氦进行制冷；② 压缩机，给冷头提供高温高压的氦气；③ 水冷机，给压缩机制冷；④ 冷头控制系统，控制制冷系统的运转，保持磁体内温度稳定；⑤ 磁体真空保温层，存储液氦，保持磁体内的温度稳定。

超导 MRI 磁体的冷头分为两类：① 10 K 冷头，冷头的制冷能力可以将高温氦气（相对于液氮的极低温度来说高一些）冷却到 10 K 的温度，此时的氦依然是气态。② 4 K 冷头，冷头的制冷能力可以将高温氦气冷却到 4 K 的温度，此时氦气液化成为液态。这两种常规冷头的磁体压力保持方式是不同的。

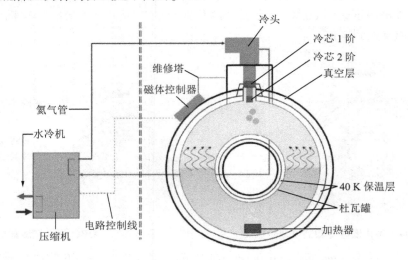

图 3-6-17 超导磁体的制冷系统示意图

1. 10 K 冷头制冷系统

10 K 冷头（10 K coldhead），顾名思义，冷头可以将磁体内部的氦气温度降低到 10 K。由于 10 K 的温度还没有达到氦气的液化点，因此 10 K 冷头无法始终保持液氦的状态。为了保持磁体腔内压力，磁体始终要通过泄压排出多余的氦气。因此 10 K 冷头在运行中要定期补充液氦。冷头控制系统作用主要是为了保持磁体压力在规定的范围。10 K 冷头控制系统较为简单，只需要一个单向阀对磁体内部氦气进行泄压，通过机械的方式控制磁体压力。10 K 冷头制冷系统原理及内部的结构如图 3-6-18 所示。

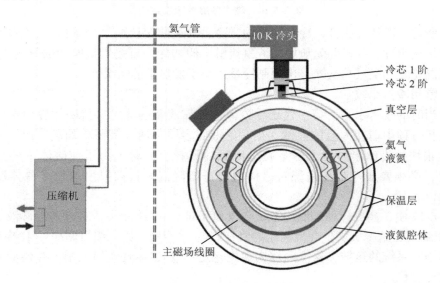

图 3-6-18 10 K 冷头磁体内部结构

（1）10 K 冷头的冷芯：冷芯分为两阶（1st stage、2nd stage），这两阶分别与两层保温层（thermal shields）连接。

（2）存储液氦腔体：液氦腔体（helium vessel）与两个保温层之间是真空层，真空层可以隔绝热量交换，减少液氦蒸发。液氦腔体内部分上、下两部分，下部为液氦（helium liquid），上部为氦气（helium Gas）。

（3）主磁场线圈：主磁场线圈（magnet coil）位于液氦腔体内部，一部分浸泡在液氦中。

氦气液化成液氦温度大约需要降温到 4.3 K，10 K 冷头不具备这样的制冷能力，因此 10 K 冷头磁体制冷结果是能够将高温氦气的温度降低一些，变成温度更低一些的氦气，减少腔体内部的液氦蒸发速度。10 K 冷头只能让温度较高的氦气变成低温氦气，假设腔体是密封的，由于热交换的存在，液氦腔体内部的氦气会越来越多，液氦会越来越少。由于氦气和液氦体积相差大约 700 倍，因此腔体内部的压力会持续上升。想保证 10 K 冷头磁体腔内压力稳定，只能采用泄压方法来实现。因此 10 K 冷头的磁体上有一个 1 psi（70 mbar）的单向阀（图 3-6-19），单向阀将腔体内的氦气通过失超管排出，保证腔体内部的压力始终稳定在 1 psi（70 mbar）。这也是为什么 10 K 冷头磁体液氦液位会持续下降，需要经常补充液氦的原因。

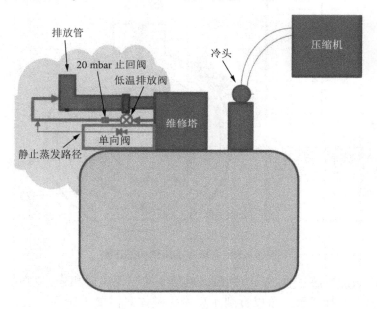

图 3-6-19　10 K 冷头磁体上的单向阀

2. 4 K 冷头制冷系统

与 10 K 冷头磁体相比，4 K 冷头磁体结构复杂得多。冷头的制冷效果可以将氦气降低到 4 K，也就是达到氦气液化点温度，直接将上层氦气变成液氦重新落下，因此磁体内部的氦气会变少，这意味着不需要通过泄压就可以保持磁体内部的压力。所以 4 K 冷头在运行中理论上说是零消耗，保持液氦的量不变。

如果 4 K 冷头一直工作，蒸发的氦气不断地变成液氦落下，最终蒸发量小于制冷量，磁体的压力越来越小，直到变成负压，磁体外部的空气反向进入磁体。在 4 K 的环境中空气会直接变成固体，因此磁体内会被"冰"填满，最终报废。为了解决这个问题，设计者在磁体下方设置了一个加热器（bath heater）。当磁体压力低于一个阈值时，加热器打开，增加液氦的蒸发量；当压力高于阈值的时候，加热器关闭，减小液氦的蒸发量，实现 4 K 冷头磁体内部压力的动态平衡。

4 K 冷头能够把高温氦气冷却到 4 K 而液化，为了保证液氦零蒸发，需要满足两个条件：① 冷头制冷速度不能超过液氦蒸发速度。如果制冷速度超过液氦蒸发速度，长期来看冷头会把所有的氦气都冷却成液氦，液氦腔体内部就会形成负压，从而将空气吸入液氦腔体。② 冷头制冷速度不能低于液氦蒸发速度。如果制冷速度低于液氦蒸发速度，蒸发出来的氦气比冷却的氦气多，液氦腔体内压力持续上升，必然触发三级安全泄压阀，导致液氦消耗。

冷头制冷系统由高速离心式压缩机和热泵（冷头）组合而成，从自动控制角度看，单纯靠冷头自身的控制技术来保证冷头的制冷效率始终与液氦蒸发速度严格匹配成为动态平衡是不可能做到的，那么就需要磁体内部有另外一套系统发挥作用，保证磁体压力稳定。4 K 冷头制冷系统原理及内部的结构如图 3-6-20 所示。

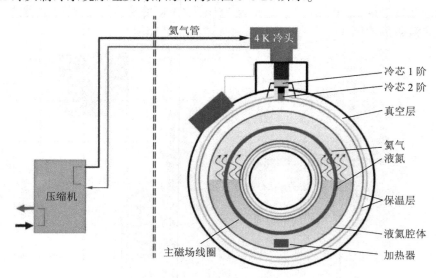

图 3-6-20　4 K 冷头磁体内部结构

（1）4 K 冷头的冷芯：冷芯具有两阶，这里 1 阶与保温层相连，2 阶直接与液氦腔体连接，与腔内氦气直接接触。可以看到 4 K 冷头磁体只需要 1 阶保温层，结构上比 10 K 冷头磁体更简单。

（2）存储液氦的腔体：腔体与唯一保温层之间是真空层，真空层起隔热作用。但是在冷头连接处有一段空隙不是真空层，冷头的冷芯直接进入腔体内。假设 4 K 冷头没有工作，冷头处与外界环境的热交换明显增加，因此如果冷头停止工作，4 K 冷头磁体压力增速远大于 10 K 冷头磁体。

（3）主磁场线圈：位于液氦腔体内部，部分浸泡在液氦中。液氦腔体内部分为上、下两部分，下部分为液氦，上部分为氦气，氦气与冷头的二阶冷芯接触。

（4）4 K 冷头磁体腔内部加热器：4 K 冷头磁体与 10 K 冷头磁体的结构相比，最大的区别就是有无加热器。如何保证冷头的制冷效率与液氦的蒸发速度相匹配，加热器发挥重要作用。加热器内的导体接通一定的电流产生功率，电能转化为热能，起加热作用。加热器与 4 K 冷头组合使用，首先确保 4 K 冷头的制冷效率大于液氦自然蒸发速度，这是保证液氦零蒸发的前提；在此基础上通过控制加热器中的电流，从而控制加热器的发热量，进一步控制液氦的蒸发速度，保证其与冷头的制冷效率始终匹配，使液氦腔体内部保持动态平衡。

3. 冷头参数

冷头有住友（Sumitomo）、莱宝（Leybold）等公司生产，以住友的 4 K 冷头为例介绍参数。住友冷头有两种型号，分别是 A2、A3。用于磁体的制冷系统中，不同的磁体采用不同型号的冷头。

冷头电阻：0.25 K，0.25 K，0.25 K（A2 型冷头）；0.128 K，0.128 K，0.128 K（A3 型冷头）。

电压：红线—蓝线间电压为 131 V；红线—黑线间电压为 206 V；蓝线—黑线间电压为 116 V；蓝线—白线间电压为 114 V；红线—白线间电压为 212 V；黑线—白线间电压为 207 V。

冷屏温度（shield temp）（一阶制冷）小于 45 K。

二阶制冷机（cryocooler 2 stage）（冷头二阶制冷）温度为 4~4.4 K。

冷凝器温度（recondenser temp）为 4.2~4.5 K。

综上所述，冷头的工作原理即活塞的热交换原理——压缩→冷凝（放热）→膨胀→蒸发（吸热）的制冷循环，在磁体间（扫描间）能听到冷头有类似活塞运动的摩擦声。冷头提供的冷源分别为冷头上的冷凝器和主磁体氦腔容器外的冷屏服务，冷屏使氦腔容器壁处于低温状态。理论上，氦舱在冷屏作用下处于极低温度状态，但实际上与外界会有热交换，导致氦舱内的液氦升温，汽化为氦气。氦舱内氦气的运动遵循"冷气流向下，热气流向上"的原则，氦舱内氦气增多、体积增大、压力变高。温度高的氦气向上运动后，遇到冷头的低温，将氦气冷凝而液化，再回到液氦舱，导致液氦舱压力降低和温度下降，达到控制"冷屏"温度的目的，如图 3-6-21 所示。

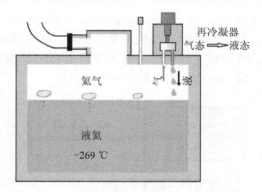

图 3-6-21　液氦舱内氦气与液氦平衡示意图

五、三级制冷系统

磁共振成像装置中制冷系统的作用是给磁体、系统柜的组件进行制冷，有三级制冷系统，制冷系统相互关系如图 3-6-22 所示。

图 3-6-22 中，三级制冷回路分别为：① 初级制冷回路，水冷机到水冷柜之间的制冷回路称作初级制冷回路；② 次级制冷回路，水冷柜到梯度放大器、射频放大器、射频线圈之间的制冷回路称作次级制冷回路；③ 冷头制冷回路，氦压机到磁体上冷头之间的制冷回路称作冷头制冷回路。

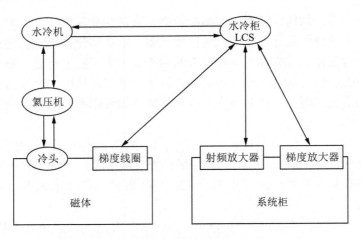

图 3-6-22　超导磁共振装置制冷系统相互关系

1. 初级制冷回路

初级制冷回路，通过水管将室外水冷机与设备间的水冷柜及氦压机进行连接，室外水冷机工作后，将氦压机内的热量通过初级制冷回路带走，实现热交换。

初级制冷一旦出现问题，会影响水冷柜和氦压机的安全，短暂的停机可以通过切换"旁路阀门"绕开室外水冷机，直接用自来水进行热交换（在安装水冷机过程中都设置"旁通回路"以实现该功能）。但这不是长久之计，一定要及时联系相关工程师处理。

旁通阀工作原理如图 3-6-23 中波浪线框所示。图 3-6-23 完整地标识出初级水冷回路和次级水冷回路之间的关系。图中，1 号冷却机（Chiller 1#）、2 号冷却机（Chiller 2#）、冷压机（Cryogen Compressor）采用三相交流电供电；从 BRM 接至制冷回路的管路为临时制冷回路（冷却机正常工作时，临时回路中阀门是关闭状态，图中用虚线连接阀门）。与氦压机进行热交换的水冷机有相应的参数限制，如图 3-6-24 所示。例如，水温在 28 ℃时，水的流速不能低于 7 L/min。

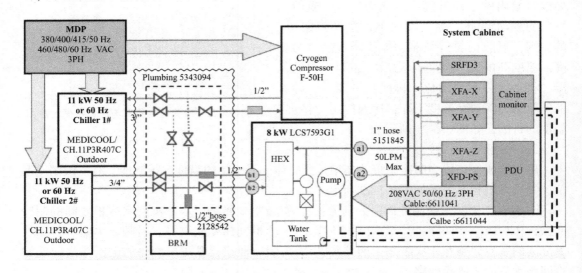

图 3-6-23　初级水冷回路和次级水冷回路之间的关系（显示旁通阀）

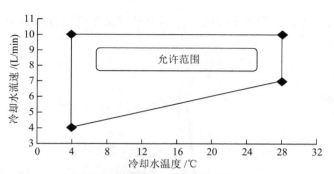

图 3-6-24　某型号水冷机的参数限制

2. 次级冷却回路

次级冷却回路是水冷柜用来给射频放大器（SRFD3）、三组梯度放大器（XFA），以及梯度电源（XFA-PS）进行热交换。管路通过地沟到梯度线圈（图 3-6-23 中右下角处虚线显示管路的地沟）。

GE 水冷机热交换原理十分简单，梯度放大器、射频放大器、梯度电源都有相应的接口，用于连接从水冷机来的胶管（图 3-6-25），通过水循环带走相应组件内部散热片的热量，降低组件整体温度。

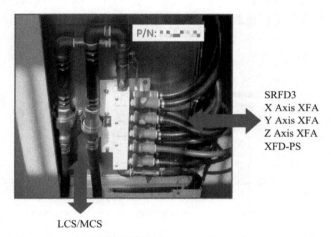

SRFD3-射频放大器；XFA-三组梯度放大器；XFA-PS-梯度电源；LCS／MCS-水冷柜／水冷机。

图 3-6-25　胶管对应组件

从梯度系统、射频系统组件带出的热量回到水冷柜，通过 LCS 自身的散热片以及初级水冷进行散热。在磁共振设备日常维护保养中，定期清洁水冷机散热片，及时添加防冻液很重要，直接影响梯度放大器、射频放大器、梯度线圈组件的使用寿命。

3. 冷头制冷回路

冷头制冷回路由氦压机和冷头组成，通过控制磁体中氦容器内的压力平衡，控制热屏蔽温度，实现磁体在安全范围内的正常运行。

图 3-6-26 显示冷头和氦压机的关系，"黑色标注线"表示从冷头来的低压氦气（90～120 psi）返流至氦压机，经过氦压机压缩后成为高压氦气（300 psi，"灰色标注线"），流向冷头处。在冷头处体积突然膨大，压力下降，氦气中的热量迅速传至冷头上的冷凝器

进行散热。氦压机处还看到两条水冷线,供水冷机对氦压机进行散热用。

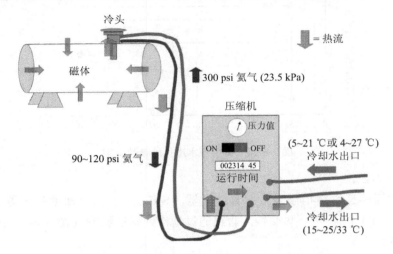

图 3-6-26　冷头和氦压机的关系示意图

4. 制冷压缩机工作流程

制冷压缩机用氦气作制冷剂,又称氦压缩机,简称氦压机。以 F-50 氦压机为例来介绍它的功能和工作方式,工作流程如图 3-6-27 所示。

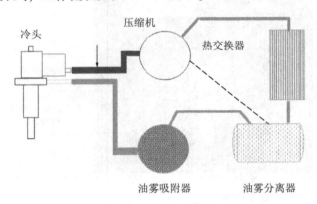

图 3-6-27　F-50 氦压机工作流程图解

(1) 从冷头来的氦气压力比较低(一般压力低于 0.8 MPa,图 3-6-27 中箭头所指黑线),从冷头来的氦气在回流到压缩机的过程中,吸收管路周围器件中热量,使氦气温度升高。冷头来的低压气体通过压缩机压缩加压,气体温度继续升高,成为高温高压氦气(图 3-6-27 中压缩机旁边虚线标注)。

(2) 从压缩机出来的高温高压氦气引流至氦压机内部的热交换器进行冷却。氦压机内部的热交换系统依托于外部的水冷机设备。

(3) 冷却后的高压氦气将流入油雾分离器,从高压氦气中分离出大部分润滑油雾。

(4) 高压氦气中残留的润滑油雾,通过油雾吸附器中的活性炭进行吸附过滤,成为纯净的低压氦气。

(5) 最后纯净的低压氦气通过氦管返回磁体冷头。

5. 常见氦压机参数

（1）CSW-71 氦压机参数。① 静态压力维持范围：1. 60~1. 65 MPa；② 动态供压维持范围：2. 1~2. 3 MPa；③ 动态回压维持范围：350~500 kPa。

（2）F50-C 氦压机参数。① 静态压力维持范围：1. 60~1. 65 MPa；② 动态供压维持范围：1. 9~2. 2 MPa；③ 动态回压维持范围：0. 4~0. 6 MPa。

制冷系统是超导型磁共振设备最容易发生故障的部分，日常保养极为重要，重点关注氦压机压力、水冷柜（LCS）液位、室外水冷机液位的检测，定期添加防冻液。HD、SV系列的室外水冷机，与 LCS 水冷机是独立存在的，SV 系列室外水冷机负责氦压机、梯度线圈热交换，LCS 负责设备柜射频系统、梯度系统热交换。日常工作中做好氦压机的压力记录很有必要，它的供压直接影响冷头的制冷效率。

第七节　超导 MRI 液氦液位检测

一、超导 MRI 液氦液位知识

超导磁体的超导线圈浸泡在低温液氦中，在极低温度下线圈导线的电阻值为 0，处于"超导"状态。为了保持磁体内部液氦稳定，目前大多数厂家都使用 4 K 冷头对磁体内部进行制冷。温度为 4 K（相当于-269 ℃）时，氦气开始液化成为液氦，密封容器中氦气液化后，腔内压力下降；液氦容器腔内底部有一个加热器（bath heater）装置使部分液氦汽化成氦气。通过一系列控制手段维持磁体内部正压，从而保证磁体中线圈始终处于超导状态。液氦容器腔内的液氦量不是充满整个容器，部分线圈浸泡在液氦中，部分线圈处在氦气环境中（图3-7-1）。

常规超导线圈采用铌钛合金，外层包裹一层铜（图3-7-2）。铌钛合金可与铜很好地共同拉制，具有良好的加工塑性、很高的强度以及良好的超导性能，铌钛合金是重要的合金型超导材料。

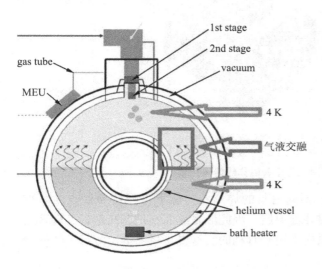

图3-7-1　液氦容器腔内液氦、氦气示意图

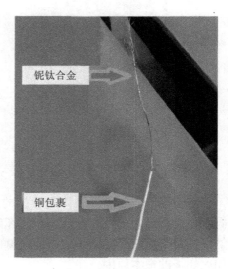

图3-7-2　铜包裹铌钛合金导线

理论上讲，导体在绝对零度（约-273 ℃）时变成超导体，实际上线圈在 8~10 K 时，就可实现"超导"，也就是说磁体中主线圈不需要完全浸泡在液氦里面，在气液交融的状态下也可实现"超导"，这也是目前出现的低液氦，甚至无液氦磁体的技术原理。

从图 3-7-1 可以看出，磁体腔内部液氦液位上方基本都处于气液融合的状态，外加超导线圈的铌钛合金外层包裹着一层导热迅速的铜，超导线圈在正常状态下始终处于超导状态。因此只要保持液氦液位处于安全值范围内，系统都可以正常运行。PHILIPS 磁体设置液氦液位 40% 的警告阈值，当液氦液位低于 40% 时，操作系统会报警。

根据经验，PHILIPS 几种常见机型在正常工作状态能够保持超导的最大极限液位如下：① Achieva 1.5 T，液位<95%；② Achieva 3.0 T，液位<95%；③ Multiva 1.5 T，液位<95%；④ Ingenia 1.5 T，70% < 液位 < 75%；⑤ Ingenia 3.0 T，70% < 液位 < 75%；⑥ Ingenia 3.0 T CX，液位<95%；⑦ Prodiva 1.5 T，70%<液位<75%。可以看到 Ingenia 机型与 Achieva 机型最大液位不一样。

冷头位于维修塔结构内，Achieva 磁体维修塔位于磁体最上部，而 Ingenia 磁体优化了磁体高度，维修塔位于磁体侧面（图 3-7-3），冷头在磁体内的相对高度不同。由于磁体加工时采用的焊接工艺以及磁体结构不同，导致 Ingenia 磁体液位在大约 75% 的时候，液面大致位于冷头 2 阶冷芯底部所处的高度，而 2 阶冷芯的作用就是把氦气冷凝成液氦。

如果液位过高，液面高于 2 阶冷芯的位置，氦气将无法进入冷芯处，也就无法转换成液氦，而液氦蒸发过程是持续进行的，此时多余的氦气会导致磁体压力不断升高，最终氦气会通过单向阀从失超管处排出，直到液位重新下降到低于冷芯处重新进入动态平衡。

维修塔在侧面，冷头冷芯最低点较低

维修塔在最高处，冷头冷芯最低点在磁体顶端

图 3-7-3 不同型号设备磁体维修塔位置

由于维修塔与磁体腔体是焊接的，不同材料的焊点在低温下可能会导致收缩系数不同，最终有可能造成焊接崩裂，破坏磁体保温层。因此液氦液面不是越高越好，合理的液氦液位对于目前日益紧张的国际液氦供应来说是有利的。这也是目前低位液氦磁体的研发如火如荼的根本原因。

二、超导 MRI 液氦液位检测实例分析

图 3-7-4 为 GE 某型号磁共振磁体的压力控制示意图。正常情况下压力控制方式为：4 K 磁体内压力通过加热器对液氦加热，液氦汽化成氦气，腔内压力升高；匹配冷头将氦气冷却成液氦，造成腔内压力降低。加热器和冷头共同作用，相互协调，达到温度-压力动态平衡。

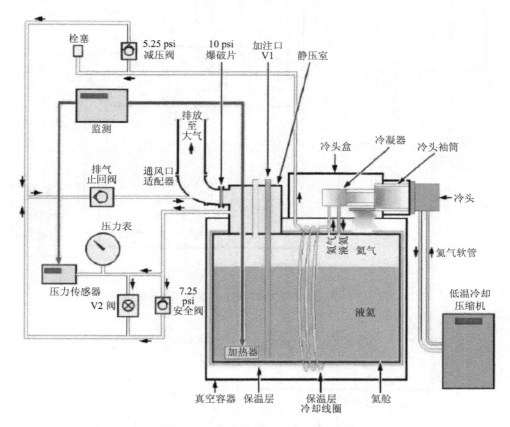

图 3-7-4　GE 某型号磁共振磁体的压力控制示意图

从图 3-7-4 还可以看到，超导磁体压力控制装置中有三个对应三种压力的单向阀：① 5.25 psi 单向阀；② 7.25 psi 单向阀；③ 10 psi 爆破膜。

（一）5.25 psi 单向阀

5.25 psi 单向阀连接冷头与氦管。磁体腔内部压力大于 5.25 psi 的时候，氦气从这里排出，对冷头进行降温。一般是在运输过程中将冷头冻住，减少液氦的蒸发速度。5.25 psi 单向阀开通后氦气流动路线见图 3-7-5 大箭头方向。

（二）7.25 psi 单向阀

7.25 psi 单向阀连接磁体内部与氦管。磁体压力大于 7.25 psi 时，氦气从这里排出，作用是磁体最后一道可恢复性压力保护。7.25 psi 单向阀开通后氦气流动路线见图 3-7-6 大箭头方向。

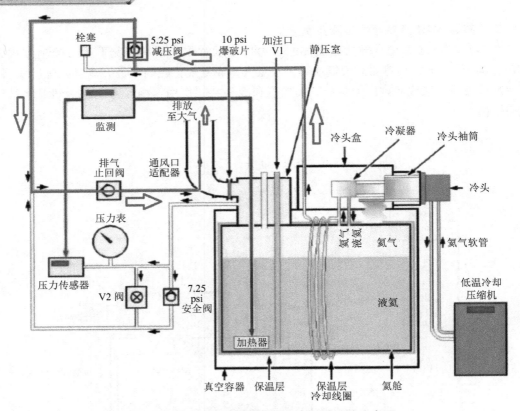

图 3-7-5　5. 25 psi 单向阀开通氦气流动通路示意图

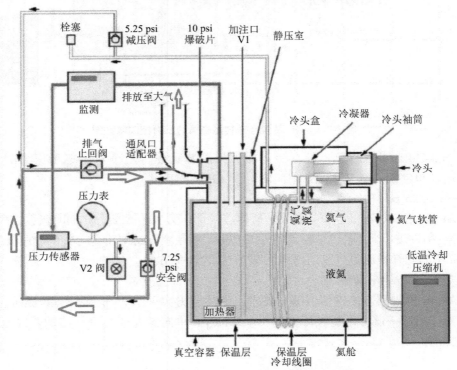

图 3-7-6　7. 25 psi 单向阀开通氦气流动通路示意图

（三）10 psi 爆破膜

10 psi 爆破膜是超导磁体最后一道压力保护措施，爆破膜是一次性的，一旦压力超过 10 psi，爆破膜破裂，使磁体内部与氦管直接相通，失超时就会发生这个过程。5.25 psi 和 7.25 psi 两个单向阀一定程度上就是为了在不打开冷头的情况下保护爆破膜这个最终屏障。爆破膜破裂后氦气流动通路如图 3-7-7 所示。

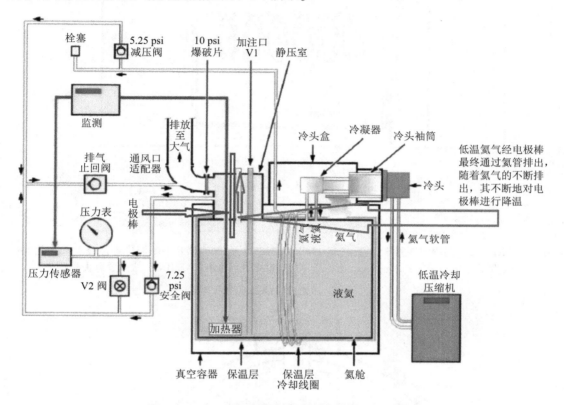

图 3-7-7　10 psi 爆破膜破裂后氦气流动通路示意图

磁体上除了单向阀，还有一个主动泄压阀，PHILIPS 磁体上叫作黄阀，GE 磁体上是 V2 阀（图 3-7-7 中此阀门与 7.25 psi 单向阀门并联），它的作用为：① 压力过高时主动卸掉磁体压力；② 在励磁时对电极降温。励磁时电极有电阻，通电后会发热，热量会被传导到主线圈（这是不希望出现的现象）。当主动打开单向阀后，低温氦气接通传输通道，从而给电极棒降温。

三、液氦位置检测用探头

液氦液位的测量是利用非电量电测技术，把物理量的测量最终归结为电压的测量。液氦液位测量（图 3-7-8）实际上就是用一根特别的电阻丝的变化来实现，这根电阻丝的特点是在液氦中时电阻值为 0，在液氦液位以上时有电阻值，通过主电路单元（main electronicsunit，MEU）给电阻丝一个固定的电流，液位的不同对应了电阻丝不同的电阻值，读取电压值，就可以读出不同的液位容量。由于磁体内部是一个圆柱形，因此液氦液位所对应的液氦容积其实并不一样，界面可以看作是一个同心圆（图 3-7-9），中部液氦容积大一些，顶部和底部同样高度所对应的容积相对小一些，实际布置液氦传感器的时候，不是简单地直上直下布置，而是根据计算采取不同的角度。图 3-7-10 中白色线管包裹着的就是液氦位置检测探头。

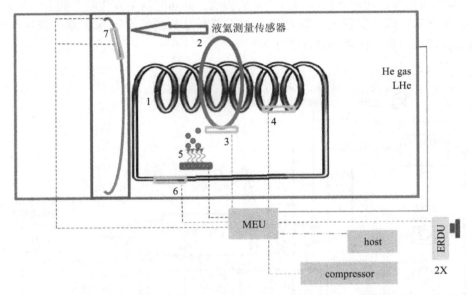

"1"为线圈；"2"为固定探测器装置；"3" "4" "6" "7"为探测器几个不同位置；"5"为加热器位置。"MEU"为主电路单元；compressor 表示压缩机；host 表示主机；"ERDU"表示紧急失超开关。

图 3-7-8　液氦液位测量原理示意图

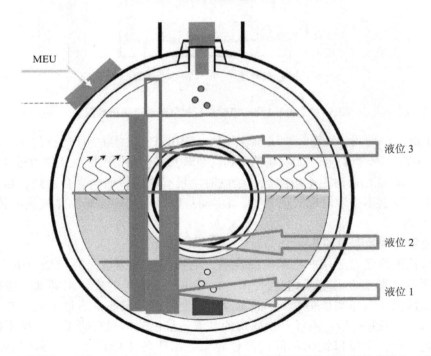

液位 1 为最低位，液位 2 在中间位，液位 3 为最高位，黑色矩形为超出正常范围位（报警）。

图 3-7-9　液氦液位显示示意图

由于液氦的测量原理其实是给一个电阻丝加电流，对于液位以上部分电阻丝必然会发热（这是不希望看到的），因此液氦液位不能实时查看。PHILIPS 设备测量液氦液位时，对电阻丝通电一会儿后，等待稳定时读出数值。不点击程序时无法实施查看，也就是电路不会一直给探头通电。

对于目前 4 K 冷头磁体来说，没有必要对液氦液位过于关注，一般情况建议一天测一次即可。一方面，正常情况下 4 K 冷头磁体的液位是不会有变化的，一旦发生变化也会是一个长周期过程；另一方面，目前各厂家远程诊断的措施都比较完

液氦探头，液氦容器（去除外壳后）内部
主线圈及液氦液面位置测量用探头。

图 3-7-10 实际设备中液氦液面位置测量用探头

善，对于安装了远程诊断设备的 MRI 设备来说，如果液氦液位异常，会直接给厂家责任工程师发报警信息，因此不需要对液位过于焦虑。

第八节 超导磁共振磁体侧边组件

磁体侧边组件也是与射频系统相关的组件。以 GE Optima 360 型超导磁共振为例，其磁体侧边组件有：① 8ch mega switch；② RRX（remote receive module）；③ voltage regulator box（图 3-8-1）。这三大组件中，功能最多的是 8ch mega switch 组件，其他两个组件功能比较单一，本节主要介绍 8ch mega switch 组件功能。

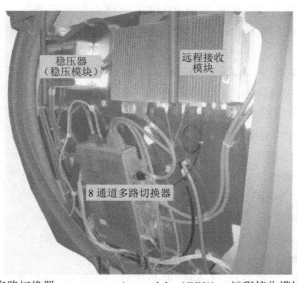

8ch mega switch-8 通道多路切换器；remote receive module（RRX）-远程接收模块；voltage regulator box-稳压器（稳压模块）

图 3-8-1 超导磁共振磁体侧边的组件位置图

8ch mega switch 组件电路板中有十个主要模块，如图 3-8-2 所示。图中 1～10 标号为十个主要模块。

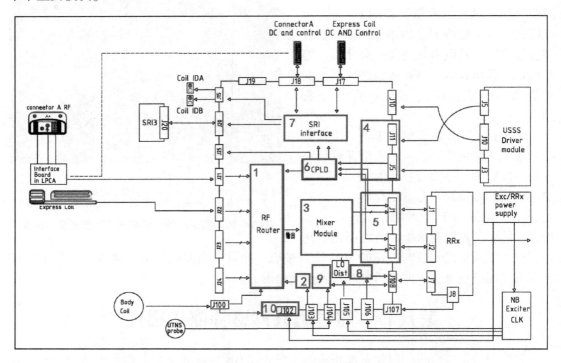

图 3-8-2　8ch mega switch 组件电路原理图

一、8ch mega switch 电路板主要模块及作用

（一）射频路由器（RF router）

射频路由器的功能是将收到的多个 RF 输入"路由"然后通过一个射频输出。因为通道数不同，接收到的 RF 输入数量也不同。之所以"路由"为单路输出，是为了方便后续的混频。

（二）回环信号接口（loopback interface）

回环信号接口的功能是将来自励磁机的 loopback 信号分配到所有的 RF 接收链，同时对 R1 增益进行校准和诊断。（loopback 是指将电子信号、数据流等原样送回发送者的行为，它主要用于对通信功能的测试。）

（三）混频模块（mixer module）

混频模块也叫变频器，它根据 R1 增益值来放大输入的 RF 信号，并转换其频率。在 GE Optima 360 设备中 64 MHz 被转化为 16 MHz。

（四）驱动模块接口板（driver module interface）

驱动模块接口板为线圈提供直流偏置电压和其他信号控制。

（五）远程接收模块接口（RRX interface）

远程接收模块接口通过输出 16 MHz 射频信号，实现同 RRX 通信。

（六）复杂可编程逻辑器件

复杂可编程逻辑器件提供控制信号的接口，包括从 drive module 来的数据信息传输到

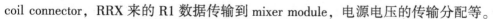

coil connector，RRX 来的 R1 数据传输到 mixer module，电源电压的传输分配等。

（七）扫描间信息接口板（SRI interface）

SRI（scan room interface）组件接口板在 mega switch 中传输 coil ID 信息以及其他控制信息和状态，实现同 SRI 组件的通信。

（八）时钟信号接口板（clock interface）

时钟信号发送到 RRX 组件中。

（九）尖锋噪声抑制器（transient noise suppressor）

尖锋噪声抑制器通过电路板上的天线检测到宽频带上的"尖峰"并将其抑制。

（十）电压接口板（power interface）

电压接口板提供不同的电源电压。

二、8ch mega switch 电路板主要模块功能

（一）RRX 功能

RRX 对应 RRF 中 receive board，其主要功能是提供 A/D 转换，将从 mega switch 接收到的射频信号进行数模转换，以便后续计算机进行图像处理。RRX 将每个通道的模拟数据以1 MHz的转换速率转换为 16 位的数字数据，通过光纤连接到 mega switch，形成诊断和控制信号。

（二）RF router 功能

mega switch 提供了射频路由回路，可以将从四个不同端口来的 RF 信号，"路由"为一个 RF 信号输出（图3-8-3）。图中三个射频输入端口（标注"8ch input""1ch input"）分别为 port A coil、port B coil 和 body coil。其中 port A 和 port B 用于外部接收线圈的连接口，它们位于磁共振设备磁体的床尾部"后桥""火车头"的位置，如图3-8-4、图 3-8-5 所示。

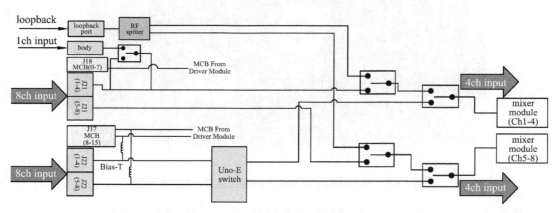

图 3-8-3 射频路由回路原理图

从图 3-8-3 可以看出，电路板的前端先对射频信号进行处理，后边再通过单刀双掷开关（即框图内的三个圆点的开关）将 8 通道来的射频耦合为一路的输出。

图 3-8-4、图 3-8-5 显示两个端口（port A、port B），如果磁共振设备仅为 8 个接收通道，那便不具备 port B 口的配置。常说的 8 通道、16 通道，指 MRI 系统最大支持的接收通道数量，增加通道数表示需要增加后级负责信号处理的组件。

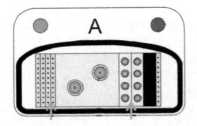

port A	port B
图 3-8-4 扫描床尾部外部 接收线圈连接口位置（A）	**图 3-8-5** 扫描床尾部外部 接收线圈连接口位置（B）

如图 3-8-4 所示，右箭头所指区域有 8 个小圆圈，即有 8 个接收通道，图 3-8-5 就是 16 个接收通道。当需要 32 通道的时候，只要线圈和后级信号处理组件支持，只需连接两个 16 通道。

port A 和 port B 外观有所不同，port A 中间有两个大号的"圆圈"。其实 port A 还有一个功能就是连接"正交头线圈"，也是常常说的"鸟笼线圈"、T/R coil。

"正交头线圈"和其他一些外部线圈有一定区别，它能依靠自身进行射频的发射和接收。当连接这种"自发射、自接收"线圈时，位于磁体内部的"RF body coil"将不再发射射频信号。所以，需要告诉"RF body coil"，"我是正交头线圈，我自己可以发射射频，我不用你"。在这种"自发射、自接收"的插头内有两个粗一些的插针，正好对应 port A 中间那两个插针，实现同"RF body coil"的通信，如图 3-8-6 所示。

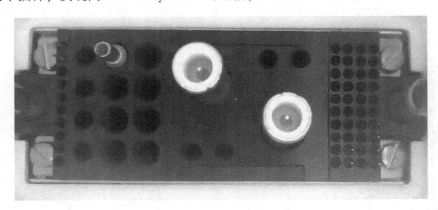

图 3-8-6 扫描床尾部外部接收线圈连接口（A）实物图

设置路由是为了方便后级回路中的调频降噪设计，如果每一个通道都放置"变频""降噪"装置，一是增加了设备成本，二是增大了射频干扰的概率。当然这仅仅针对 GE 的 Optima 360 设备而言，其他射频接收的方式略有不同。

3. loopback 功能

从电路结构原理中可以看到回环信号，主要用于校准和诊断作用，在 MRI RF receiver 中校准和诊断以下几种信号。① loopback 接口将从 exciter 组件内来的回环信号分配到所有的接收链中，以对每一组接收链进行 R1 校准和诊断。② 每次 TPS 并重新引导系统时，

"回环信号"被分为 8 个均等的信号，并通过 RF router 中的 SPDT（单刀双掷）开关，发送到每个接收通道，最后发送到 mixer module，输出到 RRX。③ 同时系统将 R1 的值从 13 设置为 1，并传输到 RRX，然后这个 RRX 将这些 R1 数据发送到 mega switch 中的调频器模块，调频器模块根据 R1 的值来放大或衰减回环信号。④ 在 ICN 中，当 R1 值在 1~13 之间时系统检测每个射频通道的信号功率。如果电压信号在合格范围内，则 R1 校准成功，系统可以进行下一步；如果失败，系统将报错，R1 校准失败并停止。

4. mixer module 功能

回环信号自始至终伴随各路射频，并对其进行检测。R1 校准是通过检测射频回路信号是否正常来完成的。若信号正常，进行后续的调频工作，并在调频任务过程中，提供一个合适的 R1 衰减，以达到最后输出一个 16 MHz 的中频信号。

从图 3-8-7 中可以看到，左边有两路输入信号，分别为接收到的 63.86 MHz 的 RF 信号和 80 MHz 的"local oscillators"信号（简称为 LO 本振频率信号）。本振频率产生于"本机振荡器"，在 MRI 设备中位于 exciter 组件中。产生的高频电磁波与所接收的高频信号混合，然后产生一个差频，这个差频就是中频，也就是能被接收处理的频率。这也是称它为"混频器"的原因。

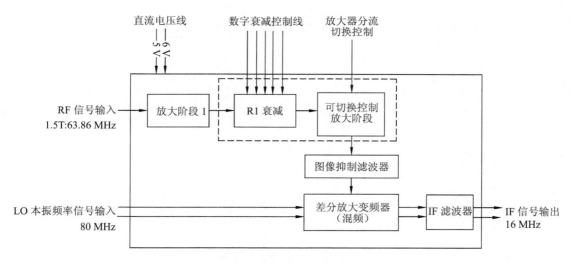

图 3-8-7　混频模块内部结构示意图

从图 3-8-7 中可以看到，信号在 mega switch 中的具体流程。通过 R1 control 来控制具体衰减系数（R1 attenuation）是否衰减，再对无用的信号数据进行过滤（reject filter），处理过的 RF 输入信号进入"差分放大变频器"进行混频。混频可以理解为减法器，最后进行中频滤波（IF filter）输出 16 MHz 信号。

mega switch 是射频接收的重要组件，射频接收的大部分组件都由原先放在设备间的 RRF 移到了磁体侧面，这是一种对射频接收组件的升级，因为在射频传输过程中难免会产生各种各样的射频干扰、尖峰噪声；而将接收设备直接放在磁体侧方，从传输距离上看，有效减少了各种干扰。RF router 和 mixer 是 mega switch 的重要内容，临床医学工程师了解这些内容对做好设备维护保养工作会有很大帮助。mega switch 和 voltage regulator 表面有散热用小孔，进行更换冷头、添加液氮、励磁等需要在磁体平台上工作时，都必须将保护盖安装好，如图 3-8-8 所示。

图 3-8-8 磁体侧面维修工作平台

第四章

磁共振装置控制技术

随着检查技术的不断进步以及临床检查的需要，磁共振设备在临床中的应用也越来越广泛，越来越多的临床专科检查需要用到磁共振设备，这就需要根据不同的检查部位的实际情况，便捷设置磁场以及灵活控制扫描床等。磁共振装置的控制技术包括主磁体励磁控制技术、匀场控制技术以及扫描床运动控制技术等，是为满足磁共振检查时的不同需求而设计的，是保障磁共振设备功能发挥、性能稳定、多部位检查顺利进行及确保人员安全等的重要方面。

第一节　主磁体励磁控制技术

超导磁共振磁体的磁场是由超导电磁线圈产生的，线圈中没有充电就没有主磁场，给主磁体线圈充电的过程就是励磁（excitation）。励磁是磁共振设备调试中的关键步骤。

一、励磁基本原理

把磁体主线圈看成一个整体，励磁电源（MPS）连接到线圈的两个端点，励磁基本原理如图4-1-1所示。

从图4-1-1中可以看出，整个系统分成两个并联通路：励磁回路、主线圈回路。实际设备中，绝大部分主线圈浸泡在液氦中，励磁电极连接点一般在主线圈上方。并联电路的两个回路中，电阻越小的支路，电流越大。对于励磁回路来说，回路中电阻小，所有电流都流过励磁回路，主线圈回路没有电流经过。主线圈中没有电流，也就没有磁场。因此单纯地将励磁回路连接到主线圈上，不能起到励磁作用。

如何让电流通过主线圈回路呢？利用基本的并联电路知识，将励磁回路中电阻增大就可以实现。根据这个方法，实际设备中靠近底部的主线圈处设计了一个加热器。加热器单纯加热两个电极之间部分主线圈（图4-1-2A中用波浪线标注的部分线圈），加热目的是使这一小部分主线圈"人为失超"，励磁回路的电阻必然会增加，迫使电流流向主线圈。加热器

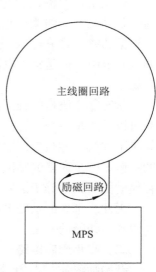

图4-1-1　励磁电源与线圈连接示意图

加热时，励磁电源中电流流向主线圈；加热器关闭时，加热器不再加热，整个主线圈的电阻处于"零阻值"状态，主线圈回路中电流很大，产生主磁场。这时励磁电源中的电流在励磁回路中流动，即使去除掉励磁电源，主线圈中仍保持很大的稳定电流（图 4-1-2A），这就是励磁电路的工作原理。

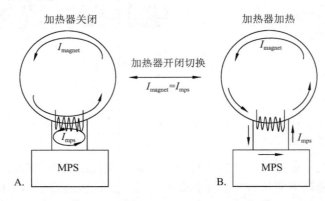

图 4-1-2　加热器开关"断开"和"接通"时主线圈中电流情况

在接通加热器加热时，必须有一个重要前提：励磁回路与主线圈回路的电流必须相等（$I_{magnet} = I_{mps}$）（图 4-1-2B），电流不经过波浪线所示部分线圈，因为这时的线圈被加热了，线圈失超，有一定的电阻值，故励磁电流直接流到主线圈中。因此，开始励磁时，须接通加热器开关，加热器工作，迫使励磁电源的电流迅速流向主线圈，使主线圈中电流迅速增大；励磁结束，关闭加热器开关，设备进入正常运行状态；当出现意外需要退磁时，须再次接通加热器开关，使加热器工作，主线圈中的电流再次流回到励磁回路中。

为了进一步说明上述情况，分别讨论两种状态：① I_{magnet} = Max，I_{mps} = 0 状态；② I_{magnet} = 0，I_{mps} = Max 状态。

状态①是设备处于正常工作的状态。遇到特殊情况需要"退场"时，需要重新"接通"加热器，主线圈中电流会瞬间完全流向 MPS。关于退场时为什么会损坏励磁电源，可根据功率公式 $P = I^2R$ 进行分析。退场时，很大的电流瞬间流到励磁电源，虽然超导线圈没有电阻，但是励磁电源存在电阻，而瞬间大电流会产生非常大的热量，直接烧坏励磁电源。

状态②一般是励磁开始状态。如果此时接通加热器，电流瞬间流向主线圈，主线圈本身可以看成是一个电感，存在着阻抗（感抗）作用，使主线圈生热，影响主线圈的安全。如果不理解"感抗"，可以用能量守恒来考虑这个过程中是如何对主线圈产生不利影响的。假设一个完整的励磁完成后，整体励磁回路所做的功为 $W = I^2Rt$，可以认为主线圈中存储的能量大约等于励磁电源做的功。

因此，基本的励磁电路无法满足实际工作的需要，实用的励磁电路必须能够确保励磁电源和主线圈的安全。

二、实用励磁电路

开始励磁时，励磁回路电流很大，而主线圈没有电流，这时将两个回路接通，由于励磁电源的功率限制，主线圈不可能瞬间升到需要的电流，此时回路电流一定会瞬间下降，产生电流差，会将电极与线圈连接点烧坏，从而烧坏整个主线圈。实用励磁电路如图 4-1-3 所示。

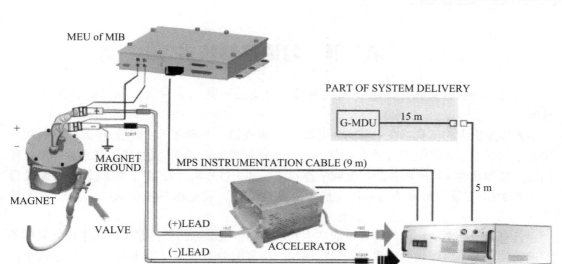

图4-1-3 实用励磁电路

图4-1-3中各个器件的作用为：① MPS，励磁电源。② G-MDU，主电源，给励磁电源供电。③ ACCELERATOR，加速器，实际是一个大功率电阻，周围有许多散热片，在退场时辅助将电能转换为热能，并可进行有效散热。④ MEU，磁体控制器，励磁过程中控制加热器等器件。⑤ LEAD，励磁电极，励磁时直接插入磁体中，并连接到主线圈。由于主线圈浸泡在液氦中，因此在插励磁电极的过程中，会从电极口直接喷出低温氦气，因此插电极必须由经过专业培训的工程师进行操作。⑥ VALVE，液氦阀门，在励磁过程中会产生热量，需要持续将磁体中蒸发的氦气及时排出。这就是励磁过程需要消耗大量液氦的原因。

励磁完毕后，先关闭加热器，这时整个主线圈回路电阻为0，而励磁回路存在电阻，这时主线圈回路就会自主循环，产生主磁场。

三、退磁

如果遇到特殊情况，需要将主磁场退去，退场有两种方法：① 可控退场；② 快速退场。

（一）可控退场

可控退场是指有序可控地将主线圈中的电能缓慢地转换为热量，并在加速器和MPS中消耗掉的过程。有序指的是退场过程按程序进行，可控退场过程是励磁过程的逆过程。可控是指退场过程可以中断退场，再转换为升场过程。但是所有流程必须在励磁回路与主线圈回路的电流相等的情况下，才能"接通"加热器开关。因此主线圈的状态有且只有两种，电流为0或电流为I_{magent}，没有中间状态，也就意味着无法简单地将3.0 T的磁体通过退场的方法降为1.5 T使用。

（二）快速退场

遇到紧急状态（如可能危及人的生命）时，直接按下失超开关，主线圈中的电流会瞬间转换为热量，将液氦蒸发成氦气并快速消耗。此过程不可控且不可逆，一旦按下失超开关，后续需要长时间复杂的除冰过程，并补充液氦才能重新励磁。

第二节 匀场控制技术

匀场，顾名思义就是使磁场强度均匀。匀场是磁共振装置安装调试过程中的重要环节。

人体组织中的氢质子在主磁场强度 B_0 下，再施加一个垂直于主磁场 B_0 方向的射频磁场 B_1，使人体组织中氢质子产生偏转，这一过程称为氢质子被"激励"；激励脉冲停止作用后，被激励的氢质子将逐渐回复到平衡状态，这一过程叫"弛豫"，氢质子在弛豫过程中产生 MRI 信号。氢质子的偏转（最大限度地偏转）就是磁共振中的"共振"二字的含义。

具有相同频率的物体间才有可能产生共振。产生磁共振的条件是主磁场中自旋氢质子的进动频率等于射频场的频率。假若磁场在一定范围内不均匀（大小不一），处于这个范围内完全相同的物质所包含氢质子的进动频率则不相同。物质接收到一个确定频率的射频场时，区域内有的氢质子就不能产生共振（不能发生偏转），不能偏转就无法产生 MRI 信号。最后的结果可能是一块均匀的物质，却产生了明暗不一的图像。梯度场具有选层作用，若主磁场不均匀，选层时就会受到附近相同场强下发生偏转氢质子产生的信号的干扰，影响选层，因此匀场很重要。

一、匀场原理

主磁场强度是由磁体的构造决定的，在一定范围内并不非常均匀，因此需要进行匀场，让主磁场尽可能地均匀。磁场的均匀性是衡量 MRI 设备好坏的重要标准。在超导磁体的圆孔中，如果不加任何约束，磁感线不是一直保持平行分布的，而是呈现两端发散、中间近似平行的分布状态（图 4-2-1）。

匀场并不是要求磁体洞内所有区域都保持磁场均匀，而是能够确保被扫描区域保持磁场强度均匀。均匀区域越大，匀场的难度就越大，超导磁共振系统想把磁体洞口直径增大一点点，是相当难的技术突破。飞利浦 Multiva 设备磁体洞口直径为 60 cm，目前高端的 Ingenia 机型磁体洞口直径达到 70 cm。一般将磁场均匀范围设定为以磁体中心为球心，X、Y、Z 方向分别为 50 cm×50 cm×45 cm 的一个椭球体，如图 4-2-2 所示。超导磁共振的匀场分为两种类型，分别是被动匀场（passive shim）、主动匀场（active shim）。

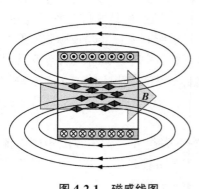

图 4-2-1 磁感线图

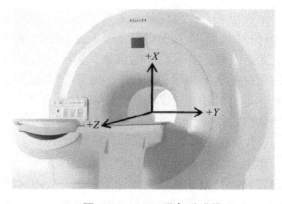

图 4-2-2 MRI 设备磁感线

（一）被动匀场

在磁体洞内部特定位置增加逆磁性物质的硅钢片，吸引磁感线向需要的方向移动，从而保持磁感线水平分布。被动匀场是通过一次性变量的修改来改变磁场均匀度。图 4-2-3 所示在磁体孔中放置定制的匀场架及磁场探测器，测量磁场均匀度。

通过测试设定点位的磁场强度，利用有限元或者差分的方式计算出要求匀场区域内部的磁场均匀度分布，从而计算出铁片添加的位置和数量。然后将计算得到的铁片贴入匀场条的固定位置内，最终将匀场条插入磁体相应位置（图 4-2-4）。

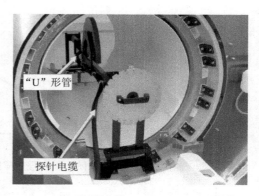

probe cable-探针电缆；U bend-"U"形管。

图 4-2-3　磁体空间内场强测量

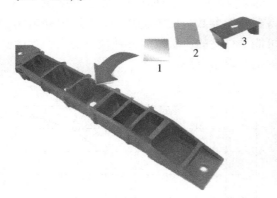

图 4-2-4　用硅钢片进行被动匀场

被动匀场的特点是匀场方式非常直接有效，可以在均匀度很差的情况下将磁感线拉回。缺点是程序非常复杂，一般需要 1 天到 1 周的时间进行匀场，同时如果周围环境发生变化导致磁场均匀度变差，必须重新进行被动匀场操作。

（二）主动匀场

主动匀场就是主动地修改磁场的分布，利用电磁线圈产生的磁场对主磁场进行补偿。由于人体是逆磁性物质，在磁体内的患者同样会改变磁场的分布，并且不同的人对磁场的改变也是不一样的，因此需要引入能够针对每一位患者适时进行改变的主动匀场。主动匀场通过测试磁场均匀度数值，有针对性地通过主动手段实时修正磁场。

主动匀场有：① 1 阶主动匀场；② 高阶主动匀场。

1. 1 阶主动匀场

匀场中"阶"就是数学中线性方程中的阶数，由于 MRI 系统的空间坐标系中有 X、Y、Z 轴三个方向，所以可以得到以下推导。

1 阶：线性方程，$T=X+Y+Z$，对应空间坐标如图 4-2-5 所示。

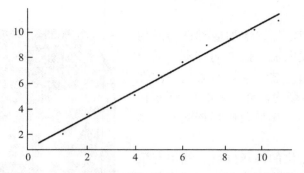

图 4-2-5　1 阶线性方程对应空间坐标示例（该图仅示意线性关系）

从图 4-2-5 可以看出，一阶函数对应空间坐标就是一条线性的直线，因此 1 阶主动匀场就是在原有主磁场上叠加一个线性磁场，用来补偿磁的不均匀，可以直接用梯度线圈实现此功能，方法就是在 X、Y、Z 轴线圈上施加适当的电流。

1 阶主动匀场比较简单，用现成的梯度线圈和梯度放大器实现匀场，补偿速度快。每一次扫描前都可以通过进行适当的扫描分析，得到补偿参数，使磁场均匀。1 阶主动匀场的缺点是拟合精度不够，空间磁场的均匀度不可能是线性的，所以线性补偿只能在一定区域和一定程度上进行补偿，因此对磁场均匀度的提升效果有限。

2. 高阶主动匀场

高阶主动匀场是指 2 阶及 2 阶以上的匀场，一般使用 2 阶线性方程，$T = (X + Y + Z)^2$，对应的空间坐标就是一个 2 阶曲线（图 4-2-6）。2 阶曲线具有更好的曲线拟合能力，但是实现起来更加复杂。

将 2 阶方程分解后：$T = X^2 + Y^2 + Z^2 + 2XY + 2XZ + 2YZ$，从分解可以看出，需要使用 6 个可控的线圈才能够实现 2 阶主动匀场。一般高阶主动匀场的线圈制作在梯度线圈内，在实际使用时与 1 阶主动匀场的梯度场共同作用，使磁场更加均匀。在设计时会根据磁场分布规律，将分解方程进行简化，从而减少主动控制线圈数量及放大器数量。由于成本

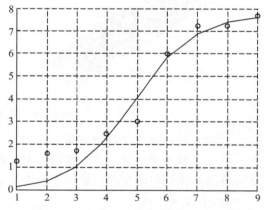

图 4-2-6　高阶线性方程对应空间坐标示例（该图仅示意线性关系）

较高，高阶主动匀场一般在高端的 3.0 T 磁共振系统才会使用。

匀场就是保证在磁体中心的扫描区域内磁场是均匀的，例如，某 MRI 设备 60 cm 孔径磁体，其均匀区域为 X、Y、Z 方向分别为 50 cm×50 cm×45 cm 的椭球体；70 cm 孔径磁体，其均匀区域为 X、Y、Z 方向分别为 55 cm×55 cm×50 cm 的椭球体。

GE 设备的高阶主动匀场，严格来说应该归结为被动匀场，GE 磁体出厂前已经完成了使用贴铁片方式的被动匀场，这个过程称作预匀场；磁体到达用户场地后，在励磁阶段需要对磁体内部的超导主线圈及"主动匀场线圈"充入不同的电流。GE 的励磁电源和PHILIPS、SIEMENS 的电源有一些不一样，它相对来说比较大，而且有多个可调模块。

GE 主动匀场线圈是从 6 阶函数的展开式中，选取了 18 个子项作为 18 个主动匀场线圈。这种匀场的好处是在给主磁体励磁时，同时给匀场线圈充电，可以快速地实现匀场，省去了在安装现场贴铁片的麻烦，可以提高匀场速度。缺点是在一些特殊场地，如果充电后测试发现磁场均匀度不达标，那么只能重新修改预匀场铁片，额外增加很多时间。

实际上梯度场的一个重要作用就是完成一阶主动匀场，方法是通过软件改变梯度柜里三个梯度轴的默认数值，从而分别在三个方向使用梯度线圈产生一个小的磁场，对主磁场进行线性补偿，从而消除微小的主磁场不均匀性。这里之所以要强调微小的不均匀，主要是因为梯度场的强度一般在 80 mT 左右，但是主磁场强度是 1.5 T 或者 3.0 T，他们之间存在量级的差距，因此梯度系统只能小范围地进行线性主动补偿。这也从另一方面说明梯度强度越大，梯度系统主动匀场能力越强。对于本身磁场均匀性较差的磁体来说，较大的梯度强度可以更好地进行磁场补偿，提高磁场均匀度。但对于均匀性较好的磁体来说，更大的梯度强度在匀场这方面的意义并不明显。

二、主动匀场技术

以 GE 磁共振设备为例，主动匀场技术主要分为 LV shim 和 HOS shim。

（一）LV shim

由 18 组匀场线圈组成，18 路线圈有不同的电流，其电流在励磁阶段一次性注入。匀场线圈内有专用加热器，在需要的时候将其电流消耗掉。匀场阶段通过多轮迭代不断地修正各组线圈的电流大小，最终达到磁场均匀。LV shim 的优点是匀场不需要像通常超导磁体匀场那样，在用户安装现场贴匀场铁片，理论上会加速匀场时间，一般认为这种匀场的方法属于被动匀场。

（二）HOS shim

高阶主动匀场，是指在梯度一阶匀场的基础上进行更高阶的匀场。PHILIPS 3.0 T 磁体也使用了基本相同的技术，HOS 线圈在梯度线圈内，且有专门的放大器驱动。

当磁场足够均匀时，理论上 FID（free induction decay）回波信号幅度最强，T_2 回波波形平滑。按照这个结论进行反推可以得知，如果产生的 X、Y、Z 轴三个方向的梯度场正好可以补偿主磁场的不均匀，那么得到的 FID 回波应该是：① FID 回波信号幅值最大；② T_2 回波信号波形顺滑。因此，一阶主动匀场的方法就是利用 MRI 系统的 FID 扫描序列，对一个标准水模进行 FID 序列扫描，并得到回波信号，通过对 X、Y、Z 轴三个方向的梯度线圈施加不同组合的直流电流进行迭代试验，将试验结果（回波信号波形）进行对比，找出最优的驱动电流组合，将参数存入主计算机中。每次正式扫描前将存储好的参数调出，由梯度柜产生相应的三个方向电流，提前修正主磁场，达到主动匀场的作用。

1. 完成 1 阶主动匀场

完成 1 阶主动匀场需要使用以下主要部件：① 主磁体，产生主磁场；② 梯度线圈及梯度柜，产生主动匀场所需要的 3 个方向梯度场；③ QBC 及射频发射接收系统，用来产生 FID 信号（图 4-2-7）。

通过 X、Y、Z 轴三个方向的各自直流电压组合测试，找出能够使得 FID 信号幅值最大、T_2 回波最顺滑的电压组合存入主控计算机（图 4-2-8）。

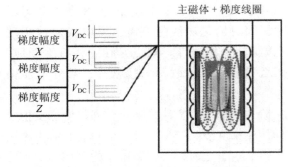

| 图 4-2-7 1 阶主动匀场部件组成示意图 | 图 4-2-8 1 阶主动匀场效果 |

综上所述，梯度场除了配合扫描序列完成空间定位，同时还有实现 1 阶主动匀场的作用。

2. 梯度场指标对匀场的作用

梯度场指标有：① 梯度强度；② 梯度切换率。

单纯分析梯度强度，梯度强度是不是越大越好呢？

先来看梯度强度的实现方法，为了得到大梯度强度有两种方法：① 增加梯度线圈的匝数；② 增加梯度线圈的电流。

匝数的增加涉及梯度线圈的设计和材料选型以及制作工艺的要求，单纯增加匝数是比较困难的。增加梯度线圈电流相对比较简单，增加梯度放大器的功率就可以了。但是梯度柜的功率是一定的，医院能够给系统提供的主电源功率也是一定的。如果一味地增加梯度线圈的电流，唯一的办法就是给 MRI 系统主电源扩容，这涉及场地的设计及供电的重新规划，实现起来也是比较麻烦的。

增加梯度强度的优点：① 可以得到更薄的层厚；② 更大的 1 阶主动匀场强度。

无论什么方式实现的匀场都是为了补偿主磁场的不均匀，越不均匀的磁体越需要更强大的主动匀场能力去补偿。在主磁体足够均匀的前提下，不需要很大的梯度强度去进行主动匀场，富余下来的场强余量可以充分地完成序列扫描。在这种情况下，梯度强度的大小不是最重要的指标，而是梯度切换率。

整个超导 MRI 磁体经过铁片被动匀场、梯度一阶主动匀场之后，实际上磁场已经比较均匀。为了进一步提高磁场均匀度，只需要再叠加比较小的磁场强度就可以完成高阶匀场，也就是说高阶匀场放大器的功率不需要很大。

以上着重对主动匀场技术进行了介绍，实际上这项技术中深含着复杂的理论知识以及工程实践。无论被动匀场还是主动匀场，其目的都是为了使 MRI 系统的磁场更均匀，得到更高的信噪比和更好的压脂效果，为了实现这一目标，需要从软件、硬件方面付出大量的努力并进行深入的研究。

第三节 PID 磁场控制技术

磁共振成像设备是一种高精尖大型医疗设备，对磁场强度、射频频率、磁体内压力及制冷系统等控制要求极高，磁共振成像设备中运用自动控制理论（PID 控制技术）实现精确控制，确保数值的高度精准，以最终保障磁共振检查的安全性及图像的准确清晰。PID 控制是经典控制理论里一个重要的控制定律（control law），广泛应用于多个领域。

一、PID 控制系统组成

PID 是 proportion（比例）、integral（积分）、differential（微分）三个英文单词的首字母，PID 控制技术是指运用比例运算、积分运算和微分运算，获得精准的控制信号，实现电路精确控制的技术。

图 4-3-1 是 PID 控制系统基本原理框图，系统由三大部分组成：① 控制器部分；② 控制对象部分；③ 负反馈部分。PID 控制是一个闭环控制系统，PID 控制技术是自动控制领域常用的控制技术，在医疗设备中应用很广，作为临床医学工程技术人员必须掌握 PID 控制的基本原理。

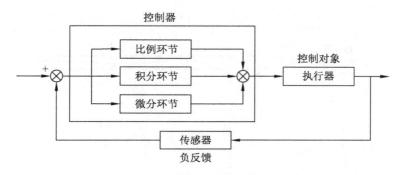

图 4-3-1　PID 控制基本原理框图

1. 控 制 器

控制器是 PID 控制的核心，PID 控制就是同时将误差通过比例环节、积分环节及微分环节进行处理，在速度域、时间域和 1 阶放大角度对控制信号进行线性组合，得到组合控制信号。

2. 控 制 对 象

控制对象是控制执行装置，控制执行装置通过接收控制信号产生所要的执行操作，改变被控制物体的状态，生成控制结果。

3. 负 反 馈

通过传感器实时感知被控制对象当前的状态，再通过比较得到控制误差，将控制误差作为变量输入到控制器，开始下一次循环。

从 PID 逻辑过程看，整套控制系统实时控制，在控制过程中不断地修正自己的状态，以求达到稳态。PID 控制器是 PID 控制系统的核心，掌握其工作原理是理解 PID 控制系统的关键。

二、PID 控制器工作原理

图 4-3-1 中 PID 控制器同时集成了比例、积分、微分三个控制单元。PID 控制器的输出信号为：Output $= K_p \cdot$ error $+ K_i \cdot$ integral $+ K_d \cdot$ derivative。其中，error 为误差，integral 为误差积分，derivative 为误差微分。公式表示为：

$$u(t) = K_p \cdot err(t) + K_i \cdot \int err(t) + K_d \cdot \frac{derr(t)}{dt}$$

从公式中可以看出，PID 控制是对误差 [期望值与当前值的差 $err(t)$]进行计算，产生控制变量 $u(t)$，继而推动控制对象改变状态。控制器有以下三个部分：① 比例控制器 K_p，将误差值放大 K_p 倍，得到控制变量的第一部分。K_p 比例控制器是一个简单的线性控制器，可以实现简单的控制，但要实现系统的稳定是很难的。② 积分控制器 K_i，信号经过 K_i 积分控制器后得到控制变量的第二部分，这个控制参数不是简单的误差值，而是误差值的积分，换句话说用"历史累计"误差作为变量。③ 微分控制器 K_d，取误差的微分值作为控制变量的第三部分。PID 控制器的作用是保证系统的误差小、稳态好，且变化速度最小（图 4-3-2）。

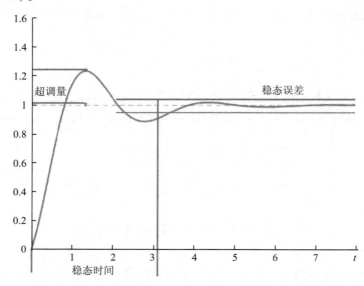

图 4-3-2　PID 控制变化图

三、PID 控制系统性能评估

图 4-3-2 为 PID 控制变化图，即控制系统性能评估曲线图，图中可以看到，PID 控制器有三个性能指标：① 稳态时间，也叫爬升时间，是指从控制器输出信号作用于系统开始到稳定的时间。理论上达到稳定的时间是无穷长，通常取到稳态误差±2% 所经历的时间作为稳态时间。② 超调量，也叫 OFFSET，当系统输出超过稳态值时，输出的最大值减去稳态值的差，再除以稳态值乘以百分之百，得到输出最大偏差比，称为超调量。超调量反映控制系统在达到稳态前控制作用最糟糕的结果，超调量越大，说明系统性能越差。③ 稳态误差，系统在稳态下的控制精度的值。控制系统输出响应在爬升过程结束后的变化形态称为稳态，稳态误差为期望的稳态输出量与实际的稳态输出量之差。控制系统的稳态误差越小，说明控制精度越高。

四、梯度磁场控制的基本原理

结合 PID 控制可以看到 K_p、K_i、K_d 这三个参数互相关联，需要对 K_p、K_i、K_d 三个参数长时间精细调试，才能得到比较合适的控制效果。MRI 梯度系统梯度场产生的基本原理图如图 4-3-3 所示。

GA 单轴输出电流
此处表征电流值

GC 梯度线圈

单轴方向梯度场
此处表征磁场值

图 4-3-3 梯度场产生的基本原理图

从图 4-3-3 可知，为了得到梯度场 B_1，梯度放大器需要产生（输出）一个梯形波形的电流。梯度放大器有三个轴（X、Y、Z），每一个轴输出电流都需要精确控制，从而产生所需要的梯度场，这个梯度电流就是通过 PID 进行控制的。每一个梯度轴内都有一套PID 控制器和霍尔电流传感器作为反馈传感器，梯度放大器电流的控制参数调节是梯度系统调试的第一步。结合 PID 控制可以把梯度放大器产生的电流看作是一个阶跃信号，阶跃信号的期望值是产生期望的梯度场 B_1 所对应的梯度电流强度（图 4-3-4），校准方法就是调整每个梯度轴的 PID 控制参数。梯度系统两个重要指标是梯度场强和梯度切换率，如果要实现高梯度切换率，从梯度放大器来分析就需要在 PID 控制系统设计时，优化稳态时间，即减小上升时间，直接与 K_p 相关。梯度精度（gradient fidelity）也是比较重要的指标，梯度精度对应梯度放大器 PID 控制里的稳态精度（稳态精度误差），直接与 K_i 和 K_d 相关。

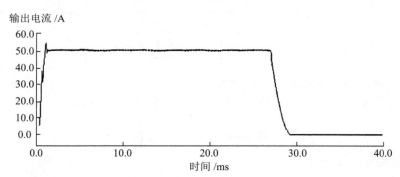

图 4-3-4 梯度放大器输出电流校准

MRI 梯度系统性能指标与梯度放大器内 PID 控制器的性能直接相关，控制器的性能直接决定了整个梯度系统的性能指标。梯度性能的基本规律：① 如果只是简单地提高梯度强度，从 PID 控制的角度来讲，通过增加 K_i 积分控制器的控制参数，并使用大功率放大器就可以实现，但可能带来稳态时间的大幅度延长；② 如果只是简单地提高梯度切换率，通过加大比例控制器 K_p 的参数就可以实现，但可能会带来很大的稳态误差。

因此，MRI 梯度系统在不牺牲其他性能的条件下，对梯度强度和切换率的提高需要进行大量的工作，包括对 PID 控制器、梯度系统硬件结构进行升级以及大量的技术积累，而不是简单地通过修改算法就能够轻易地实现，这是目前 MRI 领域技术研发的关键内容。

PID 控制器三个控制参数的选择相互影响，对于同一个系统来说，通过简单地改变控制参数来影响控制性能指标，很难面面俱到，MRI 设备性能的每一点进步都意味着研发人员进行了大量的努力和硬件系统的整体升级。

第四节　扫描床运动控制技术

磁共振扫描装置的扫描床，又称病床（patient support），其运动包括床身升降（垂直方向）运动、床面（水平方向）移动（进床和退床运动）。扫描床运动需要满足条件：① 必须能在强磁场下工作，有良好的可靠性，保证患者的安全；② 能承载一定重量，能进行垂直运动和水平运动，且水平运动精准度要高；③ 不会产生信号干扰以及打火。

扫描床电路系统结构如图 4-4-1 所示。

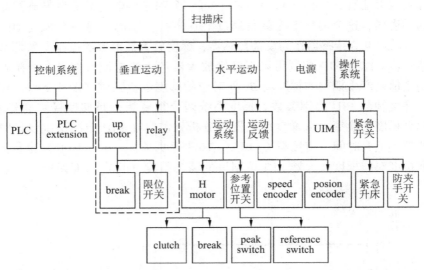

up motor-升降电机；relay-继电器；break-刹车、制动开关；PLC extension-PLC 扩展；clutch-离合；speed encoder-速度编码器；postion encoder-位置编码器；reference switch-参考开关；peak switch-峰值开关。

图 4-4-1　扫描床电路系统

一、扫描床升降运动

（一）扫描床升降运动动力装置

扫描床升降（垂直方向）运动一般采用交流步进式电机驱动，驱动电压为交流 220 V。垂直电机（马达）驱动一个液压或螺杆型伸缩杆（图 4-4-2），从而推动床身升降运动（上下运动）。扫描床升降运动控制框图见图 4-4-1 中虚线框部分。

为了保证运行的平稳以及足够的支撑力，一般采用"剪刀"形机械结构（图 4-4-3），像剪刀一样，闭合时床面板上升，打开时床面板下降。

图 4-4-2　带有驱动液压或螺杆型伸缩杆的电机（马达）

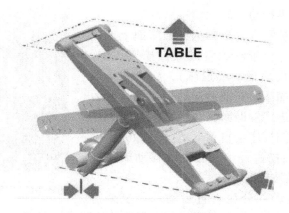

图 4-4-3 "剪刀"形机械结构

（二）扫描床升降运动控制的基本原理

扫描床升降（垂直运动）运动控制是通过控制流向电机线圈中电流的流向实现的（图 4-4-4）。当电流正向通过电机时，扫描床上升；反之，当电流负向流过电机时，扫描床则下降。

扫描床控制电路中有上、下限位开关，当床运动触碰到上限位或下限位时，发出信号。正常的控制逻辑是当下限位开关（lower end）触发时，扫描床只能向上运动；当上限位（upper end）开关触发时，扫描床只能向下运动或水平运动（图 4-4-5）。

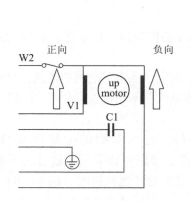

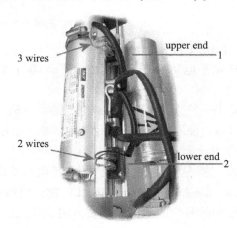

图 4-4-4 扫描床升降运动控制　　　　图 4-4-5 扫描床上限位、下限位开关

（三）扫描床升降运动紧急制动控制

扫描床上下垂直运动时，如果自身控制系统电路故障（如限位开关失灵等），这时按下紧急制动开关（break）按钮，紧急制动开关按钮发出的高电平会越过控制器回路，直接作用于上升固态继电器，强制扫描床停止上升或下降运动。

扫描床垂直运动部分包含了大量的传感器及交流步进式电机，保证电路的安全。当电机发生故障而需要更换电机时，为了安全起见，更换步进式电机需要专业工程师先将磁场退场后才能进行操作，更换电机费时费力。因此建议平时尽可能不要频繁使用扫描床的升降功能，用一个木制的小台阶就可以避免各种意外造成的损失（图 4-4-6）。

二、扫描床面水平运动

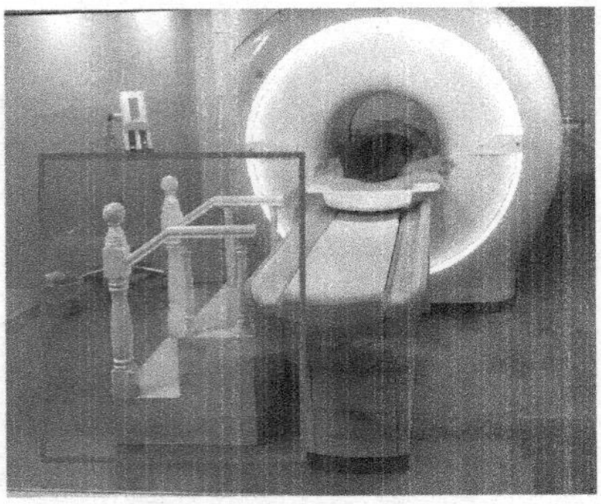

磁共振检查时，被检者置于扫描床的床面上，扫描床向前运动（进床），带动患者进入扫描架孔中；检查结束后，扫描床向后运动（退床），将患者从扫描架孔中退出来。扫描床面的前后运动是最频繁的运动，每一次检查都有进床和退床运动（图4-4-7）。

在下列情况下，扫描床会自动运动：① 激光定位到磁体中心时；② 扫描过程中需要自动移动床面板时；③ 控制面板拨动波轮时。

扫描床的水平运动部分比垂直运动部分复杂得

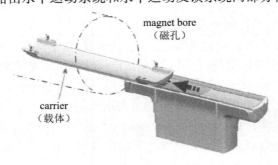

图 4-4-6　木制台阶辅助患者上、下床

多，水平运动控制电路由水平运动系统和水平运动反馈系统两部分构成。

图 4-4-7　扫描床水平运动示意图

（一）扫描床水平运动系统

扫描床水平运动系统部分，以水平运动马达为核心控制床面板定速、定长度运动。

1. 马达

该马达为一种直流电机，直流电机的特点是电流的大小决定了电机的转速，只要能够控制电流就可以方便地进行水平运动控制。水平运动的电机功率比垂直运动用的电机功率小。

2. 伺服放大器

伺服放大器是产生直流电机控制电流的部件，比如典型的绝缘栅双极晶体管（insulate gate bipolar transistor，IGBT）桥式整流电路，可以将数字信号通过功率放大的方式转换为模拟信号中的电流大小及方向，从而改变电机的转速和转向（图4-4-8）。

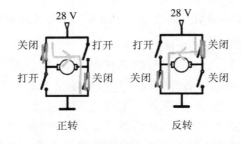

图 4-4-8　IGBT 桥式整流电路工作原理示意图

3. 离合器（clutch）

扫描床面板可以用电机带动床面移动，也可以以手动模式推动。控制面板控制模式时，如果不拨动控制波轮，床面板无法用手推动。离合器可以理解为汽车的离合器，处于手动模式时，离合器松开，床面板不与马达联动，这时可以随意移动床面板，类似汽车挂 N 档；控制面板处于控制模式时，床板面与马达联动，类似汽车挂 D 档。

4. 参考位置开关

参考位置开关主要用来判断床面板是否在初始位置。在使用过程中因为各种情况床面板没有在初始位置，重新启动设备时，控制面板的 stop 灯亮起，床面板无法自动运动。这是因为在系统启动的时候，床面板并没有在初始位置。解决的办法是在手动模式下，把床面板推到最外端初始位置。

（二）扫描床水平运动反馈系统

扫描床的水平运动和垂直运动机理是不一样的，垂直运动相对比较简单，只需要两个限位开关控制扫描床处于最高位和最低位位置。扫描床水平运动，大部分 MRI 设备都具备自动进床和自动判断位置进行微调的能力，扫描床水平运动控制电路就使用了 PID 控制技术。为了保证患者的舒适性，PHILIPS 的扫描床控制还引入了速度控制环构成了一个双闭环控制器，扫描床水平运动反馈系统，反馈目前床面板的运动速度、运动长度等参数，形成闭环控制。

扫描床水平运动反馈系统中主要部件有：① 位置编码器（position encoder），用以测量床面板实际移动的距离；② 速度编码器（speed encoder），用以测量床面板运动速度。

编码器均使用光电编码器（图 4-4-9）。扫描床水平移动中同时调整速度和距离，内环控制运动速度，外环控制运动位置，以稳定的速度和精确的位置自动运行到位，完成扫描任务。

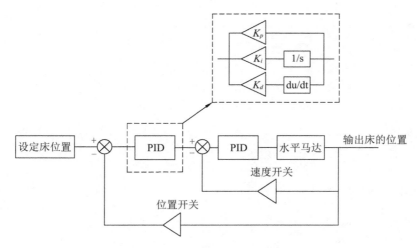

图 4-4-9 双闭环 PID 控制系统

拨动控制器上波轮进行扫描床水平运动时，波轮拨动的幅度大，扫描床运动快；波轮拨动的幅度小，则扫描床运动慢，即由内环控制系统控制。激光定位到磁体中心位置时，首先内环保证运动速度，之后外环同时检测运动距离，越接近中心位置移动越慢，最终停止。

三、扫描床规格参数

表 4-4-1 是某型号扫描床的参数，床的承重能力（load）是最重要参数，运动状态下承重能力为 150 kg，静止状态下承重能力为 250 kg。两种状态承重能力不同，这是因为运动时支撑力只由电机的扭矩提供，而不运动时会启动机械刹车结构，提供足够的支撑力。

表 4-4-1 某型号磁共振装置扫描床参数

characteristics（性能参数）	minimum（最小值）	maximum（最大值）	unit（单位）
table height（床面高）	520	890	mm
trolley height（运输患者的手推车高度）	835	845	mm
table load（during movement）［负载（移动时）］	0	150	kg
table load（not moving）［负载（不移动时）］	0	250	kg
position accuracy（位置精确度）	±1.5		mm
time for maximum stroke（最大行程时间）	—	14	s
duty cycle（占空比）	—	15%	—

表 4-4-1 中，床面最低高度为 520 mm，方便患者上、下扫描床；床面最高高度为 890 mm；运输患者的手推车高度为 835~845 mm；位置精确度为 ±1.5 mm；最大行程的时间为 14 s。

第五章

磁共振扫描序列

磁共振检查需要得到清晰准确的磁共振图像，MR 脉冲序列就是操作者对 MRI 系统发出的一系列指令，将 90°激发脉冲、180°相位回聚脉冲、180°激发脉冲以及三个方向的梯度场全面组合，使其协同工作。最后形成什么样的图像对比度、扫描时间长短、具体图像质量如何等事项完全由选择的脉冲序列及扫描参数决定。MR 脉冲序列可分为两大类，其一是自旋回波序列（SE 序列），其二是梯度回波序列。

第一节　自旋回波序列

通过前面知识的学习，我们熟悉了 MRI 系统中主磁场、梯度磁场及射频脉冲相关知识，这些内容是构架 MRI 设备工作的基础。MRI 系统中的射频脉冲序列种类很多，其中 SE 序列是最基本的射频脉冲序列（图 5-1-1）。射频脉冲激发后产生的 FID 信号会迅速衰减，这是由于外部磁场环境的不均匀性及内部组织横向弛豫（T_2）共同作用的，特别是外部磁场的非均匀性将大大加速质子群的散相，所以 FID 信号是按照 T_2^* 为指数特征进行衰减的。为了更真实地反映组织 T_2 对信号强度的影响，必须纠正外部主磁场不均匀性对信号衰减的影响。1949 年物理学家哈恩发现一个射频脉冲可以产生 FID，连续两个射频脉冲则能够产生 SE，于是提出了利用另一个射频脉冲对前一个射频脉冲产生的 FID 信号进行聚相位的方法来消除外部磁场的不均匀，从而获得真正能反映 T_2 对比度的图像。SE 序列是磁共振成像中最经典的序列，其脉冲序列结构完整，扫描条件参数不多，图像对比度比较容易控制，信号的变化也容易解释。

图 5-1-1 中有三个部分，最上面部分为射频脉冲（RF pulses），即 SE 序列脉冲，由若干个 90°脉冲和 180°脉冲组成；中间部分为梯度（gradients）脉冲部分，分别进行层面选择、相位编码、频率编码；最下面部分为回波（echo）部分，产生回波信号（echo signal）以及计算机采样生成的回波取样信号（echo sampling signal）（数字信号）。

工作过程分析，即序列脉冲和三种梯度线圈上分别施加脉冲的时序分析。对 SE 序列中各个脉冲施加时刻与梯度线圈上施加脉冲的时刻进行比较分析。

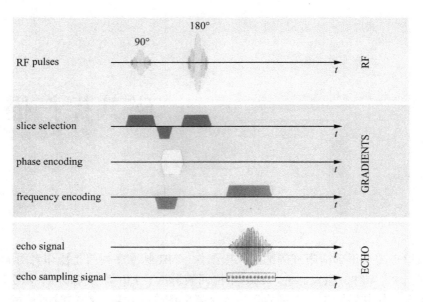

RF pulses-射频脉冲; slice selection-选层; phase encoding-相位编码; frequency encoding-频率编码; echo signal-回波信号; echo sampling signal-回波取样信号。

图 5-1-1　SE 序列工作过程时序图

一、激励脉冲产生阶段

SE 序列开始于一个 90°脉冲，这个脉冲起激励作用，激励受作用的自旋氢质子偏转 90°，即自旋氢质子的轴与主磁场方向间呈 90°角；在 90°激发脉冲作用的同时，层面选择梯度线圈上施加空间选层梯度场（如图 5-1-2 中矩形框所示）。选层梯度场叠加到主磁场中，使原本强度均匀的主磁场改变为线性变化的磁场，配合射频的激发频率范围，选择特定的层面进行激发。

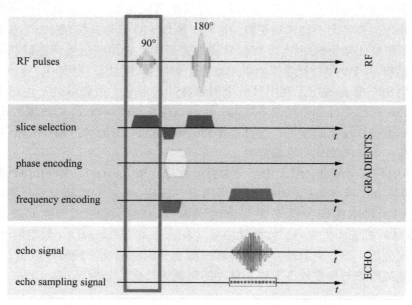

图 5-1-2　同时施加 90°激励脉冲和选层梯度脉冲时序示意图

通过同时施加 90°激励脉冲和选层梯度脉冲，被选定层面内空间上的氢质子净磁化矢量发生 90°偏转，由 M_Z 方向偏转到 M_{XY} 方向（图 5-1-3）。

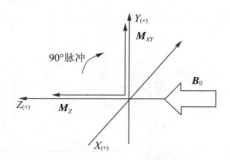

图 5-1-3　90°脉冲激励后选定层面内氢质子偏转示意图

二、弛豫阶段

90°脉冲停止作用后，被激励的氢质子开始弛豫，即被激励的氢质子从激励状态向平衡状态转变。这个过程中，被激励的氢质子将释放出激励阶段吸收的能量，释放出的能量成为磁共振成像信号。

（一）相位编码梯度系统和频率编码梯度系统

弛豫阶段，相位编码梯度系统和频率编码梯度系统先后工作。

（1）施加相位编码。弛豫刚开始，相位编码线圈上施加线性电流，形成相位编码梯度场，明确被激励氢质子在所选层面内的相位（如图 5-1-4 中矩形框所示）。

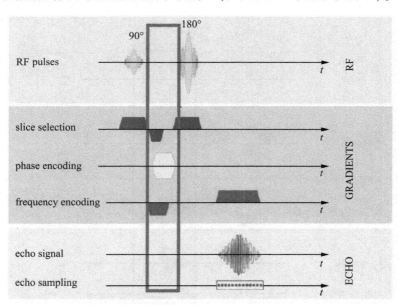

图 5-1-4　施加相位编码时序示意图

（2）施加 180°重聚脉冲。弛豫过程中由于氢质子进动速度不同，会出现离散现象，重聚脉冲使离散的氢质子重聚。这时层面选择梯度线圈上再次施加正向梯度场（如图 5-1-5 中矩形框所示）。

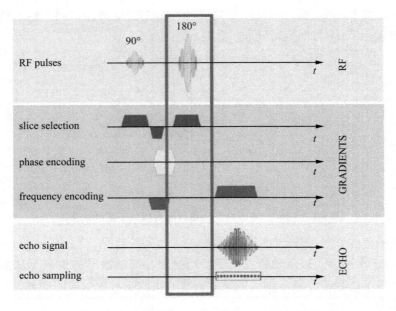

图 5-1-5　施加 180°脉冲同时再施加对应的空间选层编码时序示意图

（3）施加频率编码梯度场，明确氢质子在选定层面中频率方向上的位置。由相位编码和频率编码，便可确定氢质子在选定平面内的具体位置，即确定这时产生的回波信号来自哪个区域的氢质子，并将回波信号进行数字化，形成回波取样信号（如图 5-1-6 中矩形框所示）。

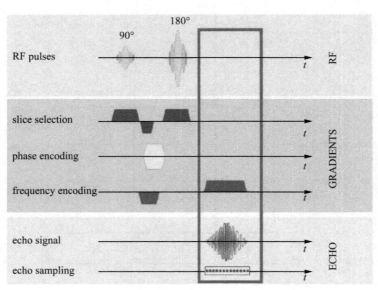

图 5-1-6　180°脉冲后再施加频率编码时序示意图

综上所述，相位编码是在相位编码方向上施加梯度场，导致频率和旋转速度改变，随后停止施加相位编码梯度场，使其频率回归一致，但是这时会保留其相位差，实现相位编码。每一次相位编码都需要先施加一次相位编码梯度场，然后再停止一段时间。最终生成的一层图像中，相位编码方向有多少个像素点，就至少需要多少次相位编码。

（二）重聚脉冲

图 5-1-4 中空间选层编码和频率编码处分别叠加了一个反向梯度，这个过程叫作双极性梯度场，目的是减少散相造成的偏差。90°脉冲之后质子就开始了弛豫过程。由于主磁场不均匀，氢质子群自旋发生了散相，回波信号表现为使弛豫时间缩短，由 T_2 变为 T_2^*（图 5-1-7）。

图 5-1-7　由于主磁场的不均匀导致横向弛豫时间缩短示意图

SE 序列中 180°脉冲（反向脉冲）起重聚作用，也叫重聚脉冲。在 $t=\mathrm{TE}/2$ 时刻，给系统施加 180°射频脉冲，可以在不改变旋转方向的情况下，使散相发生方向翻转，最终结果是在回波时间 TE 时，自旋的质子再一次同相，这时生成 echo（图 5-1-8）。

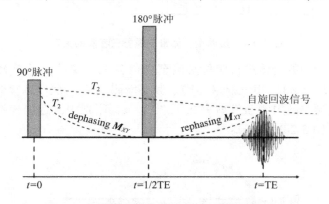

图 5-1-8　施加重聚脉冲后产生回波信号示意图

在一个脉冲周期内，产生一个 echo 信号。期间，在相位编码方向上施加相位编码梯度场，频率编码方向上施加频率编码梯度场（图 5-1-6），实现空间二维编码，将选定的一层图像 Y、X 轴方向的数据分辨出来，供图像重建用。由于 echo 是一个模拟信号，需要将其转化为具体的数字信号才可以进行计算，因此需要将 echo 进行 A/D 转换。通过 A/D 转换，最终将一个 echo 信号转换成一组采样信号（echo sampling signal），存储到 K 空间的对应位置，完成一个脉冲周期。

第二节　层面选择梯度磁场

从微观角度看，在选择了某个层面，并施加一次相位编码和频率编码后，便可了解产生的 echo 信号的确切位置。层面选择依靠层面选择梯度磁场来完成。

一、数字图像的基本概念

照片上或显示器上显示的一幅图像，是二维的平面影像，它代表被检体某个部位一定层面厚度的组织所成的影像。图像是由若干个像素单元组成，每个像素反映一定大小的组织，这个组织是三维立体结构，称为一个体素（voxel），体素表示 MRI 图像中每一个像素点所包含的物质。显示的一幅图像的范围（大小）称为视野（FOV）。层厚度（slice thickness）、体素、视野是数字图像三个最重要的基本概念，三者间的关系如图 5-2-1 所示。

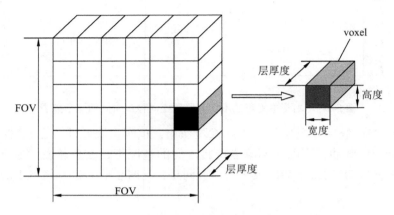

图 5-2-1　层厚度、体素、视野三者间的关系

对一个三维坐标中的物体进行定位必然至少包含三个变量，对于 MRI 图像来说，这三个变量分别为层厚（Z）、相位编码（Y）、频率编码（X）。层面选择时，通过施加选层梯度，并使用对应频率的射频激发就完成了选层。SE 序列中，选层梯度是在射频脉冲激发的同时施加的（图 5-2-2）。

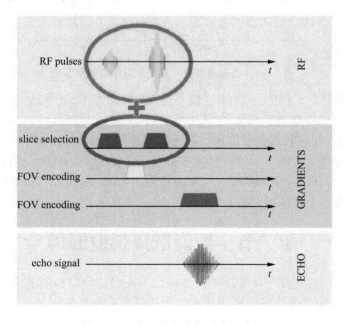

图 5-2-2　选层梯度施加时序示意图

二、层面选择梯度应用举例

（一）横断位选层

横断位选层（transversal slice），简称 T 位选层（图 5-2-3）。

在 Z 轴方向（人体上下方向）上施加选层梯度场，那么在 Z 轴方向上将会产生一个线性的磁场变化。在对应的频率上施加对应频率的射频脉冲，就会对此频率所在的层（$B=B_L$ 层）内氢质子进行激发，其他层内的氢质子不能激发，起选层作用。以此类推，继续增加或减小射频中心频率，就会对 $B>B_L$ 或 $B<B_L$ 的层内的氢质子进行激发。

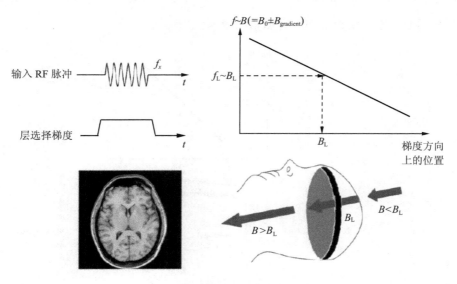

图 5-2-3 横断面选择梯度示意图

（二）冠状位选层

冠状位选层（coronal slice），简称 C 位选层（图 5-2-4）。

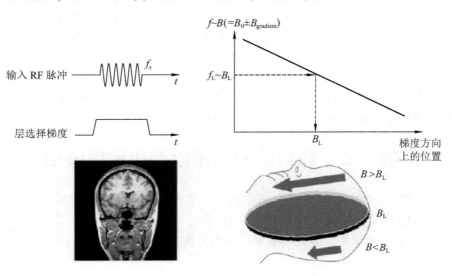

图 5-2-4 冠状面选择梯度示意图

在 X 轴方向（人体前后方向）上施加选层梯度后，将在 X 轴方向产生一个线性的磁场变化，同时施加对应频率的射频脉冲，就可以对 X 轴方向上的选层进行激发，完成冠状面选层，即 C 位选层。

三、层厚

选层是为了得到一幅图对应的层的位置，有了层的概念后，必然会有层厚的概念。层厚受两方面参数共同影响：① 梯度强度，梯度场是线性变化的，梯度强度可以表示为线性的斜率；② 射频带宽，激发射频的带宽，也就是一次射频脉冲的最大频率 f_b 减去最小频率 f_a。

层厚与梯度强度、射频带宽三者关系如图 5-2-5 所示。

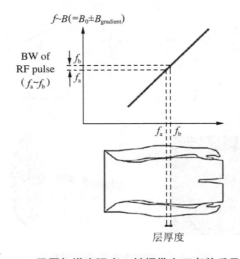

图 5-2-5　层厚与梯度强度、射频带宽三者关系示意图

图 5-2-5 直观地表示了射频带宽、梯度强度与层厚的关系。

减小层厚，就是在相同体积下想分更多的层，有两种方法可以实现：① 增加梯度强度，也就是增大梯度线性斜率，在同样带宽的前提下，可以得到更小的层厚；② 减小射频场带宽，在同样的梯度斜率的基础上减少投影面积，也就减少了变换后的层厚。

对于固定带宽的系统来说，一般通过增加梯度强度的方法减少层厚。梯度强度越大，理论上可以实现的层厚越薄。

从宏观上分析 MRI 图像的选层方法，以及层厚与梯度强度、带宽的关系。我们还需要从宏观上分析相位编码和频率编码在 SE 序列中的使用情况。

第三节　相位编码和频率编码梯度磁场

对一个三维坐标中的物体进行空间定位必须至少包含三个参量，对于 MR 成像来说，这三个参量分别为层厚（Z）、相位编码（Y）和频率编码（X）。上一节介绍了关于层厚（Z）的概念，本节介绍相位编码和频率编码相关技术，基本时序如图 5-3-1 所示。

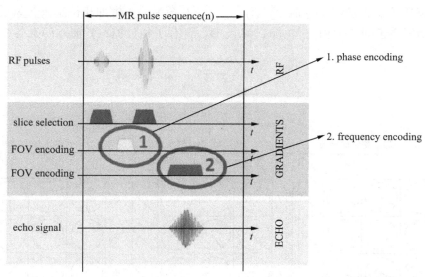

phase encoding-相位编码；frequency encoding-频率编码；MR pulse sequence-MR 脉冲序列；RF pulses-RF 脉冲；echo signal-回波信号；FOV encoding-视野编码。

图 5-3-1　施加相位编码和频率编码时序图

一、相位编码梯度场

层面选择后，首先对选定层面内组织进行相位编码，相位编码过程中氢质子状态变化情况如下。

1. 相位编码梯度施加之前质子状态

施加 90° RF 脉冲的同时，施加了空间选层梯度场。施加 90° RF 脉冲后，所选层面内的各个体素中氢质子发生了能级跃迁，也就是它们的净磁化矢量方向由 M_z 变为 M_{XY} 方向，同时它们的进动频率为 $f=f_0$（f_0 为 RF 射频激发频率）。由于激发的脉冲相同，因此所选定层面内所有氢质子有相同的相位（如图 5-3-2 中最左边图所示）。

2. 相位编码梯度施加期间

相位编码梯度施加期间，沿着相位编码方向（PE）施加一个梯度场，这个梯度场沿着 FOV 中的相位编码方向线性变化，因此，FOV 内沿着相位编码方向上每一行的氢质子有了不同的进动频率（如图 5-3-2 中间图所示）。进动频率不同就意味着氢质子转动的角速度不同，因此，当施加一定时间的相位编码梯度后，从时域上看，相位编码方向不同行上的体素内的氢质子转动的角速度有了区别。

3. 相位编码梯度施加结束后

相位编码结束后，线性梯度场消失，所有 FOV 范围内的每一层体素内氢质子又恢复同样的 $f=f_0$ 进动频率，所有氢质子都以同样的角速度转动。但是不同层面的氢质子由于施加相位编码期间运动状态的差别，所处的位置有了变化，也就是相位有了变化（如图 5-3-2 中最右边图所示）。相位的变化与施加的相位编码梯度场直接相关，实现了相位编码，完成了相位编码过程。

总的来说，可以看到在图 5-3-2 中，左图为相位编码施加之前，Y 轴方向（上下方向）各个氢质子相位一致；中间图为施加相位编码期间，Y 轴方向上各个氢质子相位不一致（因为氢质子受激发频率分别为f_1、f_2、f_3）；右图为停止施加相位编码各氢质子相位的情况，各个氢质子间产生相位差（ϕ_1、ϕ_2、ϕ_3）。有了相位差，Y轴方向上各个氢质子可以进行区分。

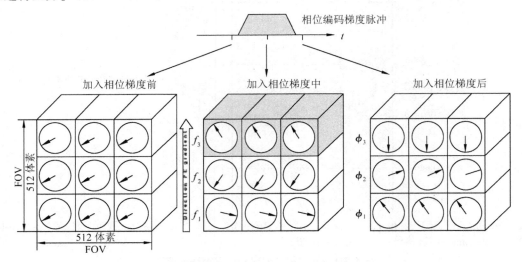

图 5-3-2　施加相位编码前、后选定层面内氢质子相位情况

二、频率编码梯度场

相位编码后进行频率编码，频率编码过程中氢质子状态变化情况如下。

1. 频率编码梯度施加前

在开始频率编码前，在 FOV 范围内选定层面上的每一个体素内的氢质子的进动频率都是$f=f_0$。由于在此之前进行了相位编码，因此相位编码方向上每一行体素都有一个与相位编码梯度强度相关的线性相位差存在（图 5-3-3 左图）。

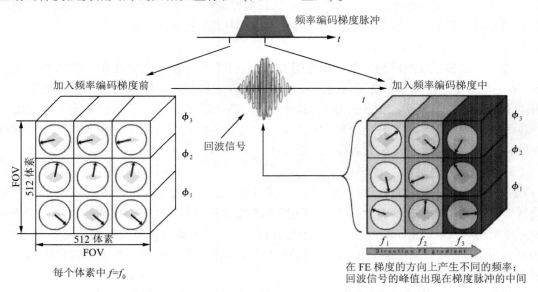

图 5-3-3　施加频率编码前、后选定层面内氢质子相位情况

2. 频率编码梯度施加期间

开始进行频率编码，也就是沿频率编码（FE）方向（左右方向）施加一个线性梯度场，线性梯度场导致 FE 方向上每一列体素内氢质子的进动频率发生改变，并且进动频率随着 FE 方向呈线性变化（图 5-3-3 右图）。与此同时产生了一个包含了相位编码信息和频率编码信息的 echo 信号，并被接收线圈接收，由此得到原始的信号数据。

在图 5-3-3 中，左图是施加频率编码前氢质子的状态（同图 5-3-2 中最右边图），右图是施加频率编码期间各个氢质子的状态。

三、扫描时间

一个脉冲周期产生一个 echo，一个 echo 不可能形成一幅图像，那么一幅图像到底需要多少个 echo，需要多少扫描时间呢？假设一个序列包含 512 个脉冲序列（pulse sequences），一个 TR 需要 1 000 ms，那么整个扫描时间就是 512×1 000＝512 000 ms＝8 min 32 s。扫描时间与序列脉冲关系如图 5-3-4 所示。

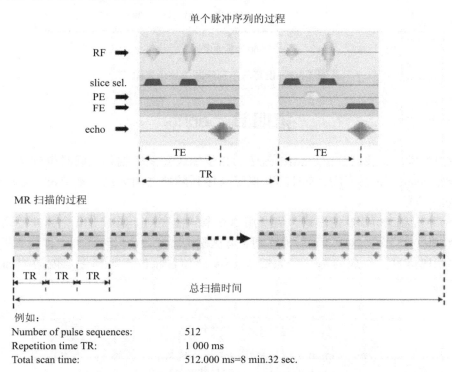

图 5-3-4　扫描时间与序列脉冲关系示意图

需要的图像尺寸要求如下。① FOV：300 mm×300 mm；② voxel height：1 mm；③ voxel width：1 mm。由于一个 echo 包含了 1 个相位信息和全部的频率信息，因此扫描次数由相位编码数量决定。对这个例子来说，一幅完整的图像至少需要 300 个 pulse sequences，如图 5-3-5 所示。

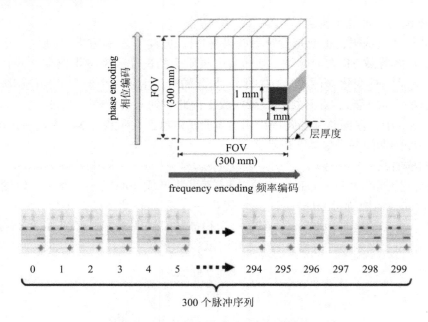

图 5-3-5 视野与序列脉冲关系示意图

第四节 echo

通过前面学习，我们分析了 MRI 图像的相位编码和频率编码，同时得到了一个完整序列的全部 echo，并分析了扫描时间及视野与序列脉冲之间关系。本节进一步分析序列生成的 echo 信号。

一个 FOV 为 300×300 的图像，需要用 300 个脉冲序列。通过 300 个脉冲序列，得到了 300 个 echo。那么，这 300 个脉冲序列是有区别的，每一个脉冲序列中都包含了相位编码和频率编码信息。生成的每一个 echo 的幅度会随着相位编码梯度强度的增加而减小（图 5-4-1）。

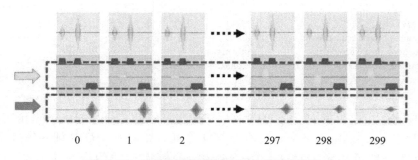

图 5-4-1 回波强度随着梯度相位编码变化关系

前面章节提到过散相，对于所选择的层面内氢质子来说，散相是由于主磁场的不均匀造成的，很显然，相位编码梯度的强度越大，所选择空间中的磁场均匀度越低，因此散相越大，最终得到的 echo 幅度就越小。

一、回波信号

回波信号是由安装在频率方向上的线圈接收的（图 5-4-2）。echo 由所选层面内每个体素的净磁化矢量产生的信号组成；每个体素的信号幅度取决于体素内部组织的氢质子密度、T_1 和 T_2 值；每个体素的信号的相位取决于体素在相位编码方向上的位置；每个体素的信号频率取决于体素在频率编码方向上的位置。

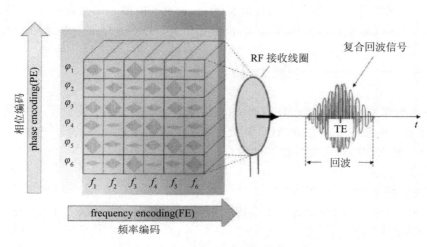

图 5-4-2 射频接收线圈安装位置示意图

RF 线圈的位置是垂直于主磁场 B_0 方向的，因此 MR 信号实际上接收到的是每个体素的净磁化矢量的横向分量 M_{XY}。对于 RF 线圈的接收，从时间上看，同一时间接收的信号是所有体素信号的集合，该复合信号就称为回波信号。回波出现的时间由操作员设定的回波时间 TE 确定。

二、echo 信号数字化

由于接收的 echo 需要进行计算机处理，因此必须将得到的 echo 转化成计算机能够识别的数字信号。在 RF 线圈的后端加入模数转换器（ADC），可以把模数转换器想象成用万用表每隔固定的时间间隔测量 echo 的幅值，最后通过测得的这些点重新连接在一起画出所生成的 echo。而测量的这些数值叫作采样点（图 5-4-3）。

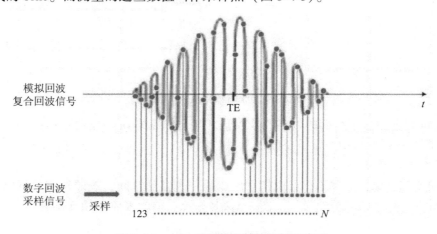

图 5-4-3 echo 信号模数转换采样示意图

一个 echo 到底需要多少个采样点（N）呢？由 FOV 在频率编码方向所包含的体素数量决定。

例如：设置 FOV = 300 mm，voxelsize = 1 mm×1 mm，则在 PE 方向上具有 300 个 voxels，每个 FE 方向上具有 300 个 voxels，因此有 300 个脉冲序列，N = 300。

当然这是理论计算，实际上对于采样的要求要遵守香农采样定理，即频率编码方向至少需要 2 倍的采样频率才能够有效拟合出实际 echo 的模拟值。但是在频率编码方向上增加采样点只与 RF 线圈接收部分以及 ADC 的性能有关，并不会增加射频脉冲的扫描时间。

第五节　K 空间

通过前面的学习，我们分析 MR 图像的相位编码和频率编码，得到了一个完整序列的全部 echo 信息，并且将 echo 通过 ADC 转换变成了计算机可以识别的数字信号。本节我们学习 echo 信号是怎样最终形成一幅图像的。

一、K 空间概述

（一）原始数据矩阵

echo 采集，一个 echo 会生成一组采样点，每一组采样点采集的是电压的幅度。如果需要的扫描矩阵是 512×512 的，根据前面所学的知识，也就是说需要进行 512 次扫描（相位编码），每一次扫描通过数据采集系统得到 512 个采样点（频率编码）。这些数据最终通过一定的规则进行存储，得到原始数据（raw data）矩阵（图 5-5-1）。

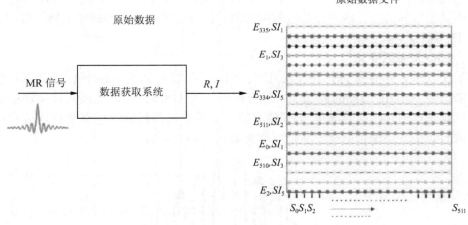

图 5-5-1　原始数据矩阵示意图

raw data 里面包含了全部的数字信号数据，但是单纯的 raw data 还无法进行下一步操作。首先了解 MRI 技术中非常重要的概念：K 空间。

（二）K 空间填充

K 空间比较抽象，简单来讲可以把它想成是一个存储空间，按照特定的规则填充 raw data 中的数据，用来进行后续计算。图 5-5-2 是一个典型的 K 空间填充示意图。

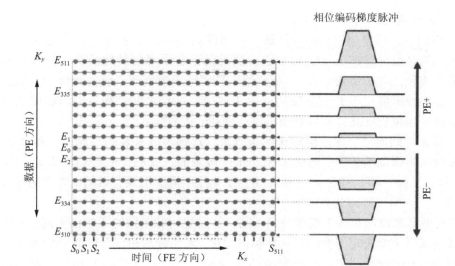

图 5-5-2 K 空间填空示意图

从图 5-5-2 中可以看出，在 Y 轴方向上，raw data 中的数据从中间一行开始，分别向上、下两边进行填充。这对应的物理含义是：相位编码梯度强度最弱的 0 相位产生的 echo

数据填充到 K 空间最中间的一行，相位编码梯度强度第二小的正、负相位产生的 echo 数据分别填充到 0 相位数据的上、下两行，随着相位编码强度增加，产生的 echo 依次沿 Y 轴方向，向上、下两边填充。

这里的填充原则就是：① 低相位梯度强度的编码数据填充在 K 空间中心；② 高相位梯度强度的编码数据填充在 K 空间的上下边缘。

如果直接观察 K 空间，得到一个类似图 5-5-3 的典型图像。这张图和 MR 图像相差甚远，还需要对图像进一步进行处理。

对于 MR 图像来说，K 空间的数据需要进行两次傅里叶变换（图 5-5-4）。

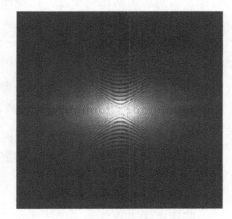

图 5-5-3 K 空间填空后效果示意图

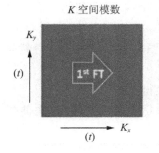
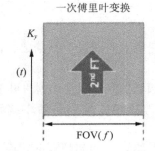
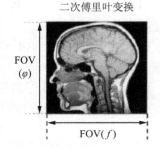

图 5-5-4 傅里叶变换过程示意图

（二）低频数据和高频数据对比

在 K 空间中，根据相位编码的特征及对图像的影响，把 K 空间数据分为低频数据和高频数据。低频数据储存于 K 空间中心，这是由于在采集信号之前，相位编码梯度场很小（或者没有使用相位编码梯度），相位编码梯度造成的氢质子群失相位程度低，得到的信号高。高频数据填充于 K 空间周边，由于在采集信号之前，相位编码梯度场增高，导致氢质子群失相位程度高，信号衰减迅速，得到的信号低。

越靠近 K 空间周边，相位编码梯度场越大，得到的磁共振信号越低。越靠近 K 空间中心，相位编码梯度场越弱，得到的磁共振信号越高。我们把刚好填充 K 空间正中心位置的 K 空间线（$K_Y=0$）称为 K_0，这时相当于相位编码梯度没有启用，得到的磁共振信号是最强的。

K 空间中低频数据和高频数据特点不同，其重建后对图像的影响也不同。K 空间中心部分的低频数据主要决定图像的对比度和信噪比。K 空间周边部分的高频数据主要决定图像的解剖细节和空间分辨率。一个完整的 K 空间，同时包含中心低频数据和周边高频数据，经过傅里叶变换，得到一幅正常的 MR 图像；只提取 K 空间中心的数据进行图像重建，得到的 MR 图像具有良好的组织对比度，但是解剖细节非常模糊，空间分辨率太低；只采用 K 空间周边的数据进行图像重建，得到的 MR 图像能够隐约观察到结构层次，解剖轮廓，但是组织对比度很差，信噪比低。

二、傅里叶变换

（一）基本概率

傅里叶变换是高等数学中的基础知识。简单地说，傅里叶变换是傅里叶级数的推广，可以将非周期函数分解成一系列正弦和余弦函数的和。傅里叶变换的公式如下：

$$F(\omega) = \int_{-\infty}^{\infty} f(t) \mathrm{e}^{-i\omega t} \mathrm{d}t$$

傅里叶变换的物理意义是，任何一个非周期函数都可以表示成许多不同频率的正弦和余弦函数的和。这些正弦和余弦函数称为基频率，基频率的频率是连续的，可以取任意实数值。

（二）图像的傅里叶变换处理

临床医学工程师和影像技师对于傅里叶变换的数据描述，只需要有以下简单的认识就可以了，以了解磁共振图像是如何产生的。

（1）MRI 图像是对 FOV 中的每一个体素进行相位编码和频率编码得到的，也就是说 MRI 数据是对频域来讲的。

（2）实际扫描时，MRI 设备是随着时间进行扫描的，因此得到的基础 echo 必然是对时域来讲的。

（3）简单的时域信号转换为频域信号可以使用傅里叶变换得到。

（4）由于时域信号中同时叠加了相位编码和频率编码，因此需要进行两次傅里叶变换。

（5）通过两次傅里叶转换，最终将 K 空间的数据转换为一幅完整的 MR 图像。

各种高级图像处理的方法一般都是从这一过程中演变出来的。将 echo 信号存储到 K 空间，通过两次傅里叶转换变成了一幅图像，至此也就成功地实现了整个 MR 图像的产生。

第六章

磁共振磁体技术

传统有液氦的超导磁体，通过把超导线圈全部浸泡在液氦中，由液氦带走超导线圈中的热量，使其稳定地处于超导状态。浸泡在极低温度液氦中的超导磁共振主线圈，要维持极低温度环境，必须配备磁体冷头工作系统、热量屏蔽与交换系统、磁体压力保持系统等装置。磁体压力保持技术就是为了实现氦气与液氦的动态平衡，磁共振成像设备中运用PID控制技术实现其精确控制。除此之外，近年来，多家公司推出了无/少液氦磁共振产品，其中包括 blue seal 技术。

第一节　磁体压力保持技术

超导磁共振中，在液氦带走超导线圈中热量的同时，通常一部分液氦会汽化成氦气，这部分氦气在冷头的制冷下，重新转化为液态。因此，在超导磁体的低温容器内液态氦与气态氦共存，且氦在两种状态间的转化是一个动态平衡过程。为了避免空气进入超导磁体的低温系统内造成磁体故障，通常这种平衡的压力要求比外界气压稍高，内外压力差会使氦气从磁体中少量溢出。磁体压力保持技术是实现氦气与液氦动态平衡的方法，热交换概念是磁体冷头工作及磁体腔体压力维持的基础。

一、热交换概念

热交换是指由于温度差而引起的两个物体或同一物体各部分之间的热量传递过程，热交换一般有三种方式：① 热传导；② 热对流；③ 热辐射。

（一）热传导

热传导是指在有温度差的情况下，借物体中分子、原子或电子的相互碰撞，使热量从物体中温度较高部位传递到温度较低部位，或传递到与之接触的温度较低的另一物体的过程。热传导需要物体分子或者原子碰撞，也就意味着两种物质有接触。对于超导 MRI 的液氦来说，液氦与储存容器金属壁之间进行热传导。

（二）热对流

热对流又称对流传热，指流体中质点发生相对位移而引起的热量传递过程，其特点是只能发生在流体（气体和液体）中，且必然同时伴有流体本身分子运动所产生的导热作用。对于超导 MRI 来说，液氦与氦气这两种流体之间存在温度差，因此底层的液氦温度很低，但上层的氦气温度较高，液氦汽化成氦气，热量传递。

（三）热辐射

热辐射指物体由于具有温度而辐射电磁波的现象。超导磁共振磁体的冷屏（金属）与内部液氦容器（金属）中间是真空层，热量的传递只能依靠热辐射。

二、磁共振磁体腔体中热交换

以 4 K 冷头超导磁共振为例，说明磁共振磁体腔体中热交换情况。图 6-1-1 所示 4 K 冷头磁体的内部结构图，图中显示磁体内部的热交换过程。

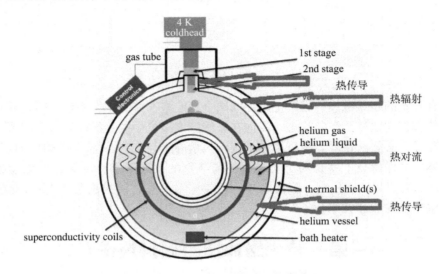

图 6-1-1　4 K 冷头磁体热交换示意图

（一）4 K 冷头磁体热交换过程

首先，室温（20 ℃，293 K）与液氦温度（−269 ℃，4 K）的温度差，液氦（helium liquid）与金属容器的温度差，它们之间有热传导过程；4 K 冷头的第 2 阶冷芯（2nd stage）直接与氦气接触，这里也存在一定的热传导过程；其次，磁体内部是气液共存状态，存在热对流过程；再次，磁体的冷屏（金属）与液氦容器（金属）间存在温度差，由于它们中间是真空层，无法直接热传导或热对流，但存在热辐射。

由于真空隔热层，外界环境与磁体内部液氦之间的热传导主要是效率很低的热辐射方式，对此，利用冷头的制冷作用把热辐射引起的液氦温度升高而抵消掉，保证液氦的消耗尽可能少，这是磁体压力保持的理论基础。对于 4 K 冷头，液氦与氦气之间先要经过热对流，然后氦气再与冷头进行热传导，因此整体液氦与外界环境之间的热交换效果比 10 K 冷头磁体相对高一些，这也是 4 K 冷头磁体液氦蒸发更快的原因。

（二）加热器（bath heater）

4 K 冷头磁体与 10 K 冷头磁体的结构进行对比，最大的区别也是最关键的地方就是 bath heater。如何保证冷头的制冷效率与液氦的蒸发速度相匹配，bath heater 发挥重要作用。bath heater 与 4 K 冷头组合使用，首先确保 4 K 冷头的制冷效率大于液氦自然蒸发速度，这是保证液氦零蒸发的前提；在此基础上通过控制 bath heater 的电流，从而控制其的发热量，进一步控制液氦的蒸发速度，保证其与冷头的制冷效率始终一致，使液氦腔体内部保持动态平衡。4 K 冷头制冷系统原理图如图 6-1-2 所示。

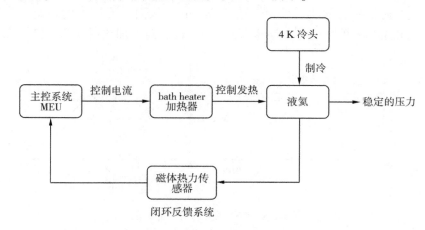

图 6-1-2 液氦腔体内部保持动态平衡系统工作原理图

（三）闭环自动控制系统

4 K 冷头磁体系统不像 10 K 冷头磁体那样需要靠泄压保持压力，磁体结构取消了 1 psi 单向阀，但是磁体内部增加了实时控制的闭环自动控制系统（图 6-1-3、图 6-1-4）。

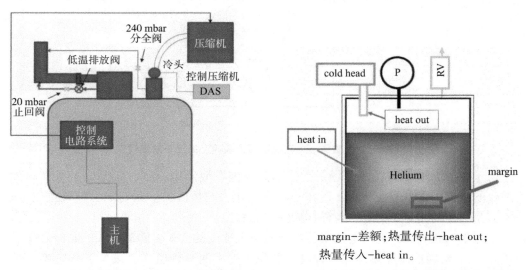

margin-差额；热量传出-heat out；
热量传入-heat in。

图 6-1-3 4 K 冷头磁体内部实时闭环自动控制系统　　**图 6-1-4 4 K 冷头磁体内部热力学动态平衡**

4 K 冷头正常工作时，要保证冷头的制冷效率，热量传出（heat out）的效率高于热辐射带来的液氦蒸发效率，即热量传入（heat in）的效率，必须使用闭环控制系统来增加一个热量变量（extra heat in），使得系统保持平衡，即 heat out＝heat in＋extra heat in。

extra heat in 又称 margin（差额），margin 是由 bath heater 产生的，与冷头的效率对应的公式就变成了：cold head capacity＝heat in＋margin。从磁体内部热力学角度分析，就简化成了三个变量的热力学动态平衡。在动态平衡原理的基础上，再叠加闭环控制系统，实现磁体腔体内压力平衡。

（四）压力的稳定

通过对变量磁体压力的实时监测，改变 margin，从而实现压力的稳定。当压力高于30 mbar时，bath heater 停止工作；当压力低于30 mbar 时，加热器开始工作（图6-1-5）。

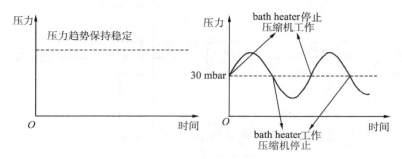

图 6-1-5　磁体压力的实时监测图

如果磁体压力控制系统对腔体内压力控制不理想，或者说对 bath heater 施加电流而产生的 margin 控制得不精确，从自动控制角度来说叫作稳态误差较大。磁体压力在稳态压力的上下波动情况如图6-1-6所示。

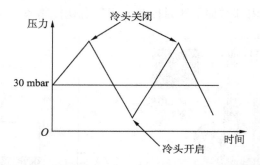

图 6-1-6　磁体压力在稳态压力基础上的上下波动情况

由于超导 MRI 磁体的主磁场线圈一部分浸泡在液氦中，另一部分处于氦气中，当氦气部分的压力产生剧烈变化时，磁体是存在一定失超风险的。只有能够精确控制 margin，才能够精确控制磁体压力，保持磁体内部状态稳定。

用控制 bath heater 上的电流来控制液氦蒸发速度的方式去匹配冷头的制冷效率，有以下优点：① 精确控制加热器加热程度，避免了冷头的频繁启停，减少了高速离心式压缩机能耗，提高了设备运行寿命；② 通过对施加电流的实时监测，实现对冷头的全周期运行状态和制冷效率变化曲线的监测。

4 K 冷头磁体内部就是一个标准的压力闭环控制系统，通过这种先进的闭环控制系统，可以保证磁体压力的稳态误差在非常小的范围内波动。这提高了磁体的稳定性，也提高了冷头系统的运行寿命并减少了能耗。

三、PID 控制磁体制冷技术

在 PID 中，K_p-比例控制器是一个简单的线性控制器，在 4 K 冷头磁体压力控制中，如果磁体压力低于30 mbar 阈值，当前的压力值与阈值的差就是误差。加热器会有以下几种状态：① 当误差较小时，加热器"轻轻地"加热一下；② 当误差比较大时，加热器

"稍微用力"加热一下；③ 当误差非常大时，磁体压力已经下降很多时，加热器"开足马力"加热。

K_p-比例控制器可以实现简单的控制，但要实现系统的稳定是很难的。一般来说，PID控制器无论怎样组合，K_p-比例控制器都是必须作为基础存在的部分。

PID 中，K_i-积分控制器可实现比较精确的控制。以 4 K 冷头磁体压力控制为例，依然设定磁体压力 30 mbar 阈值，目前磁体压力处于 10 mbar，在比例控制器的作用下磁体压力慢慢升高，到 25 mbar 左右。由于冷头的工作效率非常高，而比例控制器是用误差为变量来控制的，此时比例控制器的加热器加热效率等于冷头制冷效率，磁体压力稳定在 25 mbar，但是始终达不到理想的 30 mbar，这时积分控制器就起作用了。由于始终存在一个误差项，随着时间的增加，误差的积分（累加）值不断增大，此时用累加值作为控制变量的积分，开始控制加热器工作，最终达到 30 mbar。可以看到积分控制器的作用是让被控物理量尽可能接近目标值。

在 PID 中，K_d-微分控制器的控制参数是误差的微分值，物理术语是误差变化的"速度"。无论比例控制器还是积分控制器，它们都近似于开关控制器，整个控制系统因为外界的扰动等因素，会导致控制参数在设定值附近反复变化，微分控制器的作用就是让这种反复变化的物理量的变化速度趋于 0。无论何时物理量有了"速度"，微分控制器就会向相反的方向用力，尽可能刹住这个"变化"。从这个角度来讲，微分控制器像弹簧的阻尼。PID 控制器的作用是同时保证系统的误差、稳态，且变化速度最小。

四、4 K 冷头磁体压力安全机制

超导 MRI 系统与永磁 MRI 最大的区别就是如何利用液氦的低温实现主磁场线圈的超导状态。氦在自然界中是伴随天然气一起被开采出来的，目前在地球上属于不可再生资源。之所以加上了"地球上"这个定语，主要原因是月球上遍布氦-3，但短时间内无法在月球上进行工业开采，故加上"目前"这个定语。

液氦价格始终处于上涨趋势。首先，从液氦本身来讲，开采出来的氦气需要经过提纯才能够提供给超导 MRI 磁体使用，磁共振设备使用的氦气纯度是 99.999 99%。正是因为如此，并不是所有天然气矿区都可以产出医用高纯度氦气，目前世界上能够开采高纯度氦气的地区屈指可数，如卡塔尔、美国、俄罗斯等。而常温氦气需要经过一系列复杂的降温工艺最终被液化，目前国内常见的两家液氦供应商来自美国和卡塔尔，市场基本处于垄断状态。其次，从使用来讲，目前使用液氦的地方大多是高精尖技术的领域，比如航空航天，大型对撞机加速器等，而使用最多的地方就是医用超导 MRI。液氦是昂贵的不可再生资源，超导磁共振控制液氦的消耗是长期发展的方向。

磁体压力安全保护机制就是超导 MRI 磁体长时间不开冷头时，对磁体进行的保护措施。如果不考虑磁体内部的线圈等因素，单纯把它考虑成一个液氦容器，那么传统的超导磁体实际上就是一个带冷头的杜瓦罐。

由于液氦汽化成氦气后，体积膨胀约 739 倍，而磁体腔体是一个体积固定的密闭空间。随着磁体与外界的热交换，腔体内部温度升高、液氦汽化、压力升高，封闭空间内压力迅速膨胀的结果就是爆炸。因此，4 K 冷头磁体上设置有完善的多级泄压安全装置。4 K 冷头磁体维修塔上多个单向阀系统是多级泄压安全装置（图 6-1-7）。

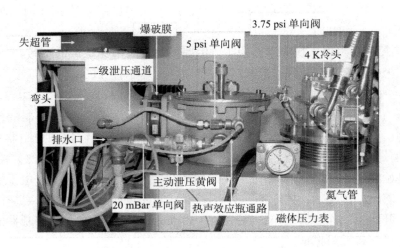

图 6-1-7　磁体维修塔上泄压安全装置

在 4 K 冷头长时间停止工作后，磁体腔体内压力急骤升高，多级泄压安全装置开始起作用，几个关键部件工作情况如下。① 失超管及弯头，失超管是磁体腔体与外界的唯一通路。无论发生失超还是主动泄压，磁体内部的氦气只会通过弯头流向失超管最终排出室外。② 磁体压力表，磁体压力表显示目前的磁体内部压力。当冷头停止工作后，需要长时间持续关注压力表的变化。③ 3.75 psi 单向阀，磁体第一级泄压单向阀，位于冷头旁边。当磁体压力超过 3.75 psi 时，单向阀打开，磁体内部的氦气从此阀流向弯头，最终通过失超管排出室外。④ 5 psi 单向阀，磁体第二级泄压单向阀。3.75 psi 单向阀启动后还不足以稳定压力，导致压力进一步上升到 5 psi 时，5 psi 单向阀打开，磁体内部的氦气同时通过 3.75 psi 和 5 psi 两个单向阀流向弯头排出室外。⑤ 爆破膜，磁体腔体氦气终极泄压通道。在 3.75 psi 单向阀和 5 psi 单向阀同时开启后，依然无法控制磁体压力的情况下，磁体压力进一步上升到 10 psi，爆破膜破裂，磁体内部氦气从此处直接排出。需要注意的是之所以叫作"爆破膜"，是因为当超导磁体发生失超的时候，磁体腔内压力瞬间升高，氦气直接冲破爆破膜排出室外。爆破膜正常情况下是完好的，只有发生失超或压力极度升高的情况下才会破裂。

通过分析可以看到，磁体上设置了三级泄压装置用来在特殊情况下保护磁体的安全，前两级泄压利用物理单向阀结构，属于可重复使用部件，而最后一级爆破膜是一次性消耗部件，一旦破裂就需要及时进行更换。磁体的第一级安全单向阀设计在 3.75 psi，换算后大约等于 259 mbar。4 K 冷头磁体稳定磁体压力是 30 mbar，因此当冷头停止工作后，首先磁体压力会缓慢上升，当压力超过 259 mbar 后，磁体内部的氦气开始从失超管排出，液氦开始损耗。

换句话说，当磁体压力没有超过 259 mbar 之前，冷头已经被打开（开始工作），磁体压力开始下降，这个过程是不会消耗液氦的。这就说明短时间冷头停止工作，只要及时将冷头打开（冷头开始工作），是不会影响液氦液位的，这个持续时间与磁体型号有关，不同磁体能够支撑的时间不一样，如果确实有临时停冷头的需求，还要询问厂家责任工程师。

五、液氦加注技术

传统超导磁体有时要加注液氦，加注液氦其实是用一根管子把液氦直接注入磁体腔内部的过程，有顶部灌注和底部灌注两种加注方式。

（一）顶部灌注

顶部灌注加液氦的入口在磁体顶部，从杜瓦罐顶部加注液氦，液氦从磁体顶端向下洒落。

顶部灌注的效果就好像冷头将氦气冷却成液氦一样，从磁体顶端向下洒落，在洒落的过程中伴随着热交换，部分液氦蒸发成氦气，但大部分液氦会被灌注到底端（图6-1-8）。因此加液氦的时候必须打开泄压黄阀，同时会发现有大量的氦气排出。另外还注意到有加注效率这个指标，这是因为一部分液氦蒸发损失掉的缘故。

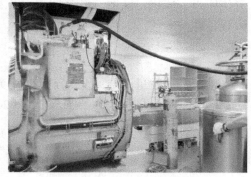

图 6-1-8 顶部灌注液氦过程

（二）底部灌注

底部灌注是加注液氦的入口直接通过连接管路将杜瓦罐中的液氦一次性从磁体底部的入口灌入。常规加注一般都是顶部灌注，特殊时候需要底部灌注，如果常规情况用底部灌注反而有失超风险。

底部灌注一般在磁体发热的特殊情况下才会使用，当磁体已经发热，内部已经基本没有液氦，此时腔体内部都是高温的氦气，当使用顶部灌注的时候，从顶部滴落的这些液氦在下落的过程中与氦气进行热交换，大部分液氦还没有到底部就已经被蒸发了，最后的结果就是根本加不进液氦，加多少液氦都全部变成氦气损失掉。此时就需要避开与氦气的热交换，直接将液氦加到底部，把高温氦气从上部顶出腔体。之所以在常规情况下不能直接进行底部灌注，是因为很难保证液氦杜瓦罐刚刚喷出来的那些液氦没有夹杂高温氦气，一旦有高温的氦气直接从磁体底部注入，那么氦气会从下向上运动，直接与超导线圈接触，一旦这些气体温度较高，那么这个过程就好像打开了加热器给超导线圈加热一样，可能会有失超风险。从这个角度来讲，加液氦操作需要较强的专业技术，一定要专业的工程师来操作。

第二节 blue seal 磁体技术

传统超导磁共振磁体腔体体积为 2 000 L，液氦水平（液氦量）为 60%～70%，部分磁体线圈浸泡在液氦中。2018 年研发出液氦量只有几升至几十升的磁共振设备（如 PHILIPS Ingenia Ambition 7 L、GE Freelium 20 L 等），这是超导 MRI 领域里程碑式的突破。Ingenia Ambition 采用 blue seal 磁体技术。

一、气体分子特性

任何容器内气体分子都具有以下四个物理特性。① 体积（V），表示能够容纳气体的空间大小；② 压强（p），气体分子在容积表面平均产生的压力；③ 温度（T），气体分子运动的速度；④ 分子数（N），有多少气体分子。

以下以 2 L 容积，标准温度（20 ℃），标准大气压（760 Torr，1 Torr = 133 Pa）为基础条件进行分析（图 6-2-1）。

气体分子特性决定其总是趋向于相互扩散，在给定的条件下，一个密闭的空间内均匀地对气体分子施加压力。假设给定空间中气体分子数量（即空气质量一定），根据热力学定理，气体压强、体积、温度三者之间遵循克拉伯龙方程，也叫状态方程，即

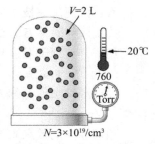

图 6-2-1　标准条件示意图

$$pV = \frac{m}{M}RT$$

由于气体质量已定，上式可以简化为：$pV = kT$，也可以得到不同状态下气体的特性：
① 相同温度下，体积大，压强小（图 6-2-2）。② 相同体积下，温度高，压强大（图 6-2-3）。

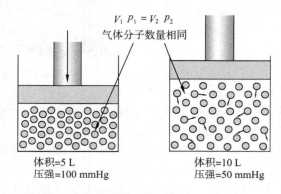

图 6-2-2　体积与压强关系示意图（相同温度下）

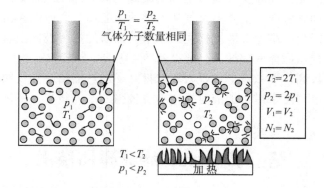

图 6-2-3　温度与压强关系示意图（相同体积下）

二、blue seal 磁体技术

在 blue seal 磁体技术中，磁体内部的液氦腔体内是真空状态。为了更好地进行制冷，需要将低温氦气分子尽可能地束缚在腔体表面，那就需要首先确保腔体内温度的相对稳定。所谓 blue seal 技术，是指在真空状态下低温氦气处于微循环的特殊状态，通过磁体腔内部的氦气微循环，实现液氦腔体内部的状态稳定，以及超导线圈的温度均匀的技术。

传统超导磁体腔体类似杜瓦罐，2 000 L 容积里装了一定量的液氦，液氦的蒸发导致腔体下面是液氦、上面是低温氦气，在冷头的作用下形成气、液共存（气液交融）的状

态（图6-2-4）。由于氦气的存在，磁体腔体都是正压，也就是说磁体内部压强大于标准大气压，传统磁体设计分为高压磁体（GE）和低压磁体（PHILIPS和SIEMENS）。

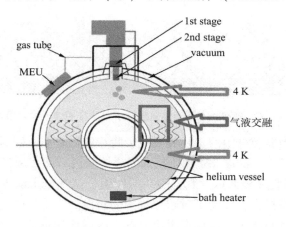

图6-2-4 传统超导磁体腔体结构示意图

在blue seal磁体技术中，液氦腔体不再是整体杜瓦罐的结构，而是变成了4个小腔体，小腔体间用小管子互相连接（如图6-2-5中显示了其中一个小腔体，位于12点钟位置处，还有三个分别在3、6、9点钟位置），同时最核心的点在于液氦腔体处于真空状态。

对于液氦腔体来说，腔体表面直接连接着冷头的第2阶冷芯（传统超导磁体腔体4 K冷头的第2阶冷头悬在腔体空间，与氦气接触），液氦腔体内的氦气接近腔体表面的地方温度降低。温度低处的气体分子处于不活跃的状态，相互之间的运动减弱，压力降低，最终达到的状态是气体分子都被吸附在腔体表面，并且气体分子相对静止（图6-2-6）。

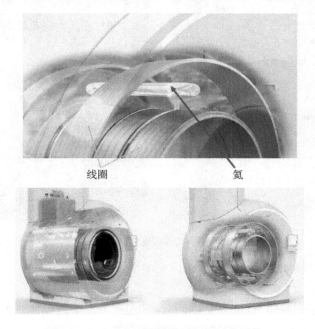

图6-2-5 blue seal磁体液氦真空腔体示意图

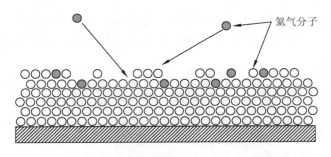

图 6-2-6　真空状态下低温氦气分子吸附在腔体表面示意图

在真空状态下，液氦腔体中的氦气分子被吸附在腔体表面，同时由于低压的作用，其本身分子处于不活跃状态。blue seal 磁体技术的磁体腔内有 7 L 液氦，但液氦腔体容积远远大于 7 L。由于低温腔体表面以及真空的共同作用，氦气分子都吸附在腔体表面，导致整体低温的腔体表面积扩大，实现了对超导线圈的制冷。

为了实现腔体的真空状态，磁体在生产过程中会增加抽真空工艺，由专用真空泵对磁体进行抽真空处理（图 6-2-7）。

blue seal 磁体技术并不是简单地在传统磁体技术基础上仅仅减少液氦使用量就能够实现，其背后的物理基础已经完全不同，真空状态下的氦气状态需要从分子角度去分析，才能理解其低温系统保持的背后逻辑。仅仅将液氦腔体抽真空依然无法达到超导磁体制冷的要求，4 个小腔体及管路之间还需要达到低温氦气微循环状态才能够保持超导状态。

图 6-2-7　真空泵

三、氦气微循环技术

1. 腔体分析

为了更清楚地了解腔体内部的温度分布，首先需要搞清楚腔体内部氦气和液氦的状态以及二者之间的热量交换。由于腔体内部有热量交换，必然存在液氦蒸发为氦气的过程，同时由于冷头又有氦气降温变为液态的过程。因此腔体内分为三个区域：① 下部是低温液氦，温度为 4 K，氦的状态是最低温的液态；② 中部是氦气，温度大致从下往上依次升高。此处的氦的状态是较高温度的气态；③ 最上部与冷头第 2 阶冷芯接触的位置是低温液氦，温度降低到 4 K。

此处由于有高温氦气上升，又有冷头制冷的低温液氦下落，因此此处是气液共融的状态。传统磁体内部是一个不断进行热交换的过程，看似稳定的磁体内部，其实时时刻刻都在进行着复杂的气液多向流动的流体运动，以及相互之间的热交换。因为有了这些热交换，才能保证腔体内部的所有区域的温度足以满足铌钛合金线圈的超导低温状态。

2. 腔体表面的分子吸附

blue seal 磁体技术，通过将液氦腔体抽真空，氦气分子会被吸附在腔体表面，实际上这个"真空"是有条件的，图 6-2-8 显示不同压强下氦气的不同状态。

理想的状态是气体分子都吸附于腔体表面（图 6-2-6），但又不能压强过低导致分子产生渗透效应。从图 6-2-8 可以看出，压强在 $10^{-7} \sim 10^{-3}$ mbar，分子能够吸附在腔体表面。腔体内部的液氦，其实为真空状态下的氦气，这些氦气分子均匀地分布在腔体管路的表面，这种情况下需要解决一个很基础的问题，就是热交换。

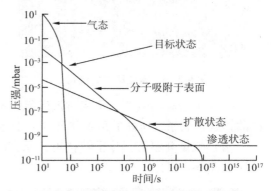

图 6-2-8 不同压强下氦气的不同状态

3. 热交换

常规状态下磁体内部与磁体外部的热量交换，在不加控制的情况下，磁体内部温度会均匀上升，而唯一能够将温度下降的方式就是冷头制冷。但是冷头位于磁体的固定位置，所以制冷是需要传递的。传统磁体内部的气、液热交换可以进行较为充分的热交换，但在腔体这个特殊的环境下，气、液之间简单的热交换显然不现实。

为了保证腔体内部的氦气温度均匀且足够，保证超导线圈的超导状态，必须要在大部分氦气分子束缚在表面的基础上，保证氦气分子有充分的流动，进行热交换。这就需要在真空状态下氦气分子在腔体内部进行微循环运动。

4. 微循环过程

微循环利用的是气体的特性——高温气体比低温气体更轻，在重力的作用下，高温气体会自然向上运动，而低温气体会向下运动。有了这个前提，在磁体下方（冷头以下位置）腔体中的氦气会因为自然的热交换等情况，温度升高后向上自然进行微运动，这些热氦气进入冷头冷芯区域后，开始进行热交换降温，热氦气变成冷氦气向下运动，回到磁体下方，随着冷头的工作，氦气冷热变换形成一个不断进行的循环。又因为自然热交换的程度较低，并且大部分氦气分子被束缚在各自所处的腔体表面，因此整个过程运行得比较缓慢，称为微循环过程（图 6-2-9）。

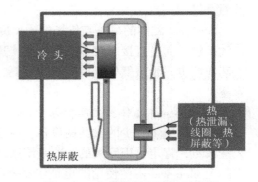

图 6-2-9 氦气微循环过程示意图

详细的微循环过程包括以下几个阶段。

（1）首先腔体内的氦气分子在腔体壁上分布，此时氦气分子处于低温状态（图 6-2-10）。

（2）由于热辐射等因素，腔体壁开始发热，对靠近腔体的氦气分子加热（图 6-2-11）。

图 6-2-10　微循环示意过程 1

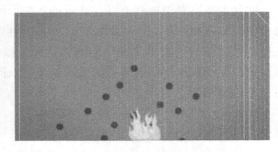

图 6-2-11　微循环示意过程 2

（3）由于高温氦气分子相对低温氦气分子运动更强，因此这部分高温氦气分子开始扩散，从它们原本所处的位置移开（向上运动）（图 6-2-12）。

（4）大量高温氦气分子转移走，原有的位置重新被低温氦气分子填充，进入下一个循环（图 6-2-13）。

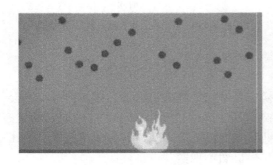

图 6-2-12　微循环示意过程 3

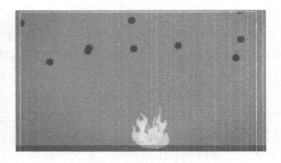

图 6-2-13　微循环示意过程 4

通过循环往复的氦气微循环过程，低温氦气得以均匀地分布在腔体各个位置，保证磁体液氦腔体内部热力学均匀。在整个微循环过程中我们会发现，冷头不会直接将氦气制冷成液氦。而制冷的作用一方面是保证整个磁体内部整体的热量传入功率小于或等于制冷功率，避免出现磁体过热，另一方面是保证腔体内部的氦气继续微循环，使高温氦气降温为低温氦气。

blue seal 磁体的冷头与传统的 4 K 冷头有一个区别，就是冷头的第 2 阶冷芯不直接与氦气接触，而是直接对腔体继续降温，这样的结果使冷头无法将氦气制冷降温变成液氦。当然我们也不希望氦气直接降温成液氦，因为那样会直接影响到微循环液氦腔体中的氦气容量。

5. blue seal 磁体技术的优点

对于液氦量极少的磁共振设备，在没有了解其原理之前存有一些疑惑。磁体内部没有大量液氦，肯定要用巨大的制冷系统来维持低温，不仅耗电量大，而且后期维护成本高。实际上 blue seal 磁体使用的也是住友公司生产的冷头，其功率是 1.5 W，而氦气压缩机也是与传统 Ingenia 1.5 T 相同的 F-40 压缩机，不存在耗电量大的问题。超导 MRI 冷头、氦气压缩机、初级水冷共同构成了 MRI 的制冷系统，初级水冷机的功率取决于梯度放大器、射频放大器和氦压机的制冷需求。而 blue seal 磁体氦压机也是 F-40 压缩机，那么初级水冷机的功率也就和普通的 Ingenia 1.5 T 设备一致，不存在成本高、维护费用大的问题。

　　blue seal 磁体技术还具有"零失超风险"的特点，这里讲的"零失超风险"与传统的失超是不同的概念。我们讲的"失超"分为"失超现象"以及"失超危害"两部分。失超本身的含义是超导线圈失去超导状态，线圈中的电流消耗降为 0，超导磁场消失，这种现象是失超现象。传统磁体失超带来的问题是线圈中的电流经过电阻后发热，因此失超是电流的功率转化为热功率的现象，这些热量需要以液氦汽化的方式来吸收。液氦汽化成氦气，体积膨胀约 763 倍，这些氦气必须通过失超管排出，否则磁体就是一个"炸弹"。因此，失超造成的危害是氦气泄漏、磁体内部结冰、液氦消耗。对于 blue seal 磁体来说，内部只有 7 L 液氦，因此汽化之后体积膨胀也不会存在爆炸的情况，同时磁体内外没有通道，因此也就不存在液氦消耗和磁体内部除冰的问题，所以 blue seal 磁体可以发生磁场退磁的现象，但又没有传统失超的危害，因此叫"零失超风险"。

第七章

射频发射技术

MRI 设备的射频系统包括发射 RF 磁场部分和接收 RF 信号部分两部分。射频系统不仅要根据不同的扫描序列编排组合并发射各种翻转角度的射频脉冲（即射频场），还要接收成像区域内的奇数核子的 MR 信号。MR 信号微弱，只有微伏的数量级，因而射频接收系统对灵敏度、放大倍数以及抗干扰能力要求都非常高。RF 线圈发射的 RF 磁场，激发样品的磁化强度共振出 MR 信号，经接收线圈接收将 MR 信号变为电信号。此电信号再经放大、混频、模数转换等一系列处理，最后得到数字化原始数据，送给计算机进行图像重建。

射频磁场是在射频线圈上施加脉冲电流产生的磁场。由一路射频脉冲（一个射频发射源）产生射频磁场的技术称为单射频技术，由两个射频发射源和两套射频放大器产生射频磁场的技术称为双射频技术。

第一节　射频发射技术概述

射频进入人体后，由于人体阻抗的不匹配会形成一定的反射波，反射波以相同的频率反向传输。当波长与人体宽度接近时，在人体宽度范围内不同反射波呈现波腹与波节始终在同一位置（图 7-1-1）。

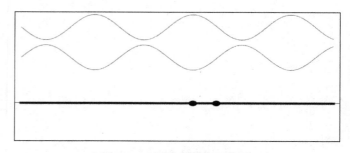

图 7-1-1　波节与波腹示意图

假设一路射频入射到人体中产生相应的驻波 1，驻波 1 的波节与波腹位置是固定的。再使用另一路射频入射到人体产生相应的驻波 2，通过控制调整驻波 2 波节与波腹的位置，让驻波 2 的波节正好发生在驻波 1 的波腹处，驻波 2 的波腹正好发生在驻波 1 的波节处（图 7-1-2），这样人体内射频能量会重新均匀，实现消除驻波，有效地减少介电伪影，提高射频饱和激发时间。由于人体的截面、射频的波长、射频的速度无法改变，单一射频场无法解决介电伪影问题，双射频发射技术应运而生。3.0 T 磁共振设备中应用双射频技术。

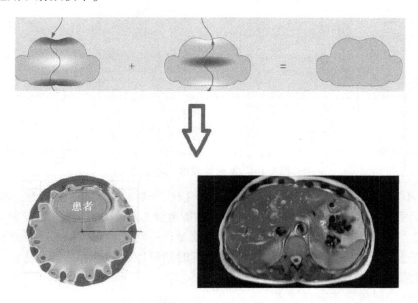

图 7-1-2 双射频发射技术应用示意图

一、单射频技术

单射频系统由信号发生电路板（TXR）产生一个固定射频脉冲，通过射频放大器放大后，再经过 3 dB 定向耦合器（位于 HYBRID BOX）分成 0°、90°两路固定相位差的能量，传输到 QBC 内进行正交发射，其基本发射链路如图 7-1-3 所示。

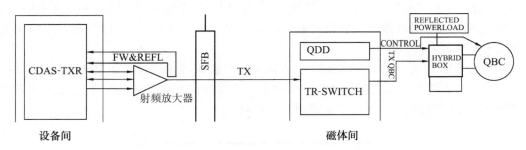

图 7-1-3 单射频系统基本电路

从图 7-1-3 可以看到，经过定向耦合器产生的两路射频脉冲都来源于 TXR 产生的 0 dBm 原始激发脉冲，因此这两路射频能量一定是同时产生、同时消失的。射频放大器的作用是将 0 dBm 的原始激发脉冲放大至 72.6 dB，但无法改变原始激发脉冲的波形和持续时间。为了保证载波的顺利进行，单个脉冲的波长不可能无限制增大。所谓射频饱和激发就是持续向被扫描物体发射激发脉冲，而传统的单射频系统一次射频饱和激发持续时间 1 s 左右。

二、双射频发射技术

双射频技术是指有两个射频发射源和两套射频放大器进行独立控制，这两路射频激发脉冲是可以独立工作的（图 7-1-4），双射频技术增加射频饱和激发的时间。

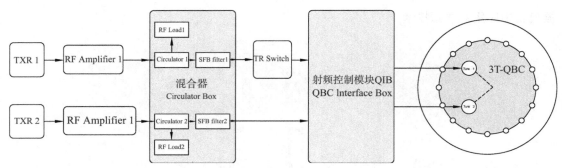

RF Amplifier-射频放大器；Circulator Box-混合器；Filter-滤波器；Switch-通路选择；QBC-体线圈。

图 7-1-4　双射频发射技术电路

从图 7-1-4 可以看到，分别有两个 TXR 板对应两个射频放大器，随后独立输入到 QBC 进行发射。两路射频同时发射相位差 90°的射频能量到 QBC 中进行正交化发射。单纯只考虑饱和激发，两路射频可以做互补性发射，也就是说一路发射完毕另一路补充，持续不间断进行。经过双射频共同作用下的射频饱和激发时间可以达到 5 s 以上，延长了饱和激发预处理的时间。

三、磁共振酰胺质子转移技术

酰胺质子转移（amide proton transfer，APT）技术是一种磁共振分子成像技术，用来测量组织中内源性蛋白质及组织 pH 改变。双射频发射技术应用在酰胺质子转移成像领域（图 7-1-5）。

APT 技术的基础是当肿瘤组织代谢水平增高时将合成更多的蛋白质产物。MRI 设备使用射频脉冲在特定频率 8.25 ppm 处进行饱和激发，蛋白分子酰胺基中的氢质子和相距 3.5 ppm 处的水分子发生交换，这一特征可以反映存在于多肽和蛋白质中的氨基成分。实现 APT 技术的前提条件是有足够长的射频饱和时间，只有达到 2 s 才能得到较好信噪比，获得较为准确可靠的信号。

传统的 MRI 设备不具备临床 APT 技术能力，双射频技术通过两路射频交替发射的办法，在射频放大器持续发射射频能量的情况下，持续进行饱和激发。在进行 APT 成像时，持续饱和激发时间达到 5 s，可以实现更高的信噪比。

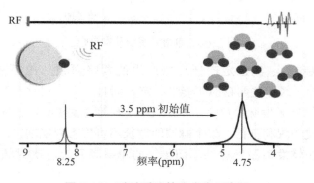

图 7-1-5　酰胺质子转移成像示意图

MRI 各种高级序列都需要硬件技术支撑，一个简单的功能都需要技术上的很大突破才能实现，理论研究和工程实现中间有着巨大的鸿沟，MRI 科研必须采用医工结合的方

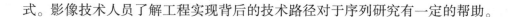

式。影像技术人员了解工程实现背后的技术路径对于序列研究有一定的帮助。

第二节　射频通路

MRI 系统设备分别放置在三个房间中：磁体间、设备间、操作间，跟 RF 通路相关的部分主要在磁体间和设备间。射频信号在射频发射通路中不同区域 RF 信号强度是不同的，从图 7-1-3 可以看出，RF 信号在左侧设备间区域部分为低强度信号区域，射频信号产生，根据需要产生对应调制方式的射频脉冲，此信号强度较低，无法直接用于射频激发；右侧磁体间区域部分为高强度信号，射频信号通过射频放大器生成要求的高强度信号，顺着射频发射通路传递到 QBC 中发射，用于射频激发；右上部矩形区域部分为射频反射信号，这里的反射指的是 QBC 中无法全部发射的信号会通过反射回路，最终流向消耗电阻中变成热量消耗掉。射频（RF）通路为：经过设备间 TXR 模块、射频放大器模块的共同作用，产生的射频脉冲信号通过射频电缆经过 SFB 传到磁体间，最终流向是射频发射线圈。

一、射频发射通路中电路板（元器件）

1. 信号发生电路板

从图 7-1-3 中可以看出，TXR 产生基准信号，并进行载波，产生 MRI 射频激发所需要的制式波形，称为驱动标度（DRIVE SCALE）。产生的射频激发脉冲能量（制式波）较低。

2. 射频放大器

TXR 产生的制式波通过射频放大器（RF-AMP）进行放大。同时放大器实时监控回路的有效功率（FW）和反射损耗（REFL），监控整个射频通路的工作状况。

3. 滤波器

射频信号的产生和放大在设备间完成，需要通过射频线将信号最终传递到磁体间，因此需要在两个房间电缆孔处加入带通滤波器。该滤波器会滤掉高频及低频信号。

4. 信号选择器

信号选择器（TR-SWITCH）的作用就是选择将射频能量是直接传输到 QBC 进行发射，还是传输到 TR 线圈中进行发射。同一时刻只能有一个线圈进行射频激发。

5. 混合体盒

混合体盒（HYBRIDBOX）有两个作用：① 混频器，将一路射频分解成幅度相等、频率相同、相位差 90° 的两路射频能量信号进入正交体线圈；② 输入、输出选择器，QBC 既可以作为发射线圈，又可以作为接收线圈使用，HYBRIDBOX 的另一个功能是发射通路还是接收通路走向的选择。

6. 正交体线圈

两路相位差 90° 的射频能量信号传输到正交体线圈（QBC），最终发射到被扫描物体，产生射频激发。

7. 反射负载电阻

反射负载电阻（REFLECTION LOAD）将 QBC 无法匹配的射频能量反射传输到 LOAD 中，LOAD 就是一个电阻，将射频能量转换为热量消耗掉。

8. 体线圈控制器

QBC 中有 16 个杆，每个杆都可以解调，体线圈控制器（QDD）就是这 16 个杆的控制器，同时 QDD 还控制 HYBRID BOX 的发射模式和接收模式。

在 QBC 中还有两个 PU 线圈用来实时检测射频能量（图 7-2-1）。两个 PU 线圈分别检测两路相位差 90° 的射频能量。PU 线圈检测到的射频能量通过 HYBRIDBOX 传输到 MRX板。在 MRX 板内有一个逻辑电路的比较器，首先设定一个阈值（SETPOINT），当 PU 线圈接收到的能量高于 PU SWITCH-OFF 阈值时，比较器产生一个 PU-FAULT 信号，告诉射频通路射频能量过高，从而停止所有射频能量的发射。PU 回路实际上是为了保证被扫描物体接收到的射频能量不会过高而专门设置的检测回路。

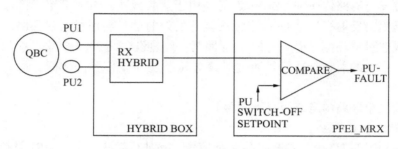

图 7-2-1 QBC 中 PU 线圈工作原理

二、TXR 模块

射频 TXR 模块是射频发射通路的起点，TXR 内部结构如图 7-2-2 所示。从图中可以看出 TXR 模块由三部分组成：① 信号发生器模块；② 射频接收模块；③ 控制模块。

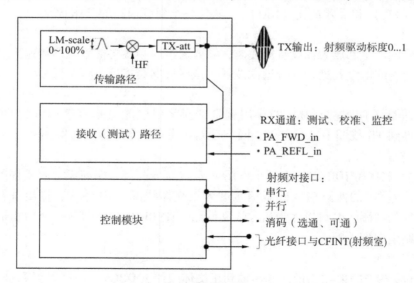

图 7-2-2 信号发生电路板内部结构

（一）信号发生器模块

通过载波方法产生的低功率射频激发脉冲波形，常规从 TXR 模块产生的信号大约是 0 dBm，这样功率的射频脉冲无法直接作为 MRI 激发脉冲使用，需要进行射频放大。TXR

内的信号发生模块基本构架和市面上常见的信号发生器基本一样，因此在这里不做详细介绍。

（二）射频接收模块

这里的"接收"与 MRI 信号接收回路里面的接收含义不同，它并不接收 MRI 回波信号，而是接收检测发射射频的各项参数，包括从 TXR 模块发出的原始 TX 信号、由射频放大器采集的射频发射回路的 FWD 信号以及 REFL 信号。

（1）射频接收模块的第一个作用就是校准射频发射模块的衰减器（TX attenuation calibration，TX ATT）。为什么在产生激发脉冲信号后又要通过一个衰减器呢？还是回到衰减器校准回路（图 7-2-3）

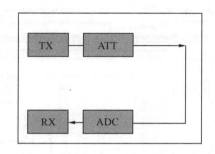

图 7-2-3　射频接收模块中衰减器校准回路

衰减器校准回路中，接收脉冲信号使用模数转换器（ADC）进行采样，ADC 器件一个最大的特点是在测量范围内采样出来的信号是非线性的。为了准确地使用 ADC 器件，需要通过衰减器的作用，将 TX 发射脉冲处理到 ADC 的线性范围内（图 7-2-4）。TXR 模块内信号接收通过衰减器，使信号的接收强度保持线性，尽可能减少接收模块的非线性影响。

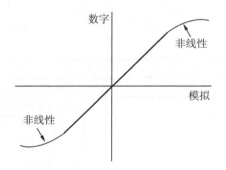

图 7-2-4　ADC 线性区域（粗线所示）

（2）接收回路的第二个作用是检测整个射频发射后端的匹配情况。衡量射频回路的匹配情况需要得到有效功率（PF）和反射损耗（PR），由于射频的反射损耗最终会顺着原路返回，因此反射损耗最终通过射频放大器接收，而射频放大器得到的采样有效功率和采样反射损耗，通过同轴电缆传输到 TXR 的接收模块。信号在 TXR 模块进行后续处理。

TXR 模块是整个 RF 射频发射通路的起点，TXR 模块发射射频脉冲的质量直接决定了射频通路射频能量的质量，因此 TXR 模块里控制检测回路作用十分重要。从发射链路的后端看，射频持续激发时间取决于前端 TXR 板产生的激发脉冲的单次持续时间。TXR 板结构如图 7-2-5、图 7-2-6 所示。

图 7-2-5、图 7-2-6 中，TXR 内部首先由 12 位数模转换器（DAC）产生所需要的基准脉冲波形，此波形通过载波过程生成原始激发脉冲的初始状态，然后经过衰减器将脉冲中的非线性部分去掉，保留优质的部分（线性部分），随后输出一个驱动标度可控的原始激发脉冲。

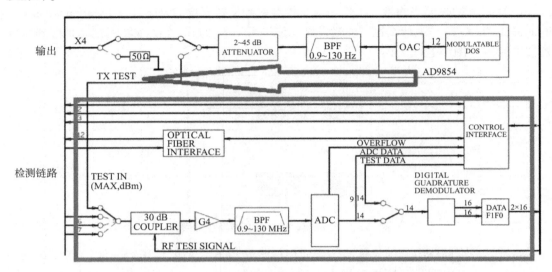

图 7-2-5　单射频系统激发脉冲的 TXR 板检测链路结构图

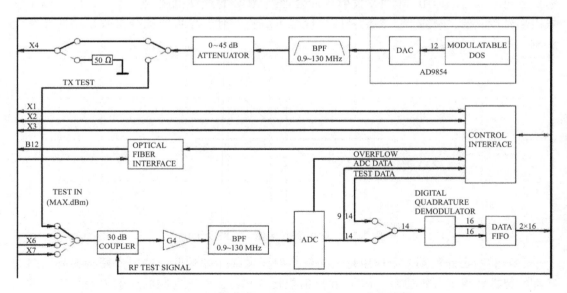

图 7-2-6　单射频系统激发脉冲的 TXR 板结构图

驱动标度为 0-1 可调，PFEI 的驱动标度共同以被扫描物体为基准，进行射频能量的精确可控输出。TXR 输出的激发脉冲持续时间实际上取决于 BPF 载波波形的持续时间。TXR 模块内部包含了一个完整的射频链路。

模块内部包含了发射、接收和控制链路。结合校准射频发射模块的衰减器的框图详细进行说明。

图 7-2-7 中灰色粗线回路就是从 AD9854 信号发生模块出发，最终通过 ADC 模块回到控制模块，进行信号校准的射频回路。

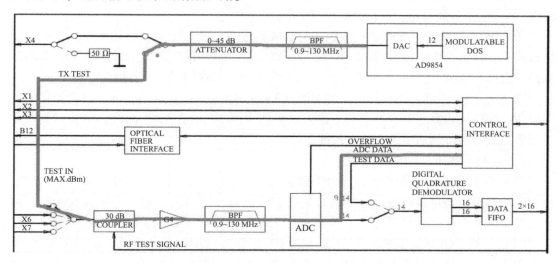

图 7-2-7 信号校准的射频回路

图 7-2-7 中，RF 信号由数字信号发生器通过正交调谐产生所要波形的数字信息，通过 12 位 DAC 经过载波信号调制和衰减器，进入到 TXR 内部的接收回路中，最终来到 ADC 中，形成采样处理信号波形，然后通过正交解调器，最终解调出原始信号。

理想状态下数字信号发生器发出的调制信号应该和解调出的信号保持一致。TXR 模块中还有一处消耗电路（图 7-2-8 中"1"处）和两处校验回路（图 7-2-8 中"2""3"处）。

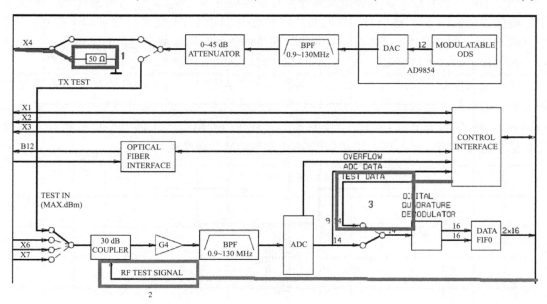

图 7-2-8 信号校准的射频回路中局部结构

（3）信号校准射频回路中的局部结构作用。

① RF 射频能量需要通过负载消耗，TXR 发射出的射频通过射频放大器放大后，通过 RF 射频发射回路最终传递到 QBC 中发射激发脉冲。如果射频放大器停止放大，那么 TXR 中发射的多余射频能量会顺着射频线路重新返回 TXR 模块内部，因此在图 7-2-8 中"1"处有一个 50 Ω 负载通路，负责消耗掉多余能量。

② ADC 及对应的射频接收模块除了对衰减器进行校准，还需要对其本身的接收性能进行校准，校准工作通过图 7-2-8 中"2"回路进行，由基准信号发生模块产生一个测试脉冲，通过与 ADC 读取的信号进行对比，来检查 RF 射频接收模块的性能。

③ ADC 模块后端需要使用正交解调器（digital quadrature demodulator）对调制信号进行解调，同样也需要对解调器进行校准，这里使用图 7-2-8 中"3"回路，由控制器产生测试数据发送到解调器中进行后续校准。

（三）控制模块

TXR 模块里的控制系统对射频放大器进行控制，对发射射频脉冲的时间进行控制。控制模块还可以通过接收 interlock 信号，立刻停止射频能量的发射，主要是因为安全限制，从以下两个角度进行说明。

（1）虽然 TXR 的射频发射部分通过信号发生器及后续调制电路可以控制发射脉冲，但却无法保证主脉冲周围的旁瓣脉冲完全消除，可以理解为这里产生了系统噪声。虽然 TXR 发射的旁瓣脉冲能量很小，但是通过射频放大器进行放大后，旁瓣脉冲能量变得较大，最终通过 QBC 发射出去。

（2）MRI 扫描人体时，发射脉冲的射频能量会被人体吸收，最终产生热量，一般在扫描软件中用 SAR 值来衡量。为了安全考虑，希望人体吸收的射频能量越少越好，也就是 SAR 值必须控制在安全范围内。

从序列产生的角度看，射频激发脉冲只有叠加梯度选层编码时，才是有用的，因此为了尽可能减少 SAR 值，整个射频发射系统需要有一个时间统一信号（简称时统信号），整个系统有唯一的基准时间对各系统之间的共同工作提供时间基准，通过时统信号控制射频脉冲在需要的时候进行射频放大，其余时间尽可能消除系统噪声。

从系统角度看，由 TXR 本身产生的系统射频噪声越小越好，因此需要控制射频放大器在需要的时候才进行放大。为了实现射频放大器的准确控制，常用 TXR 模块产生门控（gating）。图 7-2-9 描述了门控的工作方式。只有在门控信号产生低电平且射频放大器检测到这个低电平的时候，放大器才会对 TXR 发射的脉冲信号进行放大。

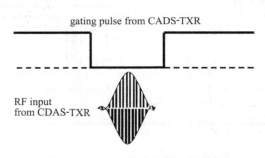

gating pulse from CADS-TXR

RF input from CDAS-TXR

图 7-2-9　TXR 模块门控工作原理

三、射频放大器（RF amplifier，RF-AMP）

从射频发射通路的结构框图可知，TXR 模块是射频发射通路产生基础信号的核心器件，TXR 模块直接发出的射频发射脉冲能量大约为 0 dBm，这个能量的脉冲信号无法直接作为 MRI 激励信号使用，0 dBm 的射频脉冲需要经过射频放大器放大，最终通过 QBC 进行正交发射。射频放大器就是后续发射脉冲能量的核心器件（图 7-2-10）。为了进行有效的功率放大，TXR 发射模块还需要实时控制放大器的放大时间，以及监测有效功率（PF）和反射损耗（PR）。

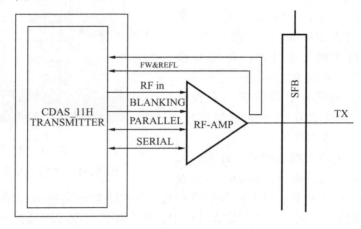

图 7-2-10　射频放大器

1. 射频放大器控制

信号发生器与射频放大器有多路控制及反馈：① 有效功率和反射损耗，信号发生器同时会检测射频回路匹配是否正常；② RF in（信号输入），射频信号输入端；③ BLANK-ING（放大器门控），信号发生器产生一个射频信号时，放大器门控端给出信号，功率放大器工作，而信号发生器不产生信号时，功率放大器停止工作，以避免将噪声进行放大；④ 并行控制线，并行传输控制信号；⑤ 串行控制线，串行传输控制信号。

2. 射频放大器参数

目前经常使用的放大器分为单路射频功放（单源）S35，以及双路射频功放（双源）8137，它们的放大能力见表 7-2-1。

表 7-2-1　常用射频放大器参数

放大器型号	模式	功率	放大情况
S35	low mode	500 W peak power	（57±0.5）dB
	high mode	18 000 W peak power	（72.6±0.5）dB
8137	low mode	500 W peak power	（57±0.5）dB
	high mode	18 000 W peak power	（72.6±0.5）dB

放大器同时具有 low mode 和 high mode 两种模式，以及 57 dB 和 72.6 dB 两个放大倍数。一般来讲两种模式分别是在不同的扫描模式时使用的：① low mode 一般用于波谱扫描；② high mode 用于传统 MRI 扫描。

MRI 射频放大器的放大倍数是指在 high mode 下放大至 72.6 dB，表中列出的功率是放大器的峰值功率（peak power）。在实际使用的射频放大器中，从运行日志中观察，一般放大器功率维持在 50 W 左右，因此实际上 MRI 射频发射脉冲功率是相对较低的，从功率角度来讲产生的 SAR 值不会太大。

3. 射频放大器内部结构

RF-AMP 从内部看分为四个部分（图 7-2-11）：① 驱动模块（driver module），接收从 TXR 模块发出的 0 dBm 射频脉冲；② 功率放大模块（PA module），共有 6 组 PA module，共同进行射频能量放大；③ 整合器（combiner），将经过 6 组 PA module 放大后的射频能量汇总，并最终发射到后端；④ 控制器（controller），接收 TXR 模块的控制信号，对射频放大过程进行控制。

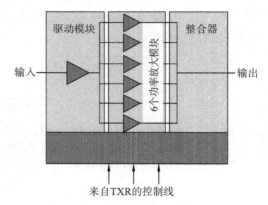

图 7-2-11　射频放大器内部结构

信号发生器产生的低功率信号，首先进入射频放大器的驱动模块（driver module），分成 6 路。6 路信号进入 6 个 PA module 分别进行放大。6 路信号通过信号整合生成放大至 72.6 dB 的高功率信号。同时在整个放大过程中，各个部件受到控制器控制。控制信号也来自信号发生器。射频放大器上还有一个用来监控放大器发射和反射功率的器件，叫作 PMU（power monitor unit），是一个重要的安全保护回路。简单来讲，它可以监测放大器发出射频的平均功率和峰值功率，并将这个功率值输入一个比较电路。当此功率超标时，射频放大器的输出就会被自动关闭，起到一个保护作用。

4. PMU 保护电路

电源监测单元 PMU 保护电路工作原理如图 7-2-12 所示。

首先设置 PMU 水平（PMU level），也就是最大平均功率阈值，如 1 100 W。射频放大器从 0 开始逐渐放大射频能量，放大到标准值时，如果平均功率还没有触发到 PMU level，则系统正常工作，射频放大器进入下一次放大过程（如图 7-2-12 中①所示）。当平均功率逐渐增

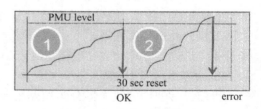

图 7-2-12　PMU 工作原理示意图

大到超过 PMU 水平值时，功率放大器 PMU 回路触发 error 报警到 controller（如图 7-2-12 中②所示），并传递到 TXR 模块中，产生 interlock 信号，停止 TXR 模块的射频发射脉冲，同时切断射频放大器的 gating 信号，放大器停止工作。

在对 MRI 射频系统进行校准过程中，PMU 测试是非常重要的一项测试。PMU 电路主要有以下作用。

① 监测射频能量，即监测四个功率：有效功率、反射损耗、峰值功率、平均功率。

② 当检测到射频发射能量过大时，PMU 电路发出信号主动关闭射频放大器，控制阈值为 high mode，最大平均功率为 1 100 W；low mode 时，最大平均功率为 400 W。实际发射到人体的射频脉冲产生 SAR 值要看的是平均功率。

5. 射频功率放大器原理图与实物图对照

（1）射频放大器的接线。

以 S35 为例介绍射频放大器的接线，从正面看 S35 的各个接头如图 7-2-13 所示。实物图与电路图对比标注图如图 7-2-14 所示。

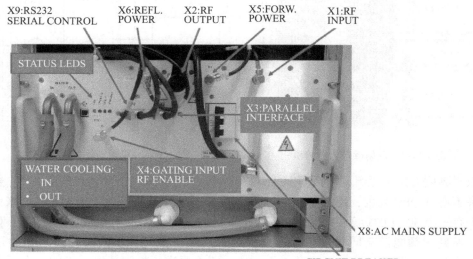

图 7-2-13　射频放大器实物图

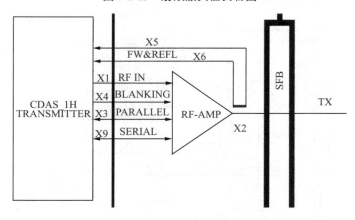

图 7-2-14　实物图与电路图对比标注图

从实物图中可知，该放大器有 4 个状态指示灯（STATUS LEDs），各个指示灯的状态表示如下：① OFF，点亮表明射频放大器还没有准备好；② OPERATE，点亮表明射频放大器正在正常工作；③ FAULT，点亮表明射频放大器故障，可以重启射频放大器尝试是否会正常；④ UNBLANK,点亮表明射频放大器的使能状态（TXR 模块发射的门控信号使放大器进行放大）。

（2）射频放大器的机柜。

1.5 T MRI 系统所使用的是单射频放大器，3.0 T MRI 系统使用的是双射频放大器，典型的双射频放大器的机柜图、原理图如图 7-2-15、图 7-2-16 所示。

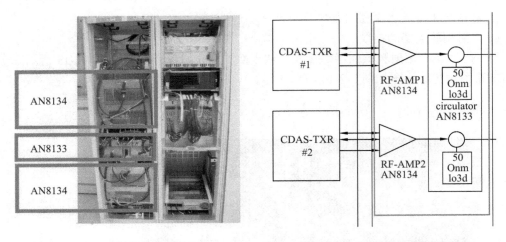

图 7-2-15　双射频放大器的机柜　　　　图 7-2-16　双射频放大器原理图

双射频放大器主要组成包括两个 AN8134 放大器模块和一个 AN8133 混合器。射频能量如果不通过 QBC 发射，那么多余的能量会顺着射频线返回。对于 1.5 T 系统来说，在磁体上有一个 50 Ω 的负载专门在 QBC 停止发射时，消耗掉反射能量。但是对于双射频来说，两路射频能量会同时反射，这也意味着需要两个负载。同时发射通路中还需要适时地去切换回路终点是负载电阻还是 QBC，还需要进行控制通路，因此混合器发挥作用（图 7-2-17）。可以把混合器的核心想象成一个逆时针转动的回路，电流在内部只会逆时针流动，并且遇到出口就会流出。

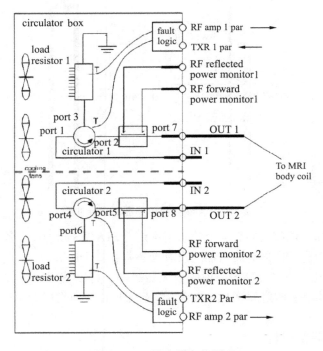

图 7-2-17　混合器工作原理

　　两路射频放大器分别输出到混合器的两路：射频能量正向流动的时候，在混合器里会直接输出到 OUT 端，最终传输到 QBC；射频能量反向流入到 OUT 端后，会直接流入负载里面并最终被消耗掉（图 7-2-18）。

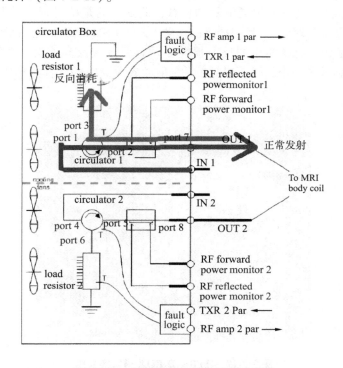

图 7-2-18　射频发射与反向消耗示意图

　　6. MRI 射频的能量检测

　　MRI 射频是一种电磁波，具有一定的热效应，在与生物体组织接触过程中，会使生物体组织发热。对于 MRI 系统来说，射频放大器也有专门的 PMU 回路进行能量检测控制，因此一般情况下 MRI 的射频系统对患者是非常安全的。但对射频通路进行检修养护的人员，需要特别注意，在对射频放大器以及之后的射频回路任意处进行检修时，务必断开上述的 RF IN 与 BLANKING 的连接，以防高能射频信号从检修断路处漏出，造成人员伤亡。若断开射频通路后，需要接上 RF IN 和 BLANKING 进行测试，则需要在靠近射频放大器的断开端接上临时负载。

　　射频放大器的作用就是把 TXR 模块产生的 0 dBm 射频脉冲放大到能够通过 QBC 有效进行激发的状态，在常规扫描时放大至 72.6 dB。射频放大器内部除了放大 PA 模块之外，大部分都是用来进行检测和控制的。同时射频放大器是一个功率模块，在工作过程中会产生大量的热量，因此还需要对放大器进行散热。旧型号的射频放大器一般使用风冷模式，而新型号射频放大器一般都采用水冷提高制冷效率。MRI 三级水冷模式的水冷回路，其中就有一路是专门给射频放大器进行制冷的水冷回路。

　　四、HYBRID BOX 模块

　　对于单射频（单源）系统而言，射频从 TXR 到一个射频放大器始终是由一路传输到 QBC，而两路相位差 90° 的射频信号是通过 HYBRID BOX 模块产生的，硬件实物如图 7-2-

19 所示。在电路图中的位置见图 7-1-3 射频发射通路系统框图。

由射频发射通路系统框图可以看到，HYBRID BOX 模块同时连接着 QBC、REFLECTED POWER LOAD 和 TR-SWITCH 三个模块，射频信号从 TR-SWITCH 来。REFLECTED POWER LOAD 是用来消耗 QBC 的反射损耗能量的负载，此处指的是单射频（单源）系统的负载。在介绍射频放大器的时候提到过反射损耗的概念，POWER LOAD 就是用来消耗掉 QBC 无法完全发射的射频能量。射频能量的反射损耗会顺着射频线反向流动，系统框图可以看到 POWER LOAD 单独用了一个回路。双射频系统射频放大器中的混合器作用与这个回路作用相似。

图 7-2-19　HYBRID BOX 模块实物图

HYBRID BOX 有两个作用：① 将一路射频脉冲转换成两路 90°相位差的脉冲；② QBC 作为接收线圈的时候，切换回路将接收信号传入射频接收回路中。

射频流向如图 7-2-20 所示。图中箭头向右的路径是单路射频脉冲进入 HYBRID BOX 后，经过 3 dB 分频器转变成两路幅度相同、相位相差 90°的两路脉冲，最终流向 QBC。

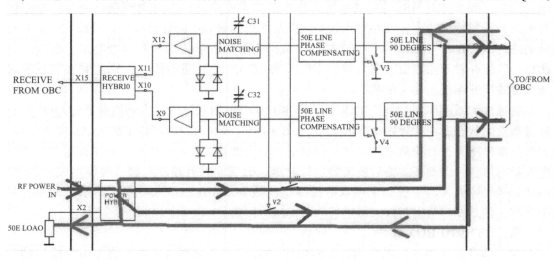

图 7-2-20　射频流向图

箭头向左的路径是 QBC 的两路反射损耗反向流过合路器（与 3 dB 分频器是一个器件，射频反向流通就成了合路器），合并成一路射频最终传递到 LOAD 里消耗掉的射频流向。

HYBRID BOX 作为射频流向 QBC 的门控，起了非常重要作用，常规的系统需要对 HYBRID BOX 进行精确的调节才能使得 QBC 产生良好的正交激励脉冲。

五、定向耦合器器件

HYBRID BOX 在发射通路中的一个关键作用是将从射频放大器来的一路射频能量转换成两路幅度相同、相位差为 90°的射频能量，最终传递给 QBC 从而正交发射。HYBRID BOX 中 3 dB 定向耦合器帮助实现将一路射频分成两路射频。定向耦合器是一种具有方向性的功率分配器，本质是把射频信号按照一定比例进行功率分配。简单来说，定向耦合器是把两根传输线放置在足够近的位置，使得一条线上的功率可以耦合到另一条线上（图 7-2-21）。

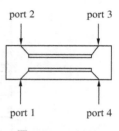

图 7-2-21　3 dB 定向耦合器

1. 定向耦合器工作过程

信号从 port 1 输入，通过定向耦合作用一部分能量馈送到与之对称的 port 2 输出，另外剩下的射频能量从 port 4 输出（图 7-2-22）。

如果将带状线设置成 $\lambda/4$ 整数倍时，两条带状线间耦合最大。如果 port 2 和 port4 均与耦合器匹配，从 port 2 和 port 4 各自输出原始射频功率的一半，则没有能量会输送到 port 3。从 port 2 和 port 4 输出的两路射频幅度相同，相位差相差 90°（因为带状线设置成 $\lambda/4$ 整数倍）。由于 port 2 和 port 4 功率下降一半，也就是下降 3 dB，所以这种耦合器称作 3 dB 定向耦合器。

port 1 与 port 2 射频同相，由于 port 4 与 port 1 之间存在 $\lambda/4$ 线长，因此 port 4 相比 port 1 射频滞后 90°，这就是 90°相位差的由来。

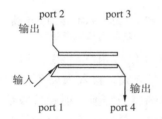 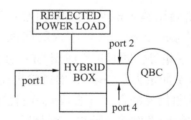

图 7-2-22　3 dB 定向耦合器　　　图 7-2-23　HYBRID BOX 中 3 dB 耦合器端口连接示意图

2. 定向耦合器端口连接

定向耦合器端口连接如图 7-2-23 所示。port 1 接收来自射频放大器的输出信号；port 2、port 4 连接到 QBC。

3 dB 定向耦合器对应到射频发射通路框图如图 7-2-24 所示。

实际 HYBRID BOX 模块内部的 3 dB 定向耦合器 port 2 和 port 4 端口后端，还分别设置两个可调电容 C31 和 C32，用来校准两路输出信号的频率偏移（frequency offset）（图 7-2-24），频率偏移是指两路输出射频能量与原始输入射频频率之间的偏差。在实际调试过程中，需要使用专用射频探头旋转特定的位置（实际位置与正交线圈的设计有关，一般为两个呈 90°角的位置，每一个位置对应一路输出）。通过手工调整两个可调电容，最终使两路频率偏移尽可能小。

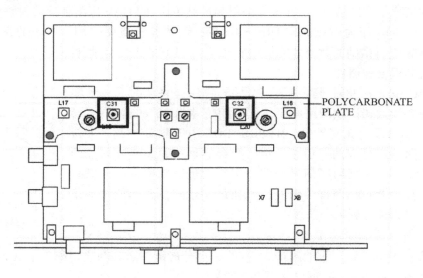

图 7-2-24　HYBRID BOX 中元件分布情况

3. 3 dB 定向耦合器在回波信号接收电路中连接

HYBRID BOX 的另一个作用是将 QBC 接收到的两路回波信号再重新合并成一路信号，最终完成 QBC 的回波信号接收。3 dB 定向耦合器反过来使用，也可用作功率合成，可以把 QBC 接收到的两路相位差为 90° 的 MRI 信号，分别接入互为隔离的 port 2 和 port 4（图 7-2-25）。

前面已经精确调整了电路中 C31 和 C32 两只电容，这时，从 port 2 和 port 4 输入的回波信号

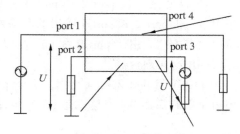

图 7-2-25　3 dB 定向耦合器
功率合成电路连接

（射频信号）频率相等，同时正交线圈 QBC 接收到的两路 MR 信号相位差 90°。因此反向计算输出端 port 1 能量为 0，port 3 端口输出能量为两路功率合成。接收通路不仅完成了两路正交射频接收信号的合并（合成），而且还完成了输出端口的转换。射频接收信号不从 port 1 原来的射频发射端口输出，而是通过 port 3 端口输出，最终传递到射频接收通路的相应模块。

综上所述，3 dB 定向耦合器作用：① 将一路射频脉冲分解为两路幅度相等、相位差 90° 的脉冲；② 将两路正交回波信号合成，以及输出通路转向，完成 QBC 回波信号（射频）的接收。

六、射频控制模块

前面已经学习了 HYBRID BOX 模块，探讨了其中的 3 dB 定向耦合器在射频发射通路中的作用，对于单射频（单源）系统来说，射频均匀度和信噪比问题最终都来源于这个重要的器件，单射频系统最终射频的正交发射需要通过 HYBRID BOX 模块来实现。对于更高级的双射频（双源）系统来说，QBC 发射前的控制器是如何实现的呢？下面讲解双射频系统的射频控制模块 QIB（QBC INTERFACE BOX）。

1. 单射频 QBC 发射通路

先回顾一下单射频 QBC 发射通路：① TXR 模块产生一路 0 dBm 的射频能量；② 通过 RF-AMP 放大到 72.6 dB；③ 射频经过 SFB 进入 TR-SWITCH 进行通路选择，选择到 QBC 通路；④ 进入 HYBRID BOX 模块将一路射频分成 0° 和 90° 相位差的两路射频；⑤ 两路射频脉冲最终进入 QBC 进行发射。按照分析单射频 QBC 发射通路这个思路，继续分析双射频系统的通路。

2. 双射频 QBC 发射通路

从图 7-2-26 中可以看出双射频系统的通路：① 两个 TXR 模块分别产生两路 0 dBm 射频脉冲，此时直接控制两路射频脉冲的相位差为 90°；② 两路射频脉冲分别通过两个射频放大器放大到 72.6 dB；③ 两路射频脉冲通过混合器射频发射回路分别输出两路射频脉冲；④ 两路射频脉冲分别经过 SFB 后，一路射频脉冲进入 TR-SWITCH 进行通路选择，选择到 QBC 通路，另一路射频脉冲跨过 TR-SWITCH 模块直接向后传递；⑤ 两路射频脉冲同时进入 QIB 模块；⑥ 两路射频脉冲从 QIB 模块最终进入 QBC 进行正交发射。

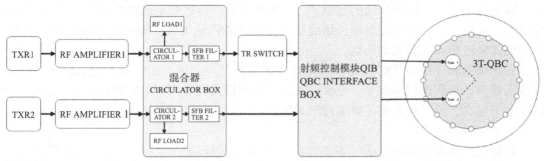

AMPLIFIER-放大器；CIRCULATOR BOX-混合器；FILTER-滤波器；SWITCH-通路选择；QBC-体线圈。

图 7-2-26 双射频系统的发射通路图

双射频系统的两路脉冲的相位差是在源头处就已经设置好的，因此 QIB 内并不需要 3 dB 定向耦合器这类器件。但是，QIB 能够通过切换内部通路完成对射频发射和射频接收的功能选择。

3. 通路的选择

HYBRID BOX 模块的射频发射、接收通路选择，是通过 3 dB 定向耦合器的正、反向射频流向，直接控制发射和接收端口的选择。而 QIB 内部通过使用 4 个二极管进行通路的选择。二极管有两种工作状态，即正向导通状态（tuning）、反向截止状态（detuning），反向截止是使用 300 V 电压使二极管呈反向截止状态。tuning 在这里指二极管的导通状态，同时也指功能导通状态，同理 detuning 指二极管功能截止状态。在射频链路里有一个 "tune" 信号的概念，二者虽然名字很像，但是意义却截然不同，"tune" 信号是指射频校准信号。

图 7-2-27 中 "3" "4" 通路表示 QBC 发射通路，

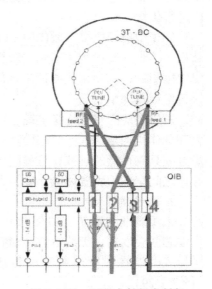

图 7-2-27 QIB 中射频发射与回波接收转换示意图

"1""2"表示 QBC 接收通路。二极管 pin1、pin2 为一组，pin3、pin4 为一组。

当 QBC 处于发射状态时，pin 1 和 pin 2 由于反向 300 V 作用而截止，处于 detuning 状态。pin 3 和 pin 4 处于 tuning 状态，两路射频脉冲通过 pin 3 和 pin 4 正向通过 QIB，最终流向 QBC。

当 QBC 处于接收状态时，pin 1 和 pin 2 处于 tuning 状态，pin 3 和 pin 4 因反向 300 V 而截止，处于 detuning 状态，QBC 接收的两路 MR 信号通过 pin 1 和 pin 2 流向射频接收通路。

从以上分析可知，同一时刻 QBC 中的发射功能和接收功能只可能有一个处于 tuning 状态，而另一个处于 detuning 状态。通俗来说就是 QBC 同一时刻要么处于发射状态，要么处于接收状态，不可能同时既发射又接收。

七、射频电缆

MRI 射频线电缆看上去像一根又硬又粗的电源线，射频线转弯时必须有转弯半径的要求，不能直接折直角，而且还需要和其他导线分开布置。射频信号的传播与普通电力信号传输完全不同，电线中传递的是电子，而射频电缆中传播的是无线电信号，射频能量的传播像水管流水。一般来说射频传播线使用波导或者同轴电缆，要理解射频信号的传播，首先要弄懂波导和同轴电缆的概念。

MRI 中的波导指的是空心金属波导管，波导管是空心的，被传输的电磁波完全限制在金属管内，又称作封闭波导。电磁波在波导中传播受波导内壁的限制和反射，波导管壁的导电率很高，可以假定波导壁是理想导体。

1. 同轴电缆

射频电缆多数为同轴电缆（图 7-2-28），它由互相同轴的内导体和外导体以及内外导体间的介质组成。由于内、外导体处于同心位置，电磁能量实际上是局限在内、外导体之间的介质内进行传播。

MRI 中射频电缆一般使用 50 Ω 同轴电缆，鉴于内部的多层结构，不难理解射频线不允许弯折的原因。有时 MRI 设备机械安装完毕后，射频相关测试出现问题，查到最后就是因为射频线转弯半径太小。

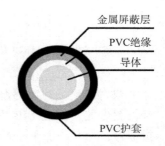

金属屏蔽层
PVC绝缘
导体
PVC护套

图 7-2-28　同轴电缆线断面示意图

主射频线为空气绝缘电缆，电缆的绝缘层中除了支撑体外的一部分为固体介质，其余大部分体积均是空气。其结构特点是从一个导体到另一个导体可以不通过介质层，空气绝缘电缆具有很低的衰减，是超高频下常用的结构形式。软射频线中实体绝缘电缆的内、外导体之间全部填满实体电介质，大多数软同轴电缆都采用这种绝缘形式。

2. 信号的传播

电源线中的铜芯（或铝芯）承担电荷的移动，如果电荷过大铜芯就会发热。无线电波在射频电缆中传播是什么样的呢？其实无线电波在射频电缆中的传播非常像水流在水管中的传播（图 7-2-29）。

射频能量

图 7-2-29　波导管信号传播示意图

无线电波不停地在壁处反射向前，从而整体上向着一个方向运动传递。但是 MRI 系统的射频传递不是一根射频线，中间有一些转接头，整体射频传输通路中每一个器件都可能造成传输问题。下面用两根水管来进行比喻。有 A、B 两根水管，A 的直径粗，B 的直径细（图 7-2-30），将 A 和 B 连接起来后，水流会如何运动呢？

与 B 管匹配的水流依然可以继续向前传递，流出 RF 中这部分叫作有效功率（PF）。但是 A 管中多余部分无法继续流入 B 管中，而 A 管的壁又使它没有别的地方可以走，最终这部分水流会顺着 A 管原路反向流回去，这部分能量叫作反射损耗（PR）（图 7-2-31）。

图 7-2-30　不同管径的
波导管连接示意图

图 7-2-31　射频在不同管径的
波导管传播情况示意图

对于 MRI 射频系统来说，反射损耗最终会回到射频放大器中消耗掉，射频放大器测试整个系统的射频通路是否匹配，就是用电压驻波比（voltage standing ware ratio，VSWR）进行评估，可表示为

$$VSWR = (PF+PR)/(PF-PR)$$

其中，PF 表示有效功率，PR 表示反射损耗。

通过上式可以看到，理想状态下 VSWR＝1，这时完全没有反射损耗，所有射频功率都没有衰减地传递出去。理论上的数据无法实现，现实中 VSWR 要求越小越好，VSWR 小，则意味着整个射频通路的匹配度更好。

如果 VSWR 的测量值不达标，可能是射频通路某处发生故障，例如，射频线转弯半径过小，导致导体和屏蔽层之间的距离发生变化，这就好比水管的粗细发生了变化，有过多的水（射频信号）被反射回来了。

3. 线缆的安装

由于同轴电缆的特殊性，因此在安装过程中有很多要求，比如安装手册上对射频线的两个典型要求：① 射频线与梯度线或者其他电源线之间需要有距离要求；② 射频线走线布置的时候转弯半径不能太小（图 7-2-32、图 7-2-33）。

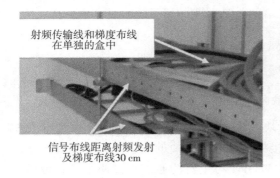

射频传输线和梯度布线
在单独的盒中

信号布线距离射频发射
及梯度布线30 cm

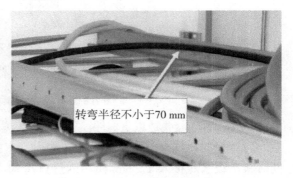

转弯半径不小于70 mm

图 7-2-32　射频电缆与其他电缆线
相互隔开的情况（分层）

图 7-2-33　射频电缆转弯半径不小于 70 mm

由于射频电缆从设备间出发，经过滤波器进入磁体间，因此在滤波器里有一个射频的

转接头，可能会造成信号衰减。有什么办法可以尽可能减小同轴电缆的影响？简单来讲，就是让射频线尽可能地短，并且不进行复杂的布线。

传统上为了保证射频器件的工作环境，以及避免射频干扰问题的产生，射频脉冲产生以及放大都是在设备间内完成的，由于设备间和磁体间的布局以及距离各不相同，必然造成射频线的不规则布线。为了解决这个问题，直接把射频脉冲产生和放大器放到磁体旁边（图 7-2-34）。

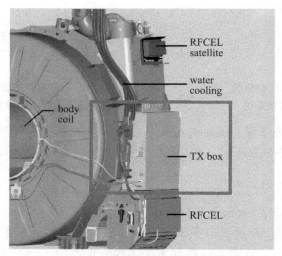

图 7-2-34　射频传输通路集成到磁体旁

将所有的射频 TX 发射模块的功能集中到 TX box 模块内部（图 7-2-35）。

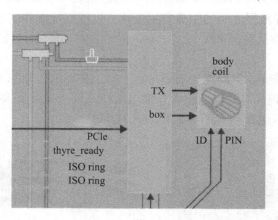

图 7-2-35　TX box 模块内部结构示意图

TX box 内直接集成以下器件：① 脉冲产生模块；② 射频放大器；③ HYBRID BOX 模块。

射频发射模块全部集成到了磁体侧面，直接将射频同轴电缆的发射距离缩短到极限。同时将次级水冷接入 TX box 模块内进行冷却，TX box 与主机的通信直接使用光纤传输，这样就避免了模拟信号的互相干扰，尽可能减少了射频干扰。

理论上说虽然简单，但实际上把射频产生模块全部放在磁体侧面也是存在很多问题的。首先由于 TX box 距离磁体非常近，大部分器件要选用无磁器件；其次 TX box 与 QBC

以及接收线圈非常近，对于功率器件来说，需要避免其发生信号泄漏，污染 MRI 接收信号，从而产生杂散噪声干扰。

既然将器件集成到一起，而且还要在磁体侧面放置，虽然内部集成功能很多，但是整体体积不能大，分解内部构型如图 7-2-36 所示。

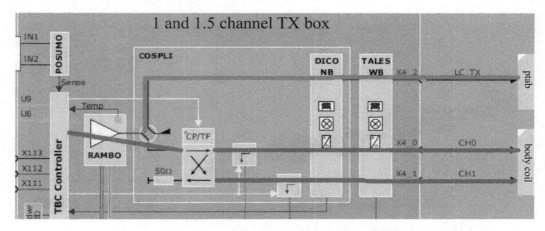

图 7-2-36　TX box 模块内部射频信号通路示意图

通过射频选择模块将射频分成两路，可以选择发射通路使用 QBC（下部两条直线）或者 TR 线圈（上部折线）。CP/TF 模块完成了 HYBRID BOX 的 90°相位差分路功能，最终两路射频（CH0、CH1）输出到 body coil 完成正交发射。

MRI 设备射频发射通路内部结构集成化，将传统的设备间大量功能器件集成到 TX box 模块内部，尽可能地减少系统的复杂程度以及射频同轴电缆的传输距离。但是集成化也不一定完全都是优点，从售后的角度来讲，以前一个发射系统的子部件损坏，更换就可以了，现在集成化之后需要整体都更换，维修成本上升。同时单一部件的可靠性都有自己的标准，可是集成到一起整体部件的可靠性就会下降。这么多功率器件同时放在磁体旁边，对整个模块的屏蔽要求也就更高了，换句话说发生射频干扰的概率也会增大。

第三节　射频线圈与 PU 线圈

一、概述

MRI 发射的射频是电磁波，电磁波理论的核心是变化的电场产生磁场，变化的磁场产生电场，即交变电磁场理论（图 7-3-1）。

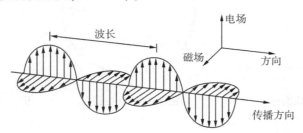

图 7-3-1　交变电磁场示意图

麦克斯韦将电磁感应现象推广到电磁感应传递中，就得到了开放式 *LC* 振荡电路发出的电磁波。电磁波可以传递 *LC* 振荡电路所发射的能量，传递过程如图 7-3-2 所示。

电磁波的变化非常规律，其在空间传播时在电场矢量上的瞬时取向称为极化波。极化波如图 7-3-3 所示，可以看到它的极化是线性的。

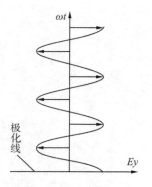

图 7-3-2　电磁波传递示意图　　　　　　　　　图 7-3-3　极化波示意图

二、正交体线圈工作机制

1. 正交线圈射频

普通线圈产生磁场如图 7-3-4 所示，产生的磁场（射频）朝向一个方向运动，当射频能量照射到被扫描物体时，由于被扫描物体并不是一个平面（图 7-3-4 中圆圈代表人体），导致被扫描物体接收到的射频能量不均匀，射频场强不均匀，影响信噪比。

正交线圈使射频发射能量在一定范围均匀地向内辐射，正交线圈产生磁场如图 7-3-5 所示（图 7-3-5 中圆圈代表人体），这样产生的射频场相对均匀，被扫描物体表面均匀分布射频能量，信噪比较高。

正交线圈射频场强由两路相位差 90° 的射频能量叠加（图 7-3-6）。

图 7-3-6 中上方一条曲线 $B_{1(0°)} = \sin\omega t$（正弦函数曲线），下方一条曲线 $B_{1(90°)} = \sin(\omega t + \pi/2) = \cos\omega t$（余弦函数曲线）。两条曲线间相位差为 90°。$B_1 = B_{1(0°)} + B_{1(90°)}$。

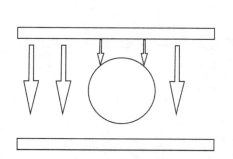

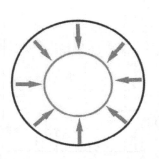

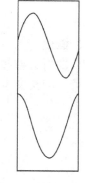

图 7-3-4　普通线圈图　　　　图 7-3-5　正交线圈　　　图 7-3-6　正交线圈射频场强

2. 圆极化脉冲

正交线圈需要使用圆极化电磁脉冲进行激发，需要产生一个圆极化脉冲。

电场强度矢量的两个分量分别为：

$$E_x = E_{xm}\cos\ (\omega t + \Phi_x)$$
$$E_y = E_{ym}\cos\ (\omega t + \Phi_y)$$

设 $E_{xm} = E_{ym}$，$\Phi_x - \Phi_y = \pi/2$，则公式可以变为：

$$E_x = E_{xm}\cos\omega t$$
$$E_y = E_{ym}\cos\ (\omega t + \pi/2)\ = E_m\sin\omega t$$

由此进行合成可以得到：

$$E = \sqrt{E_x{}^2 + E_y{}^2} = 常量$$

合成电场矢量末端在一个圆周上，且以角速度 ω 旋转，由此得到了圆极化脉冲（图 7-3-7）。

具体到 QBC 上，射频线圈为正交体线圈 QBC，包含 16 个杆。从图 7-3-8 中可以看到，从 HYBRID BOX（双射频系统用 QIB）发出的两路 90°相位差脉冲，最终分别传输到 QBC 双通道的两段（QBC rod 7，QBC rod 11），实现圆极化正交发射。

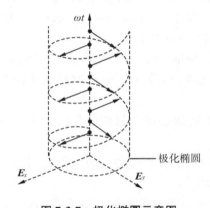

图 7-3-7　极化椭圆示意图

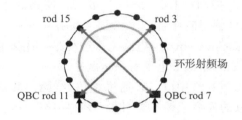

图 7-3-8　QBC 上正交化发射

三、射频线圈

射频线圈按功能可分为发射线圈、接收线圈和两用线圈。体线圈和头线圈常采用两用线圈，大部分表面线圈都是接收线圈。线圈与被检组织的距离越近，信号越强，但观察范围越小。

（一）体线圈

体线圈 QBC 是直接安装在磁体内，有很强的射频发射能力的射频发射线圈。QBC 电路实物图如图 7-3-9 所示，鸟笼形 QBC 展开平面图如图 7-3-10 所示。由于 QBC 体积大，覆盖范围广，线圈不能尽可能地贴近人体，一般来说 QBC 是对被扫描物体的大范围进行激发。体线圈既可以作为发射线圈用，也可以作为接收线圈用，但是不可以同时既完成发射功能，又实现接收功能。

控制pin二极管

图 7-3-9　QBC 电路实物图

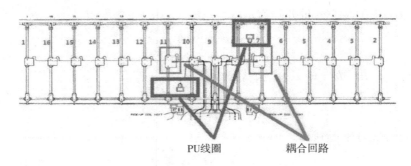

PU线圈　　　　　　耦合回路

图 7-3-10　鸟笼形 QBC 展开平面图

普通的 QBC 采用鸟笼形设计，主要构造是 16 个杆围成一个圆柱形，外圈由框架包围，最后在外圈使用屏蔽就做成了一个鸟笼形 QBC。射频正交信号最终从这 16 个杆里发出，从图 7-3-8 可以看出，3-11、7-15 正好组成两个 90° 相位差的脉冲，因此 16 个杆分为两组：① 3←→11 组；② 7←→15 组。分组以对角两个杆为标志，两路正交射频信号分别从这两组线圈发射。这 16 个杆也分为两种：一种为 14 个 tune/detune circuits（传感线圈）；另一种为 2 个 matching circuits（耦合回路）（图 7-3-10）。

tune/detune 电路工作过程是：当 QBC 需要 detune 时，控制器发出正向高电压（300 V）控制杆上面的 pin 二极管，使其截止；当 QBC 需要 tune 时，控制器使杆上面的 pin 二极管正向导通。

matching circuits 电路工作过程是：用来直接接收两路正交射频信号的能量，与其他 14 个 tune/detune 电路有一定区别。

图 7-3-10 中可以看到两个 PU 线圈，其是用来检测 QBC 作为发射线圈使用时，发射的射频的强度，具体作用在 "PU 回路" 中进行介绍。

这里需要区分 "tune" 的概念，tune 有两个含义：当表示 tune 线圈或者 tune 信号时，表示 MRI 射频系统重要的射频校准信号，用来检测接收线圈 Q 值；当描述 tune/detune 时，tune 表示导通或者使能状态，detune 表示断开状态。

（二）T/R 线圈

MRI 系统中部分 T/R 线圈为 "两用线圈"，既可以作为发射线圈使用，也可以作为接收线圈使用。T/R 线圈在线圈内使用二极管实现 detune 功能。相对于体线圈来说，T/R 线圈体积小，并且更加贴近被扫描物体，在一些特殊需求情况下使用。

实际使用过程中，检查某个部位需要使用 T/R 线圈，当接上 T/R 线圈后，这时设备上有两种线圈，一个是装在磁体内的体线圈，一个是刚刚接上的 T/R 线圈，这时需要一个射频通路切换器，即射频通路控制器进行切换。

（三）射频通路控制器

当设备上同时有两种射频发射线圈时，意味着射频放大器发出的激发脉冲会有两个最终流向，需要控制射频通路的流向，这个控制器就是 TR-SWITCH 模块（图 7-3-11）。

如果只考虑 TR-SWITCH 作为射频选择模块的作用，将射频线连接 TR-SWITCH 模块的射频输入端口，TR-SWITCH 输出端同时连接 QBC 和 T/R 线圈，通过控制电路切换模块内部射频通路，达到选择发射线圈的作用。

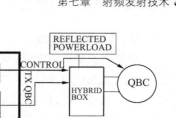

图 7-3-11　射频选择模块（TR-SWITCH）连接电路框图

（四）QBC 与 HYBRID BOX 连接

以 1.5 T 系统为例，QBC 与 HYBRID BOX 的连线分为主要和辅助两部分（图 7-3-12）。

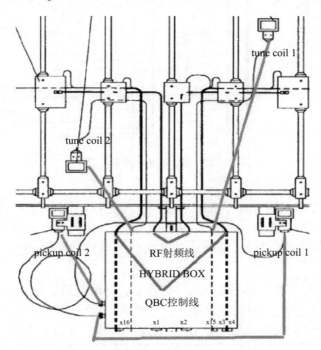

图 7-3-12　QBC 与 HYBRID BOX 的连线示意图

1. 主要部分

① 射频线两根，当 QBC 处于发射状态时，两根射频线分别传输 HYBRID BOX 分割的 0°、90°相位差的两路射频信号；② QBC 控制线 16 根，控制 QBC 中 16 个杆的状态，实际上就是控制 16 个杆上的二极管的状态。

2. 辅助部分

① PU 线圈有两根信号线，PU 线圈始终进行接收，用来监控 QBC 射频发射功率的辅助线圈；② tune 线圈有两根信号线，tune 线圈始终进行发射，用来检测各个接收线圈的 Q 值，通俗来讲是线圈的接收能力，每一个接收线圈在工作前都需要进行校准测试。

四、PU 线圈回路

射频发射通路的框图（图 7-3-13）中有两种通路，它们是以射频能量大小来区分的：① 高能量射频脉冲区域，这里主要指的是通过射频放大器最终到达 QBC 的高能量射频激发脉冲；② 低能量射频区域，比如从 TXR 模块发射出来的 0 dBm 的原始激发脉冲以及 PU 线圈采集到的射频能量信号。

从图 7-3-13 中可以看到，PU 回路被当作接收信号通路，最终被传输入到射频接收通路，虽然 PU 回路放在 RF 发射通路来介绍，但实际上 PU 回路也与射频接收回路 RX 相关。

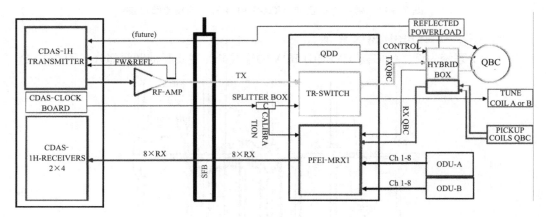

图 7-3-13 射频发射通路的框图

（一）PU 线圈位置

PU 线圈位于正交体线圈 QBC 内部，共有两个。在 QBC 内部的 16 个杆中的匹配电路中 7 号杆和 11 号杆对应位置分别放置了一个 PU 线圈。之所以放在这里是为了使接收线圈尽可能接近发射杆的起始位置，准确地监测 QBC 两路发射的射频能量，PU 线圈实际上就是一个接收线圈。

为了不被其他信号干扰，它的接收范围比较小，同时设置的位置是经过精密设计的。PU 线圈用来直接接收 QBC 发射的激发脉冲，它的接收信号强度很大，后端不需要再加放大器。而普通的接收线圈如果直接接收 QBC 的发射脉冲，经过放大器放大后的能量很可能会烧掉 ADC 器件，因此这也是同一时刻射频系统发射和接收线圈只能有一个处于 tune（激活）状态的原因。但是 PU 线圈不受此影响。

对于 Achieva 1.5 T 系统来说，PU 线圈只能够进行接收，而对于 3.0 T 设备和 Ingenia 系列设备来说，PU 线圈和 tune 校准线圈集成到一起，既可以实现接收功能，也可以进行发射，当然两个功能不能同时实现。

（二）PU 回路作用

PU 回路有两个作用：① 实时测量 QBC 两路正交信号。在 HYBRID BOX 校准 QBC 两路正交信号时，实时进行测量，保证两路信号发射的能量保持一致。有了 PU 线圈进行系统校准，就不需要另外的频谱仪之类的设备，整个校准过程被简化。② 射频第二级安全保护电路。PMU 电路保护称为第一级电路保护，PU 回路保护称为第二级安全保护。

第一级电路保护过程是射频放大器进入放大过程，当输出的平均功率逐渐增大到超过

PMU 水平值时，功率放大器 PMU 回路触发 error 报警到 controller 模块，并传递到 TXR 模块中产生 interlock 信号，停止发射射频脉冲，防止发射的射频能量过大而使被检者受到损伤。

PU 回路第二级安全保护过程是射频经过放大，最终通过 QBC 发射后的射频能量与在射频放大器中输出的能量是不一样的，实际上最终发射的这个能量与负载（被扫描物体）相关。在射频发射通路中有个 50 Ω 负载电阻，射频发射通路整体上按照 50 Ω 负载设计，但是实际上 QBC 本身的负载不到 50 Ω，设计时按照 QBC 本身和被扫描物体加到一起约等于 50 Ω 设置，不同的被扫描物体所对应的实际射频发射能量是不一样的。

为了使不同的被扫描物体实际对应的 SAR 值保持在安全范围，系统设计了 PU 回路作为第二级安全保护，其方法是如果 PU 回路检测到实际产生的 B_1 场强超过系统阈值之后，PFEI 会产生一个 interlock 信号，最终传递给射频放大器，使射频放大器停止工作（图 7-3-14）。

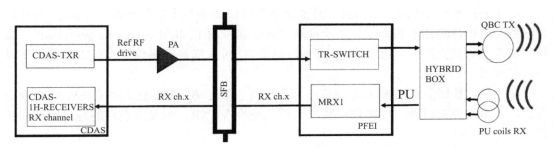

图 7-3-14　PU 回路第二级安全保护原理图

（三）PU 回路水平测试

1. 测试系统框图

PU 线圈是安装在 QBC 中的一个线圈，其作用是实时监控射频发射系统。只要 QBC 有射频能量发出，QBC 产生 B_1 磁场强度，这时 PU 线圈处在 B_1 磁场中，线圈上会有感应电压，对 B_1 磁场进行检测。检测 B_1 磁场强度的目的是对人体进行保护，防止实际发射的射频能量引起的 SAR 值过高。

回路水平就是安全场强值所对应的可调系统参数，当 B_1 磁场强度超过回路水平规定的数值时，系统产生一个 interlock 报错，停止射频发射。PU 回路水平测试所包含的系统框图如图 7-3-15 所示。

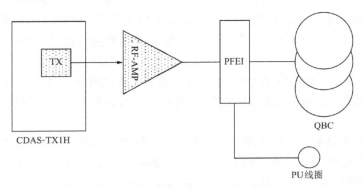

图 7-3-15　PU 回路水平测试系统框图

图 7-3-15 中可以看到，此项测试实际上包含了全部的发射通路。

2. trip 水平校准方法

trip 水平实际上是一个可调节的数值，对其校准的方法如下：① 由射频发射通路根据 QBC 内部已经定义好的安全 B_1 磁场强度所对应的数值，产生系统在安全范围内能够允许的最大的 B_1 场磁强度；② QBC 里的 PU 线圈持续测量 B_1 磁场的强度，并通过非电量电测，利用 ADC 模块将场强数据转换为电压值；③ 在最大的 B_1 磁场强度条件下，持续地降低 trip 水平数值，直到它低于目前最大的 B_1 磁场强度，并产生截止报错，trip 水平记录下此时的数值；④ 将记录下来对应的最大的 B_1 磁场强度 trip 水平参数下降 2%，保存为最终的 trip 水平参数拷入硬件系统。这样就意味着在实际系统扫描时，系统发射的 B_1 磁场就被限制在了安全范围。

3. 报错信息分析

根据 trip 水平的原理，利用测试的报错信息可以梳理整个发射通路，比如在 QBC 作发射线圈进行系统校准测试时，系统提示 "max allowed B_1-field cannot be generated"。报错含义是 "系统无法产生所要求的最大 B_1 磁场"。对这样的报错信息，可以按照以下思路进行分析。

第一步：报错信息跟 B_1 磁场相关，从头开始分析，B_1 磁场激发脉冲是从 TXR 模块发出的 0 dBm 基础脉冲，传输到射频放大器。经检查 TXR，如没有发现问题，继续向后排查。

第二步：0 dBm 的射频脉冲传输到射频放大器 RF-AMP，经过放大 72.6 dB 后得到发射脉冲，同时放大器检测射频发射通路的有效脉冲和反射损耗。如检查射频放大器也没有问题，同时发射通路的 VSWR 也没有问题，继续向后排查。

第三步：放大器放大后的激发脉冲通过 SFB 后到磁体间内的 T/R-SWITCH 模块，这里的作用是当有 TR 接收线圈的时候，将发射脉冲传输到 T/R 线圈而不是 QBC。通过短接 TR-SWITCH 模块，如发现问题不在这里，继续向后排查。

第四步：射频发射脉冲经过 TR-SWITCH 后传输到了 HYBRID BOX 模块，将一路射频脉冲通过 3 dB 定向耦合器分成相位差 90° 的两路射频脉冲。如果此模块有问题，会直接影响到 QBC 的射频正交发射。如果此处也没有问题，再继续向后检查。射频发射脉冲来到了最后一部分，最终发射的正交体线圈 QBC，QBC 之所以要正交发射，主要原因是为了产生圆形极化的 B_1 磁场，保证其射频场的均匀性。正交发射的原理就是利用 HYBRID BOX 内的 3 dB 定向耦合器将一路射频脉冲分成相位差为 90° 的两路射频脉冲，通过 QBC 里面 16 个杆里的 11 号和 7 号进行发射。经过极化后，就会顺着 Z 方向产生均匀的 B_1 圆形极化场。

经过一系列排查，可能发现 QBC 也没有问题，这就说明整个射频发射 TX 通路都没有问题。接下来继续看还有什么跟 B_1 磁场有关系，这时自然就想到了测量 B_1 磁场的 PU 线圈。

B_1 磁场的大小是由 PU 线圈测量的，两个 PU 线圈分别接收 QBC 里面 7 号、11 号两个杆发射的射频能量。两个 PU 线圈中如果有一路损坏，就会无法检测到实际发生的 B_1 磁场，因此系统可能会报错 "Max allowed B_1-field cannot be generated"。这里简单地利用一个报错来梳理了整个射频发射通路，实际遇到的问题会复杂得多。

第四节　磁共振设备射频发射通路技术比较

实际应用中，磁共振设备品牌很多，不同品牌设备射频发射通路结构有所不同。

一、PHILIPS 射频发射通路

一个 0 dBm 的射频脉冲在 TXR 模块中产生，经过一个射频放大器放大 72.6 dB 后，通过射频同轴电缆经过设备间到磁体间的滤波板后进入 TR-SWITCH，系统选择使用 QBC 发射后，射频脉冲进入 HYBRID BOX 模块的 3 dB 定向耦合器分成 0°、90°两路脉冲进入 QBC 后完成正交发射（图 7-4-1）。

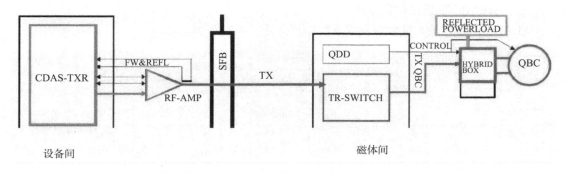

图 7-4-1　PHILIPS 某型号射频发射通路

二、GE 某型号单射频系统

GE 的一个典型单射频系统框图如图 7-4-2 所示。

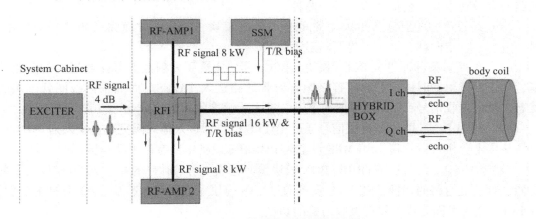

图 7-4-2　GE 某型号单射频系统框图

从图 7-4-2 可以看出，总体上结构与 PHILIPS 射频发射通路比较相似。

（1）设备间机柜的 EXCITER 中产生 4 dB 的射频脉冲信号传递到 RFI 模块。

（2）RFI 将射频分成两路，分别传输到两个射频放大器，分别放大后再合并回到 RFI 模块内。

（3）SSM 模块产生方波信号，传输到 RFI 模块，对经过放大处理的射频脉冲进行载波处理生成所需要的射频激发脉冲。

（4）激发脉冲在设备间内经过滤波器进入磁体间的 HYBRID BOX 模块。

（5）射频脉冲通过 HYBRID BOX 模块同样分成 0°/90°的两路脉冲。

（6）两路相位差 90°脉冲进入体线圈（body coil）正交发射完成射频激发。

从以上分析可以看出，GE 对比 PHILIPS 设备，除了模块名称不一样外，还有以下几个区别。

（1）射频放大器采用两路配置，两个放大器共同完成放大，而 PHILIPS 采用一个射频放大器。

（2）GE 的系统在磁体间内不需要使用 TR-SWITCH 模块进行 T/R 线圈和正交体线圈的切换，激发脉冲从设备间通过滤波器直接进入 HYBRID BOX 模块。

三、SIEMENS 设备射频系统

SIEMENS 磁共振装置射频发射系统框图如图 7-4-3 所示。

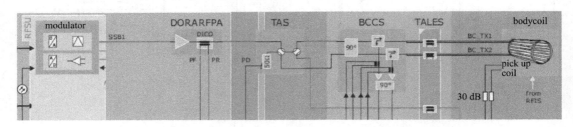

图 7-4-3　SIEMENS 某型号磁共振装置射频发射系统框图

从图 7-4-3 看，各系统名称与其他品牌设备中装置名称不一样。

（1）设备间机柜的 modulator 产生基准激发脉冲进入射频放大器 DORARFPA，同样将回路的有效功率和反射损耗传输进行监控。

（2）经过放大的射频脉冲从设备间进入 TAS 模块，TAS 一方面完成滤波器的作用，另一方面通过定向耦合器分解为两路射频脉冲。

（3）两路射频脉冲进入 BCCS 模块，BCCS 模块实现了发射通路和接收通路的分路功能，当正向发射的时候射频脉冲直接顺着射频通路进入 TALES。而如果体线圈处于接收状态，反向接收信号在 BCCS 里面向下走，进入后续接收通路。

（4）通过 BCCS 的两路正交信号通过 TALES 模块后进入体线圈完成正交发射。

从以上分析可以发现，SIEMES 设备与 PHILIPS 设备主要有以下几个区别。

（1）PHILIPS 设备在 HYBRID BOX 模块里面完成了射频脉冲的 0°、90°分解以及发射功能接收功能通路的切换，SIEMES 设备通过 TAS 模块完成射频脉冲 0°、90°脉冲的分解，在 BCCS 模块里面完成了发射接收通路的切换。

（2）TAS 模块直接放在滤波板上，减少了磁体上模块的数量。

第八章

射频接收技术

MRI 设备的射频系统包括发射 RF 磁场部分和接收 RF 信号部分两部分。接收 RF 信号部分由接收线圈和接收通道组成，用于接收受检部位所产生的 MR 信号，它直接决定成像质量。接收线圈接收并将 MR 信号变为电信号。此电信号再经放大、混频、ADC 等一系列处理，最后得到数字化原始数据，送给计算机进行图像重建。

第一节　射频接收通路

一、概述

射频接收工作原理是利用电磁感应原理中的磁电感应完成射频接收，在 MRI 系统中，射频接收系统一般只有两种信号需要接收：① QBC 产生激发脉冲信号；② echo。

磁共振信号是一些微弱的模拟信号，信号处理环节中提高信噪比是非常重要的环节。

1. QBC 激发脉冲信号

射频发射通路中 PU 线圈的作用是接收 QBC 激发脉冲，这个 QBC 激发脉冲信号强度比较大，关于 PU 线圈的工作原理在射频发射通路章节已经详细介绍过。

2. echo

echo 就是 MRI 成像所使用的信号。模拟混合的回波信号（analog composite echo signal）强度非常弱，需要使用专用接收线圈进行接收。这种模拟信号只有变成数字信号才能进行计算机处理。这里的专用接收线圈一般来说分为两种：体线圈（QBC）和专用接收线圈。

（1）体线圈：体线圈是安装在磁体洞内的线圈，这种线圈既具有发射功能（充当发射线圈用），也具有接收功能（充当接收线圈用），其结构在射频发射通路章节详细介绍过。

（2）专用接收线圈：一些特殊用途的表面线圈，如肩关节线圈、膝关节线圈、腕关节线圈、乳腺线圈、甲状腺线圈等。

无论哪种接收线圈，都可理解为是接收通路最前端不同形状的传感器。射频接收通路系统框图如图 8-1-1 所示。

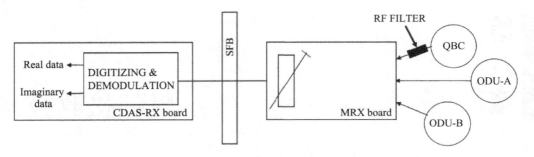

图 8-1-1　射频接收通路系统框图

图 8-1-1 中 QBC 指处于接收功能状态的 QBC 线圈，通过射频滤波器（RF FILTER）连接到 MRX 板；ODU 指专用接收线圈的接口，ODU 接口一般有两个（ODU-A、ODU-B）。图 8-1-2 为接收线圈接口，有 3 个接口，中间的接口是 T/R 线圈接口（在射频发射通路章节中介绍过），T/R 线圈由于有发射功能，因此和普通的 ODU 接口不同。

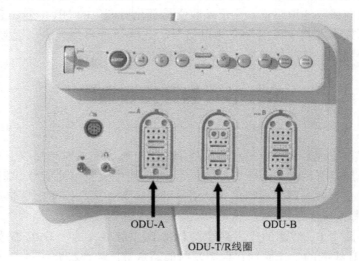

图 8-1-2　接收线圈接口（实物图）

二、射频接收通路路径

磁共振射频接收通路的基本路径如下。

（1）echo 通过 QBC 或接收线圈被接收后，传输到 PFEI 的 MRX 板上。

（2）MRX 板将接收到的 echo 信号通过 BNC 通道线进行转发，传输到 SFB，有几个通道就有几组 BNC 通道线。

（3）通道线从 SFB 传输到机柜内 CDAS 系统 RX 板上的模拟信号接收系统。

（4）在 RX 板内，接收的 echo 数据进行 ADC 转换，将模拟信号转换到数字信号，同时输出信号的实部和虚部。

（5）数字信号最后传输到重建器里，完成图像重建。

三、通道

通道概念在 CT 成像设备探测器数据采集系统中介绍过，在磁共振成像设备中，使用线圈来接收回波信号，这里也要用到通道概念，比如 16 通道头线圈，8 通道乳腺线圈等。

每个通道都对应一个基础的接收"线圈"，这里的线圈之所以加引号是因为它是一个基础的线圈单元，每个单元都能够接收在接收范围内的信号。为了便于理解，以一个16通道腹部线圈为例进行说明(图8-1-3)。

图8-1-3　16通道腹部线圈

由于echo信号的强度很弱，为了能够更好地提高信噪比，希望接收线圈尽可能靠近被扫描的部位，从而减少外界的噪声影响。在人体被扫描的部位比较大时，为了能够尽可能大范围地扫描，并且能够在小范围接收到更强、更纯粹的echo信号，最直接的方法就是布置多个接收范围很小、接近被扫描物体的小"线圈"，每个小"线圈"就是一个通道。

可以用像素的概念来类比，在同样大的平面内像素点越多，一幅图像的呈现越清楚。也就是说通道数越多，信噪比越高。从MRI的原理出发，MR信号的强度很弱，MR图像的好坏很大程度上与信噪比相关。为了得到更高的信噪比，主要在射频接收通路上进行改进，例如，增加接收线圈的通道数，或者使用数字接收通路等。

四、线圈接收通路选择

射频接收通路RX板中每一个接口对应着线圈的一个通道，有多少个接头就可以看出本系统能支持的接收线圈通道数。不同MRI系统通道数不同，有8通道、16通道、32通道等；系统支持的线圈数也不同，有的支持1个线圈，有的可以支持2个线圈。这就需要线圈接收通路选择器来进行选择。

(一) 8通道射频接收通路

所谓8通道系统指MRI系统最大支持8通道线圈。从接收线圈到RX板的接收射频信号的路径如图8-1-4所示。

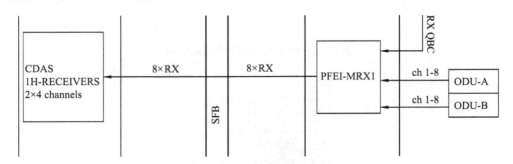

图8-1-4　8通道射频接收通路

从图8-1-4中可以看出，每个ODU接口都可以连接一个8通道线圈，两个ODU接口的通道线汇总到MRX1板上之后，通过8通道信号传输线最终传输到2块RX板（2×4通道，每块能够采集4通道数据）内完成信号采集。

图8-1-5中ODU表示接收线圈接头，PHILIPS的Achieva或者Multiva系统有2个ODU接头（ODU1、ODU2），两个接头功能一致，可以任意插其中一个。

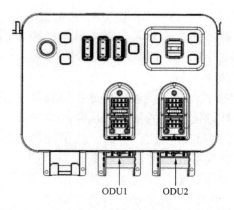

图 8-1-5　PHILIPS 某型号射频接收通路插脚

（二）16 通道射频接收通路

16 通道系统射频传输框图如图 8-1-6 所示，从图中可以看出，每个 ODU 接口都可以连接两个 8 通道线圈，分别传输到两块 MRX 板（PFEI-MRX1、PFEI-MRX2）上，再通过 16 通道信号传输线最终传输到 4 块 RX 板（4×4 通道，每块能够采集 4 通道数据）内完成信号采集。可以看到每个 MRX 板连接 16 个通道，一共使用了 2 个 MRX 板进行信号转接。16 通道射频接收线圈接头示意图如图 8-1-7 所示。

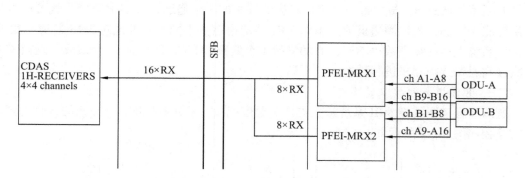

图 8-1-6　16 通道系统射频传输框图

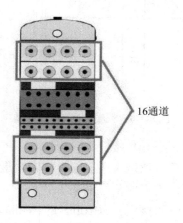

图 8-1-7　16 通道射频接收线圈接头示意图

（三）32 通道射频接收通路

如果要使用 32 通道的线圈，那么同时连接两个 ODU 接口就可以实现。32 通道系统射频传输框图如图 8-1-8 所示。

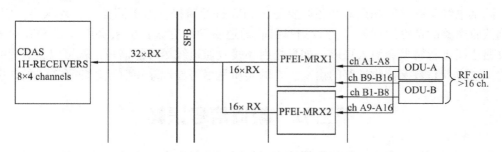

图 8-1-8　32 通道系统射频传输框图

从图中可以看到，32 通道系统 ODU 到 MRX 部分与 16 通道基本一致，只是后面采用了两组 16 通道射频接收线进行传输，最后使用 8 块 RX 板接收，组成了完整的 32 通道。

接收板每个接头对应一个接收通道，采用多少通道系统就有多少根射频接收线从 MRX 经过 SFB 最终传输到 RX 板上，完成最后的图像重建（图 8-1-9 显示 16 通道射频接收线经过 SFB 转接头的情况）。

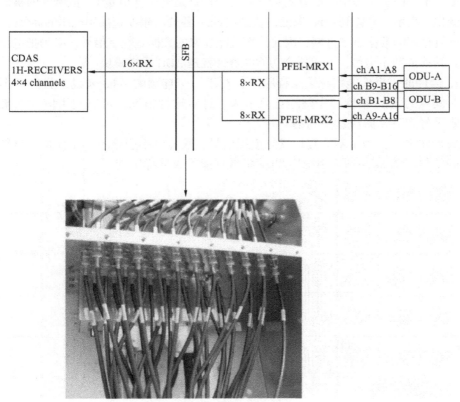

图 8-1-9　16 通道射频接收线经过 SFB 连接图

从以上分析可以看出，传统模拟射频接收方式信噪比比全数字系统信噪比低的原因是射频传输过程比较长。接收通路所接收到的 MRI 信号能量很低，为了通过 BNC 同轴电缆最终传输到 RX 板内进行 A/D 转换，在通路内需要进行信号预放大，预放大过程中也将接收到的噪声进行了放大。

同轴电缆从磁体间到设备间还需要通过 SFB 进行转接，这里同样会引入噪声。因此，影响接收通路的信噪比因素有：① 射频接收通道线的长度太长引入噪声；② SFB 对射频接收通道线进行转接会引入噪声。如果把射频接收通道线尽可能缩短，就可以显著提高信噪比，这也就是数字接收通路的由来，它的实质是尽可能地缩短射频接收通道线的长度。

第二节　模拟信号采样

学习了射频接收通路的整体框架结构以及通道数的概念，就可以进一步从信号传输角度出发，了解接收线圈接收到信号后如何进行处理与传输。研究射频接收通路学习路径，与学习发射通路的学习路径有所不同，需要用相反的学习路径，即反向来学习射频接收通路，从回波接收线圈开始学习接收通路。

一、信号采样基础知识

对于一个 echo，系统是如何读出数据并最终传输给重建器进行图像重建的？这要运用非电量测量技术。医学工程中，最方便测量的物理量就是电压（电量），把所有的被测试量用电压的变化来表示，具体到 echo 来说，就是把 echo 各处的幅度直接用电压的高低进行记录。由于计算机存储的数据是二进制，因此计算机能读取的数据是数字信号，必须把电压值（模拟信号）转换成数字信号，完成这个功能的器件就是 ADC 采样模块。

ADC 器件的一个性能指标是采样频率，对于一个连续的 echo 来说，我们做不到连续将每个时间点的 echo 幅度都完整地记录下来。针对这种情况，可以利用信号采集领域经典的香农采样定理来解决这个问题。

香农采样定理：为了不失真地恢复模拟信号，采样频率应该不小于模拟信号频谱中最高频率的 2 倍。图 8-2-1 中一组图可以清晰地理解香农采样定理。

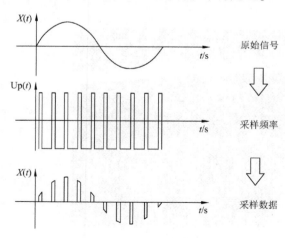

图 8-2-1　香农采样定理

使用一定的采样频率可以把一组信号进行离散化，用离散点拟合回归成原始模拟信号，最终采样得到的数据就是一组离散电压值，表征对应时间信号的幅度。从图 8-2-1 中可以看到，采样频率越高，理论上离散回归就越准确，如果采样频率无限大，那么曲线也就能拟合回归成原始信号。

二、磁共振回波信号采样

对于 MR 信号的 echo 采样，同样使用 ADC 器件来完成（图 8-2-2）。

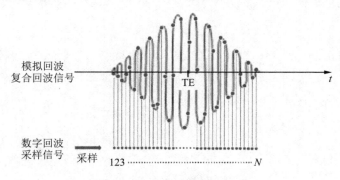

图 8-2-2　回波信号采样

学习 MRI 射频接收电路，需要有通道数的概念。超导 MRI 系统同一时刻不是只有一个线圈在接收信号，而是有多个通道同时在接收信号，每一个通道都可看作是一个线圈。因此在同一时刻，系统有多少个通道就会同时接收到多少个 echo 信号，也就是说有多少个 ADC 模块对每一个通道的 echo 进行数字采样。颈部磁共振采样线圈如图 8-2-3 所示。图中可以看出，有 4 个单元（4 个"小线圈"）可以产生 4 个回波信号。

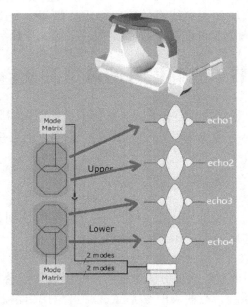

图 8-2-3　颈部磁共振线圈采样矩阵（mode matrix-模式矩阵）

对于传统的采用模拟信号作为传输方式的 MRI 系统来说，echo 最终传入 RX 模块中完成 A/D 转换，再将数字信号传输给重建器进行 K 空间的填充，每一个线圈通道对应 RX 模块的一个接收通道。

传统的 RX 板每一块对应 4 个通道, 也就是说如果使用 32 通道线圈, 那么需要 8 块 RX 接收板进行信号接收, 图 8-2-4 矩形框中的部分就是 8 块 RX 接收板。

图 8-2-4　RX 板面板结构实物图

采用模拟信号传输方式的 MRI 系统, ADC 模块在专用的 RX 板内, 通过对模拟 echo 的数字化采样最终产生 raw data。我们经常听到 MRI 模拟信号接收系统或者 MRI 全数字接收系统, 从本源上来说都是使用 ADC 对模拟信号 echo 进行采样, 其区别在于 ADC 模块所处的位置不同, ADC 模块在远离线圈的信号接收机柜里, 是 MRI 模拟信号接收系统; 直接把 ADC 模块放到线圈里尽可能减少通道损失, 是 MRI 全数字接收系统。

第三节　线圈信号的读取和通道融合

不同种类的线圈对射频接收通路有着很大的影响, 多通道射频接收通路可以连接几种不同种类线圈 (如 QBC、专用线圈等), 系统是如何识别目前连接的线圈种类的呢? 这就用到线圈的 ID 功能。

一、线圈 ID 的读取

(一) ID 种类

识别标记 (identity document, ID), 目前市面上常见的识别方式大致上有以下三种: ① 磁条记录; ② RFID 芯片记录; ③ 模拟读取。

1. 磁条记录

这种方法常见于信用卡和老式身份证中使用, 使用磁条记录一组二进制数字作为 ID。这种方式无法用在 MRI 系统, 有些 MRI 售后工程师有信用卡消磁经历, 在 5 高斯线附近都会有消磁可能, 更不要说直接在磁体内部的线圈。

2. RFID 芯片记录

RFID 芯片就是每天使用的门禁卡, 原理是芯片靠近读取机时, 读取机发出来的电磁波可以读取 RFID 芯片内的信息。MRI 系统无法使用 RFID 芯片, 它发射电磁波信号, 有

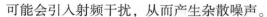

可能会引入射频干扰，从而产生杂散噪声。

3. 模拟读取

模拟读取使用最简单、最直接的电平高低记录不同的信息，就是通过电压的大小来进行标识。磁共振线圈标记就采用这种方法。

（二）磁共振线圈标记

磁共振线圈标记（coil ID）就是每个线圈有一个 ID 用来进行识别，每个线圈有唯一的身份标识。既然高级的磁记录和射频记录都不能用在 MRI 系统上，就只能使用最简单最直接的方法来记录 ID，使用非电量电测技术测量电平的高低。其基本原理类似于万用表的工作原理。

1. 数字万用表工作原理

数字万用表的测量过程由转换电路将被测量的电阻转换成直流电压信号，再由 ADC 将电压模拟量转换成数字量，然后通过电子计数器计数，最后把测量结果用数字直接显示在显示屏上。

2. coil ID 的读取

读取 coil ID 的方法类似用万用表测电阻原理，表头串联一个固定电流大小的电池，电流流过不同电阻的被测物体（不同线圈中设置不同阻值的电阻）就会得到不同的电压值，从而对应出被测物的电阻值（图 8-3-1）。

二、线圈标记读取技术比较

1. PHILIPS 磁共振线圈标记读取

射频系统读取 coil ID 的原理与万用表基本一样，PHILIPS 设备 coil ID 读取基本框图如图 8-3-2 所示。

图 8-3-1 线圈标记读取原理图

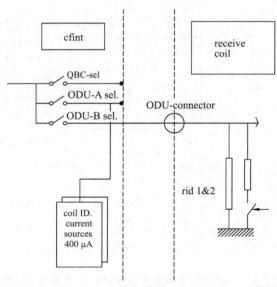

connector-连接头；receive coil-接收线圈；current sources-线圈电流源。
图 8-3-2 PHILIPS 磁共振设备 coil ID 读取基本框图

coil ID 读取的功能是在 PFEI 的 cfint 板实现的，cfint 板内有一个 400 μA 的恒定电流源。接收线圈分为 QBC 接收线圈和普通接收线圈，普通接收线圈通过 ODU 接口。cfint 内部有三路 coil ID 读取通路，分别为 QBC、ODU-A、ODU-B。由于 QBC 始终连接到系统内，coil ID 测试通路不需要单独对其进行测量，电源只需连接到 ODU-A 和 ODU-B 通路。图 8-3-2 中以电源只连接到 ODU-B 为例进行介绍。

线圈内部使用两个电阻作为标识线圈的 ID。使用两个电阻是因为计算机语言为二进制，系统读取电压值最终需要使用 ADC 进行模数转换，而 ADC 是有精度要求的。转换精度不能要求太高，那样虽然可以标识更多的 ID 数量，但是也容易误读（读取相邻两个 ID 的线圈代码）。当然也不能取精度太低的 ADC，精度太低的 ADC 能读取的 ID 数量又太少。

为了既能满足 ID 的数量，又能满足可靠性的目的，同时还便于存储，二进制计算机语言可以直接转换为 16 进制，应用到 coil ID 上就是每个电阻对应 16 个挡位，电压值对应 16 个数字：0，1，2，3……A，B，C，D，E，F。那么两个电阻放在一起最大的值就是 FF，换算成十进制数是 255，也就是说系统最多可以支持 255 个 ID。当然并不是每一个数字都对应 ID，比如将最大值 F 和最小值 0 定义为开关，即使这样，253 个数字也足够满足目前磁共振设备的线圈使用。

2. SIEMENS 磁共振线圈标记读取

SIEMENS 磁共振线圈标记使用了与 PHILIPS 类似的方法，传输框图如图 8-3-3 所示。

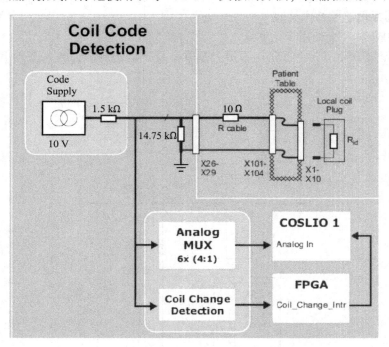

图 8-3-3　SIEMENS 磁共振设备 coil ID 读取基本框图

从图 8-3-3 中可以看出，使用 10 V 电源串联一个 1.5 kΩ 的电阻作为恒流源，系统同样使用了 16 位数字进行读取，取其中 13 位数字定义为线圈的 ID 组合，每个线圈同样使用两个电阻标识。每一组 code 读取数据见表 8-3-1。

表 8-3-1　线圈标记电阻阻值与线圈对应关系

十六进制线圈码 （coil code in hex）	电阻/Ω （resistance）	MUX 电压值/V （voltage at MUX）	备注
0	—	—	short＝error！
1	147	0.314	有效线圈代码值 （valid coil code values）
2	273	0.938	
3	422	1.564	
4	601	2.19	
5	820	2.816	
6	1 090	3.442	
7	1 450	4.066	
8	1 920	4.692	
9	2 570	5.318	
A	3 560	5.944	
B	5 200	6.570	
C	8 480	7.196	
D	18 300	7.82	
E		9.072	no coils connected
F	—	9.698	open＝error！

从表 8-3-1 中可以看到 16 位中取 0 和 F 标记为 error，E 标记为没有连接线圈，1～D 标记为数据位。这样使用两个电阻读取其数据，通过 CAN 总线传输到主机中进行线圈识别，可以对应出相应线圈的 ID（见表 8-3-2）。

表 8-3-2　线圈与其代码一一对应关系

线圈（coil）	连接（connector）	代码（code）
head matrix upper	X6	5D
head matrix lower	X3	AD
neck matrix upper	X2	B7
neck matrix lower	X2	37
spine martix	X7	B1
spine martix	X9	B2
body matrix 0°	X1	53
body matrix 180°	X10	57
PAA matrix	X4，X8	51

同时系统在扫描过程中会实时不停地进行 coil ID 读取，一旦读取数据出错，系统就会给出"读取出错的 coil ID"，与此同时发送中断信息给射频控制系统，停止序列扫描。如果在扫描过程中线圈损坏或者患者不小心把线圈碰掉了，继续扫描则没有意义，同时还

会增加安全风险，因此使用了这样的设计。

coil ID 其实是 MRI 系统射频接收的基础，系统只有知道了目前正在使用哪种线圈，才能更好地进行通路选择以及序列优化。看似简单的线圈身份标识实际上包含了大量的电路基础理论，值得认真研究。

三、线圈多通道融合

coil ID 能够从系统内部自动选择扫描时使用的那个线圈，并同时使其他线圈暂时 detune（截止其功能，使其不接收信号），如果同时连接多个线圈、同时需要接收许多通道的信号，系统应如何确认线圈？不同型号的磁共振设备有不同的方法。

（一）多通道电缆连接法

第一个方法非常直接也非常简单，就是将每个接收通道都对应一个 ADC，这样就解决了多通道同时接收的问题。比如，32 通道接收通路插上 32 通道的线圈或者两个 16 通道的线圈，直接接收就行，通道与 ADC 一一对应非常直接，如图 8-3-4 所示。

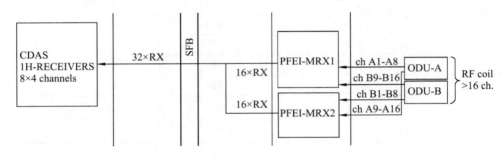

图 8-3-4　32 通道接收通路

同理，如果想连接 64 通道的线圈直接设置 64 个 ADC 也就完成了，但是这样的设计整体的成本和系统复杂程度就会相应提高。

（二）多通道融合技术

第二种方法就是多通道融合技术，就是将多个通道经过特殊算法共同使用一根通道线传递到一个 ADC 上进行接收。这样做的好处是用有限的接收通道就可以接收多个通道的接收线圈。SIEMENS 的 Switch Matrix 就是用了这样的技术，图 8-3-5 中显示多通道融合技术接收通路框图。

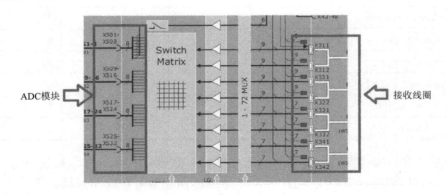

图 8-3-5　多通道融合技术接收通路框图

Switch Matrix 模块的作用是在接收线圈的各个通路与 ADC 接收模块之间进行转换，同时在系统接收多个通道时，进行通道融合。比如可以有以下三种配置（图 8-3-6）。

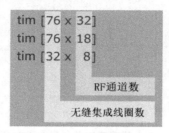

图 8-3-6　三种配置的通道融合

（1）tim［76×32］：ADC 有 32 个接收通路，76 为最大支持 76 个通道；

（2）tim［76×18］：ADC 有 18 个接收通路，76 为最大支持 76 个通道；

（3）tim［32×8］：ADC 有 8 个接收通路，32 为最大支持 32 个通道。

以 tim［76×32］这种配置为例进行进一步解释："76"指接收线圈的 76 个针脚，其中包含 64 个线圈 pins（4×8，4×6，2×4），另外 spine 脊柱线圈有 24 个基础单元，但是由于 spine 很长，不可能同时都在匀场范围之内，因此系统同一时刻只接收其中的 12 个单元，总共有 64+12＝76 个 pins 接口。系统并没有将 76 个 pins 接收的信号一一直接传递到 72 个 ADC 模块，那样做成本太高。系统将每两个或者三个线圈的接收信号输入到 mode matrix 内，将它们组合成新的融合信号再输出到一个 ADC 内。

以三个线圈融合为例，每组里包含 3 个线圈通道单元，3 个线圈通道单元经过专门的计算，横向排列 3 个分别为左（L）、中（M）、右（R）（图 8-3-7）。3 个线圈通道单元的输出，按照 3 种数学方式进行输出（图 8-3-8）。

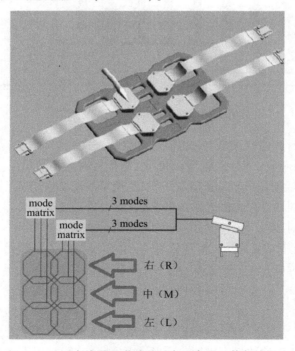

图 8-3-7　三个线圈通道单元融合示意图（体部线圈）

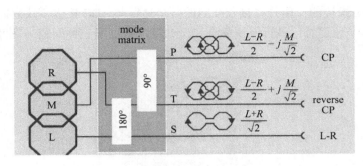

图 8-3-8 三个线圈通道单元融合数学计算情况

为了简便分析，单独分析 3 个线圈输出的 CP 信号，CP 单元输出为：

$$CP = \frac{L-R}{2} - j\frac{M}{\sqrt{2}}$$

也就是每个线圈通道组输出一个 CP 信号，这样回到 tim［76×32］，就能够看到 32 个 ADC 所对应的 72 个线圈通道，下面列出将线圈全部连接时的配置情况（图 8-3-9）。

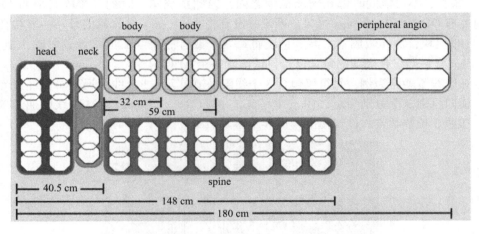

图 8-3-9 线圈全部连接时配置情况

从图 8-3-9 可以看到线圈通道与 CP 信号对应的方式。

head：12 个单元对应 4 个 CP 信号，每个 CP 信号对应 3 个单元。

neck：4 个单元对应 2 个 CP 信号，每个 CP 信号对应 2 个单元。

body：6 个单元对应 2 个 CP 信号，每个 CP 信号对应 3 个单元。

body：6 个单元对应 2 个 CP 信号，每个 CP 信号对应 3 个单元。

spine：24 个单元对应 8 个 CP 信号，每个 CP 信号对应 3 个单元。

PA：24 个单元对应 8 个 CP 信号，每个 CP 信号对应 3 个单元（图中未显示）。

全部叠加也就有了 32 个 ADC 所对应的全部 CP 信号，也就是说完成了接收通道的信号融合。

线圈接收通路信号融合功能使用有限的 ADC 接收更多的线圈通道，采用相对复杂的融合矩阵。在接收 ADC 的数量有限时，采用线圈融合功能是很有效的，但同时也带来了一个问题，系统接收的并不是真实的每一个通道的信号，而是经过处理的融合信号，因此系统信噪比一定程度上取决于融合线圈通道的排布和算法的优劣，同时在融合过程中还经过了一步信号接收，一定程度上影响接收信噪比。最有效的多通道接收还是将全部信号通道分别进行接收，而这就需要从硬件上对射频接收系统进行优化，全数字式接收通路就是一个有效的发展方向。

第四节　tune 校准信号

前文介绍了线圈的读取和接收通路的信号融合功能，为了用有限的 ADC 接收更多的线圈通道，磁共振设备通常采用了相对复杂的融合矩阵。融合矩阵功能一般在模拟接收方式的多通道同时接收时使用，目的是在有限资源下，尽可能多地接收更多的线圈通道。通过前面的介绍，已经解决了射频接收通路的 A/D 转换、信号传输，接下来就是如何判断连接的线圈是否能够正常工作。

一般来说接收线圈内部不会专门设置一个校准模块来每次进行自校准，最多线圈本身从物理层面检测一下电路电压是否正常。接收线圈的作用是接收 MRI 信号，必须对其接收信号的能力进行评估，这时就要用到 tune signal。

在射频发射通路中提到 tune 的概念。tune 有两个含义，当描述 tune/detune 时（比如 QBC 中 rod 的"tune"状态），tune 表示导通或者使能状态，detune 表示断开状态。当表示 tune 线圈或者 tune 信号时，它表示 MRI 射频系统的 tune 校准信号，用来检测接收线圈 Q 值。本节介绍射频接收通路的 tune 校准信号。

一、射频接收通路校准电路主要结构

tune 信号的电路框图如图 8-4-1 所示。从图上可以看到，tune 校准信号从设备间 DACC 数据采集柜中专门用来发射校准信号的 CLOCK 板发出，通过 SPLITTER BOX 来到 TR-SWITCH 模块后，分成两路最终通过专用的 2 个 tune coil 发射（图中粗灰线标注）。

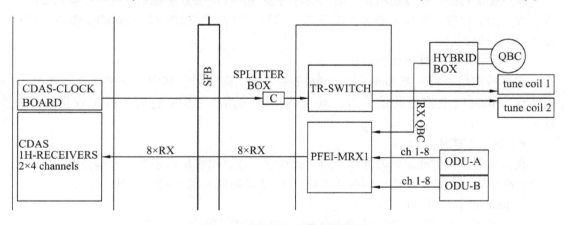

图 8-4-1　tune 信号的电路框图

虽然 tune 信号是用来进行射频接收线圈校准，但是它的通路更像射频发射通路中的构架。这里分别介绍其中的重要模块。

1. CLOCK 板

从名字上看 CLOCK 板跟时钟相关（图 8-4-2），CLOCK 板包含以下两个作用。

（1）时钟基准：MRI 系统发射、接收的一个重要的基础是时钟统一，为了产生所需要的序列，整个系统中射频发射、接收、控制模块都需要有一个统一的时间基准，而这个基准时间信号就是从 CLOCK 板发出的。

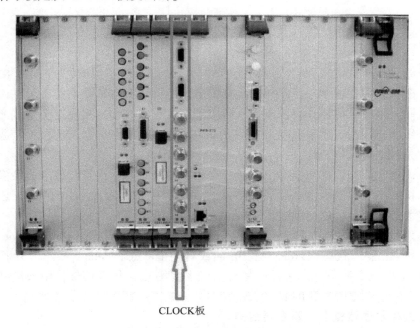

CLOCK板

图 8-4-2 CLOCK 板位置

（2）信号校准：MRI 系统射频接收信号的校准也是从 CLOCK 发出基准信号。所谓信号校准主要是对射频接收通路相关的模块进行校准，校准的方法就是发射一个模拟 MR 回波信号。需要校准的模块主要包含以下几个部分：接收模块 RX 板内的 ADC 模块、PFEI MRIX 板、接收线圈。

2. 耦合器（SPLITTER BOX）

耦合器作用是将一路 tune 信号分解成相同的三路信号。其中一路进入 TR-SWITCH 模块作为 tune 校准信号的信号源，其余两路进入两块 MRIX 板内进行接收模块通道校准。

3. TR-SWITCH

在介绍射频发射通路的时候多次讲到此模块，在这里模块内还有一个耦合器，起到了 tune 校准信号的一分二功能，同时还可以对 1、2 两路的发射和截止状态进行控制。

4. tune 发射线圈（tune coil）

tune 发射线圈共有 2 个，在介绍 QBC 结构的时候标记过它们的位置。实际上 tune 线圈的位置对应的就是 QBC 正交发射的基础单元 rod 7 和 rod 11，因此也就意味着 tune 校准信号可以精确地向 QBC 内两路正交通道中的对应发射通道发射校准信号（图 8-4-3）。

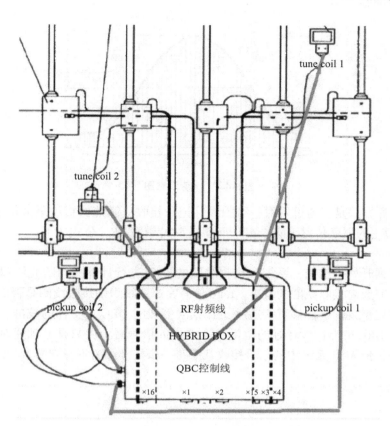

图 8-4-3 两个 tune 发射线圈

二、射频接收通路校准电路 Q 值

tune 信号是如何对线圈进行校准的，这里引入 Q 值的概念，每一种射频接收线圈都至少具备两个参数：① 接收信号灵敏度；② 接收信号带宽。

1. 接收信号灵敏度

灵敏度就是线圈接收多大频率的时候信号最强，每一个线圈总有最佳匹配频率。由于MR 信号非常低，在线圈通道后面都会加前置放大器，如果使用通常接收低信号强度的接收线圈，突然接收一个很大的信号（比如经过射频放大器放大的射频发射信号），那么线圈很可能就会烧了。因此接收线圈的接收幅度是有阈值的。

2. 接收信号带宽

描述线圈能够接收的频谱范围，这是射频接收线圈的一个基本指标。通常来讲，一个线圈接收全频段的信号既不现实也没有必要。

1.5 T MRI 设备的基准频率是 64 MHz；3.0 T MRI 设备的基准频率是 128 MHz。一般来说 1.5 T 设备使用的接收线圈是无法接收到 3.0 T 线圈的信号，反过来也一样。实际上MRI 系统使用的接收线圈带宽是很有限的，这样一方面可以提高专用线圈的敏感度，另一方面也能最大限度地减少其他频段的噪声可能带来的干扰。

有了这两个指标，系统对一个接收线圈的评价标准就可以用 Q 值来表示（图 8-4-4）。

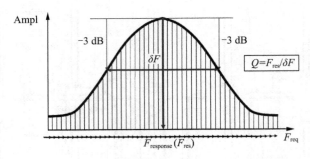

图 8-4-4 Q 值示意图

Q 值的计算方法是：通过发射一组扫频，记录接收线圈能够接收最大敏感度的频率，记为 F_{res}，在 F_{res} 的强度位置下降 3 dB，计算此时的带宽 δF，公式如下：

$$Q = F_{res}/\delta F$$

在每个序列开始扫描前，系统对接收线圈的 Q 值进行计算，判断此线圈的通道是不是正常，由此完成对接收线圈的校准。tune 信号完成系统识别接收线圈是否能够正常工作的功能，同时更重要的是能够直接通过 tune 信号完成对 QBC 正交性的校准，因此设计上 tune 线圈是在 QBC 中专门设计好的位置。虽然 tune 信号看上去只是基础通路旁边不起眼的一个小模块，但 MRI 系统中的信号接收几乎每一步校准都离不开它的参与。

磁共振设备的质量
保证与质量控制

　　磁共振设备是临床上用于人体检查的大型成像设备，其影像信息的准确性、重复性以及可靠性，直接关系到临床诊断的质量。磁共振成像设备涉及强磁场、射频场、梯度场、低温超导环境、制冷系统及计算机系统等，其构造、成像技术及其成像原理较复杂，运行过程中不仅存在很多不安全的因素，还容易产生各种图像质量问题，进而影响诊断的准确性与可靠性，甚至造成误诊与漏诊。由此，磁共振设备的可靠性、安全性、有效性不仅取决于设备本身的质量，还取决于设备在运行过程中各个环节的质量控制和管理。因此，需要定期开展规范化的质量控制工作来确保设备处于良好的运行状态。

第一节　磁共振质量控制相关标准

　　磁共振设备质量保证和质量控制是在磁共振设备的购置、安装、调试、运行的整个过程中，严格按照行业要求进行规范化作业，使设备各项指标和参数符合规定标准的技术要求，处于安全、准确、有效的工作状态，最优化地发挥设备的各项性能，为诊断疾病提供优质图像的系统措施。

　　国际与国内标准体系的建立为磁共振成像质量保证与质量控制（quality assurance & quality control，QA/QC）提供了重要参考依据。临床工程师可以依据一套完整的容易操作的质量控制标准，根据不同厂家型号的机器，在长期监测记录的基础上，建立个性化的指标，对设备进行质量控制检测并进行质量调整。

一、国外相关标准

　　美国医学物理学会（american association of physicists in medicine，AAPM）和美国放射学院（american college of radiology，ACR）制定了 QA/QC 基本的一系列标准，列出信噪比、均匀度、空间分辨率、几何畸变率等成像参数的测试方法、工具和测试标准。AAPM 制定的《磁共振成像质量保证方法及体模》（*quality assurance methods and phantom for magnetic resonance imaging*）规定了医用磁共振成像设备的医学计量规范；ACR 也在 1998 年提出对磁共振成像系统进行以图像质量测试为主的 QA/QC，应采用测试模具和相应测试方法结合的方式。1988—1992 年，代表设备制造商的美国电气制造商协会（national electrical manufacturers association，NEMA）先后发布了有关磁共振成像系统的信噪比、均匀性、二维图像的几何性能和层厚测定等参数的有关标准。

二、国内相关标准

我国对磁共振成像的 QA/QC 研究起步也较早。20 世纪 80 年代起，国内多位教授和他们的学术团队对磁共振常用成像参数和系统性能的测试进行了研究。2002 年，北京市计量科学研究所起草了 JJF（京）30-2002《医用磁共振成像系统（MRI 检测规范）》，对新安装、使用中和重要部件维修后的医用磁共振成像系统的检测方法做出了规定；2006 年，国家卫生健康委员会发布了卫生行业标准 WS/T 263—2006《医用磁共振成像（MRI）设备影像质量检测与评价规范》，该标准规定了医用磁共振成像设备成像质量相关的质量检测项目、要求、检测方法和评价方法等。2010 年，国家食品药品监督管理局（现国家市场监督管理总局）发布了医药行业标准 YY/T 0482—2010《医用成像磁共振设备主要图像质量参数的测定》，规定了主要的医用磁共振设备图像质量参数的测量程序，推荐了几种测试模块及其相应测试方法。

目前，国内还没有制定颁布医用磁共振成像设备的国家标准，北京、浙江、江苏、广东、福建等省市制定了各自的地方标准，检测时，可参照执行。

（1）JJF（京）30—2002《医用磁共振成像系统（MRI）检测规范》：该规范适用于新安装、使用中和影响成像性能的部件修理后的医用 MRI 系统的检测。

（2）JJG（浙）80—2005《医用磁共振成像系统（MRI）检定规程》：该规范适用于医用 MRI 系统的首次检定、后续检定和使用中检验。

（3）JJG（苏）71—2007《医用磁共振成像系统（MRI）检定规程》：该规程适用于医用 MRI 系统的首次检定、后续检定和使用中检验。

（4）JJF（粤）009—2008《医用磁共振成像系统（MRI）计量检定规程》：该规程适用于医用 MRI 系统的首次检定、后续检定、使用中检验和影响成像性能的部件修理后的计量检定。

（5）JJG（闽）1041—2011《医用磁共振成像（MRI）系统检定规程》：该规程适用于医用 MRI 系统的首次检定、后续检定和使用中检验。

（6）YY/T 0482—2010《医用成像磁共振设备主要图像质量参数的测定》：该标准规定了主要的医用磁共振设备图像质量参数的测量程序。在该标准中陈述的测量程序适用于：在验收试验时进行质量评价，在稳定性试验时进行质量保证。该标准的范围也仅限于测试模具的图像质量特性，而不是患者的图像。

（7）WS/T 263—2006《医用磁共振成像（MRI）设备影像质量检测与评价规范》：该标准规定了医用 MRI 设备影像质量检测项目与要求、检测方法和评价方法。该标准适用于永磁体、电磁体和超导磁体医用 MRI 设备的验收检测和状态检测。

第二节　主要参数及检测方法

临床工程师对磁共振设备进行周期性检测和预防性维护的根本在于服务临床，解决实际工作中出现的各种问题，其最终目的是获得充分满足诊断要求的优质图像。而磁共振成像系统构成复杂，影响其影像质量的因素也很多，对整个系统进行全面测试较为困难，通常选择能为磁共振图像准确诊断提供足够信息的信噪比、图像均匀性、线性度、空间分辨率、层厚、密度分辨率等参数进行检测，确保图像没有伪影、变形、不均匀和模糊现象。

一、检测体模

（一）体模材料

体模（phantom）是各种检测标准中常说的检测物，即测试所用的人体模拟物。体模又称为水模。MRI 体模材料应具有化学和热稳定性，在存放期间不应有大的变化，否则会影响参数测量。应尽量避免使用着色材料，容器与填充物不应有明显的磁化率差异。体模材料的 T_1、T_2 及质子密度应满足以下要求：100 ms<T_1<1 200 ms，50 ms<T_2<400 ms，质子密度约等于水密度。

有许多材料可用于 MRI 体模，这些材料大多是含有大量质子的凝胶和不同顺磁性离子的水溶液。表 9-2-1 列出了一些体模材料的弛豫时间。

表 9-2-1 几种常用体模试剂的弛豫时间（0.5 T，20 MHz）

溶剂	浓度	T_1/ms	T_2/ms
$CuSO_4$	1~25 mmol/L	860~40	625~38
$NiCl_2$	1~25 mmol/L	806~59	763~66
1，2-丙二醇	0%~100%	2 134~217	485~72
$MnCl_2$	0.1~1 mmol/L	982~132	—

其中 $CuSO_4$、$NiCl_2$ 和 $MnCl_2$ 是顺磁性试剂，弛豫时间是温度和场强的函数。弛豫率与离子浓度近似呈线性关系。$CuSO_4$ 溶液的 T_1/T_2 值接近于 1，与生物组织的 T_1/T_2（3~10）相差较大，故这种溶液只能用在 T_1、T_2 及质子密度值的测试上。

（二）体模的选择

由于各个医院所配备的磁共振成像质量控制检测模体各有不同，很多医院尚无专用性能体模，一般可选择符合 AAPM 技术标准或符合 ACR 技术标准的磁共振成像性能检测体模。检测选用的标准为卫生行业标准 WS/T 263—2006《医用磁共振成像（MRI）设备影像质量检测与评价规范》。

例如，magphan 体模，magphan 体模是美国体模实验室设计的一种磁共振体模，此组合型 magphan 体模可进行横断面、冠状面和矢状面及斜面的成像，可检测下列参数：① 信噪比；② 均匀度；③ 几何畸变（空间线性）；④ 扫描层厚和连续性；⑤ 空间分辨力；⑥ 低对比度分辨力；⑦ 伪影；⑧ T_1、T_2 的测量（灵敏度的检测）等参数。它具有定位容易、测量性能参数多等优点。

二、基本要求

（一）检测环境要求

一般要求磁共振成像设备的运行环境如下：温度为 20~22 ℃，相对湿度为 50%~60%，电源电压为（380±10）V。

（二）标准装置

检测器材为磁共振成像性能测试体模。

（三）扫描条件设置

磁共振成像设备检测通常采用饱和恢复自旋回波成像脉冲序列，设置参数为：TR =

500 ms，TE＝30 ms，扫描矩阵为 256×256，层厚为 5 mm，扫描 FOV 为 25 cm，接收带宽 BW＝20.48 kHz 或 156 Hz/像素，平均采集次数为 1 次，不使用并行采集技术及失真校正、强度校正等内部校准技术。

（四）检测前准备

在贮存及运输过程中，体模内可能会出现气泡并附着在内部检测部件上，须在使用前尽量去除气泡，使得各成像检测层面不受影响，方能进行检测。

1. 体模的定位

检测时，首先进行体模的定位，将体模水平放置在扫描床上已装好的头部线圈底座上，测试体模置于线圈中间位置，采用水平仪对体模从 3 个方向上进行调整，检查体模的轴与扫描孔的轴是否平行，直至体模水平放置，在调整好体模水平后，正确安装接收线圈，采用激光定位确定体模的中心位置，定位完成后按进床键将体模送到磁体中心区域，进行扫描信息登记以及扫描参数的设定。检测中还要注意，每次体模摆放和定位要一致，才能保证检测结果的一致性。除非特殊需要，所有的体模均应放置于磁场的绝对中心。

2. 体模的扫描

体模进入磁体中心要静置 5 min 后才可进行扫描。扫描时先进行三平面定位像扫描，如果体模摆放正确，则在正方形两侧的短线条应是长短一致、左右水平、对称分布的。如果不能对齐，则须二次定位像扫描，可以调整扫描角度进行扫描，否则须重新摆位。接下来在符合标准的定位像上对体模进行各个测试层面的横断位扫描。

三、检测项目和检测方法

用于 MRI 设备质量保证的参数可分为非成像参数、信号强度参数和几何参数等三类。

（一）非成像参数

非成像参数是指与 MRI 没有直接关系的参数，如共振频率、磁场均匀性、射频翻转角的准确性、涡流补偿、梯度场强度校准等。这些参数对于 MR 信号及最终图像的质量起重要的作用。

1. 共振频率

MRI 系统的共振频率是指由拉莫尔公式和静磁场所确定的 RF 波频率，也是整个射频发射和接收单元的基准工作频率。共振频率的变化一般由静磁场的漂移所致。每次开机之后须对其进行校准，属于日常常规的质量保证检测项目。

2. 主磁场均匀性

主磁场均匀性是 MRI 设备图像质量的重要参数。由于磁场均匀性的高低直接决定波谱的质量，因此磁共振波谱测量和成像对主磁场均匀性的要求更高。通过测量某一特定波峰的半高宽（fall width at half maximum，FWHM）可得到磁场均匀性。半高宽可以 Hz 为单位，也可以 ppm 为单位，二者的关系为：

$$FWHM（ppm）= FWHMHz/42.576B$$

3. 射频翻转角的准确性

射频翻转角是 RF 系统的重要性能指标之一，其可通过单脉冲的梯度回波序列如 FLASH、GRASS 或 FISP 等进行测量。将一可产生均匀信号的体模置于磁体物理中心，启动扫描后便可记录 ROI 的信号强度。信号强度有功率或角度两种表示法。特定体模的 RF 功率参考值一旦确定，可在此基础上快速测定射频翻转角来判断 RF 系统的状态。

4. 涡流补偿

典型的检测周期为半年，但在机器全面维修、调整、升级后必须进行测试。

5. 梯度场强度校准

典型的检测周期为半年，每次调整、维修、升级梯度系统后必须进行测试。

（二）信号强度参数

1. 信噪比

信噪比（signal noise ratio，SNR）是指图像的信号强度与噪声强度的比值。信号强度是指图像中某一感兴趣区内各像素信号强度的平均值；噪声是指同一感兴趣区等量像素信号强度的标准差。重叠在图像上的噪声使像素的信号强度值以平均值为中心而振荡，噪声越大，振荡越明显，SNR 越低。信噪比是对整个磁共振成像系统信噪比的综合反映，可用均匀体模检测。

图像的 SNR 与静磁场强度、采集线圈、脉冲序列、TR、TE、NEX、层厚、矩阵、FOV、采集带宽、采集模式等很多因素有关。

2. 均匀度

均匀度是指图像的均匀程度，它描述了 MRI 系统对体模内同一区域的再现能力。均匀度检测使用的体模也是均匀模。图像均匀度是通过比较不同区域信号强度测量值的差异得到的，均匀度 U 可用下列公式计算：

$$U = [1-(S_{max}-S_{min})/(S_{max}+S_{min})] \times 100\%$$

式中，S_{max} 为所测区域中信号最大值，S_{min} 为所测区域中信号最小值。

图像的均匀度与静磁场本身的均匀性、射频线圈质量、涡流效应及梯度脉冲等因素有关。

（三）几何参数

1. 空间分辨力

图像的空间分辨力是指 MR 图像对解剖细节的显示能力，实际上是成像体素的实际大小；层厚代表层面选择方向的空间分辨力。层面内的空间分辨力受 FOV 和矩阵的影响。FOV 不变，矩阵越大则体素越小，空间分辨力越高；矩阵不变，FOV 越大则体素越大，空间分辨力越低。空间分辨力还与相位、频率编码有关的梯度场升降幅度变化有关。

2. 线性度

图像的线性度也称为几何畸变，是描述 MRI 图像几何形变程度的指标。体现了 MRI 系统重现物体几何尺寸的能力。可用图像中两点的距离与受检物体相应两点实际尺寸相比较，计算线性度。一般用畸变百分率表示，即

$$畸变百分率 = [(L_R-L_M)/L_R] \times 100\%$$

式中，L_R 是实际距离，L_M 是测量距离。导致图像几何变形的主要因素包括静磁场不均匀、梯度场线性不佳、信号不完全采集、磁敏感性改变及脉冲序列等。

3. 层面几何特性参数

层面几何特性参数是描述成像层面位置、层厚及层间距准确性的指标。层厚是指层面轮廓线的半高宽；层面位置是指层面轮廓线半高宽中点绝对位置，也即层厚中心点的位置；层间距指相邻两层之间的间隔距离，与 CT 的层间距不同，后者通常是指两个相邻层厚中心点之间的距离。影响层厚、层面位置及层间距准确性的因素主要有激光定位系统的

准确性、梯度磁场的线性、射频磁场的均匀性以及静磁场的均匀性等。

四、测量过程的质量控制

磁共振成像装置原理和构造非常复杂，涉及强磁场、强射频场、高速切换的强梯度场、低温超导环境、制冷系统等。简单来说，磁共振成像就是人体内原子核在主磁场和选层梯度场中，受到射频场激发而引起氢原子核共振，并在射频脉冲停止后，在编码梯度场作用下，由射频线圈检测接收氢原子核释放的信号，最终接收的信号经计算机处理后形成磁共振图像。这一过程中不仅存在许多不安全因素，而且容易产生各种图像质量问题，直接影响临床诊断的准确性，严重的甚至导致漏诊和误诊。

磁共振成像设备的运行状态不仅取决于设备本身质量，而且取决于设备运行过程中各个环节的质量控制和管理。所有参与磁共振工作的人员，包括影像科医师、临床工程师、技师、护士等都负有各自的责任，任何一个环节的疏忽都可能产生不良结果，例如，图像伪影、序列参数不正确设置或者序列漏扫等将导致诊断困难，甚至误诊、漏诊。

磁共振成像系统质量控制检测项目主要包括 SNR、图像均匀性、层厚、空间分辨率、低对比度分辨率、线性度等，在测量时也要对测量过程进行质量控制，包括：① 设备所处环境，所测结果必须在固定环境下进行。② 扫描前准备，扫描前对体模进行准备，体模储存及搬运过程中会出现气泡并附着在内部检测部件上，扫描前应尽量去除气泡，使其不影响各成像检测层面才能进行检测。③ 扫描过程，扫描时应根据标准要求对扫描参数进行设置，包括所用扫描序列、TR、TE、FOV、层厚、矩阵及接收带宽等，在性能检测中均采用自旋回波成像脉冲序列。参数确定后对体模定位扫描，第一次扫描出的体模定位像不一定左右对称，必要时根据此定位像进行二次定位，以确保图像左右对称。④ 测试计算环节，扫描结束后要将得到的图像调入预览界面，调节图像大小及窗宽、窗位，根据测试方法进行参数的测试计算。

第三节　瞬间放电与噪声

MRI 设备使用过程中经常会遇到瞬间放电（spike）和噪声（noise），图像质量问题很多都与 spike 和 noise 有关，这两个概念往往容易搞混，弄清 MRI 中 spike 和 noise 的产生原因很重要。

一、spike 和 noise 比较

spike 中文俗称"电打火"，也就是瞬间放电的过程，GE 称作白噪声，日常生活中最典型的例子就是打火机中电石打火器发出的火花。

noise 中文俗称"射频干扰"，PHILIPS 设备中称为 spurious noise，GE 设备中称为 coherence noise。自然界中最典型的例子就是无处不在的广播电台发出的无线电波。noise 是在时域上不随时间变化的一组连续信号，在频域上固定频率或频段的尖峰信号。noise 信号的特点是长时间和固定频率。

为了便于区分两者的关系，我们将它们放在一起进行介绍。首先给出两者在时域上的图像进行对比（图9-3-1），这里假设在接收时间内发生了三次 spike（图9-3-1A），两个不同频率不同幅度的射频干扰（图9-3-1B）。

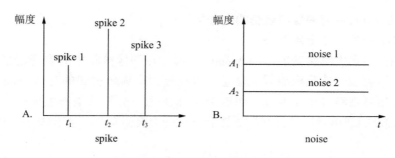

图 9-3-1　spike 和 noise 时域图

从图 9-3-1 中可以很清晰地看出，spike 信号是在特定时间发出的尖峰信号，信号突然出现又突然消失，并且基本上每次出现的幅度都不相等。而 noise 是在相同幅度下的两个不随时间变化的信号。

接下来我们观察两者在频域下的区别（图 9-3-2），前提条件不变，依然是三次 spike 以及两个不同频率不同幅度的射频干扰。

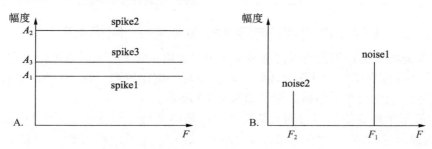

图 9-3-2　spike 和 noise 频域图

图 9-3-2 中表现出和时域图完全不同的现象，spike 表现出不随频率变化的三条幅度不相等的线（图 9-3-2A），而 noise 表现出在特定频率上会出现尖峰信号（图 9-3-2B）。

二、spike 和 noise 对图像质量影响的机制

理解 spike 和 noise 在时域和频域上的区别，对于查找图像质量问题具有非常大的意义，spike 和 noise 对图像质量影响的机理如下。

（1）根据 MR 信号产生的原理，一幅 MR 扫描的图像包含了相位编码和频率编码，换句话说一幅图像是用频域来进行描述的，也就是二维坐标系 X、Y 两个坐标轴分别对应频率编码和相位编码（图 9-3-3）。

（2）从 MR 信号的产生可以知道，MR 信号的接收是按照时域进行接收的，即同一时刻接收到的 echo 信号包含了全部的频率信息。

（3）由于 spike 和 noise 在时域和频域上的表现不一样，那么很容易从图像采集重建的角度区分它们，从而有针对性地查找图像质量问题的原因。

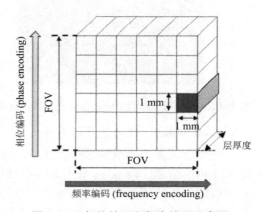

图 9-3-3　相位编码和频率编码示意图

三、spike 和 noise 对图像质量影响的分析

（一）spike 对图像质量的影响

假设在扫描过程中突然发生了一次 spike，那么在图像接收中的表现就是在这一次的相位编码中，接收线圈接收到的射频信息，再经过频率编码得到的有效 echo 的附近，出现一个瞬间的信号尖峰（图 9-3-4）。而这个尖峰在这一次相位编码生成的一维图中，除了中心位置 echo 的高信号以外，在附近还会出现一个亮点信号（如图 9-3-5 中两个圆圈区域所示）。

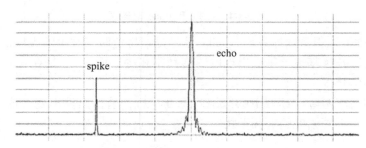

图 9-3-4　射频线圈接收的信号包含 echo 和 spike 信号示意图

K 空间填充的数据是相位编码信息多次从中间开始，向上、下两边逐次填充的，因为 spike 的发生是没有规律的，可能会随时出现，而每一次出现都会在一行相位编码信息上增加一个亮点，由此得到的原始数据图如图 9-3-5 所示。

K 空间的原始数据信息经过两次傅里叶转换最终生成一幅图像，K 空间中的每一个点都会影响最终生成的图像的全部，因此在 spike 干扰下最终得到的图像如图 9-3-6 所示。

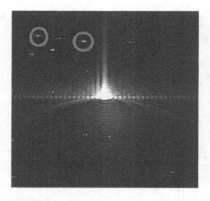

图 9-3-5　包含有 spike 的 echo 生成的一维图像示意图　　　图 9-3-6　受 spike 干扰的图像

（二）noise 对图像质量的影响

一幅图像是用频域来进行描述的，也就是二维坐标系 X、Y 两个坐标轴分别对应频率信息和相位信息。而 noise 最大的特点是频域上就是一条线，换句话说，在实际图像上就是对应的一条线（如果干扰信号是一个频带的话，图像上就是带状）。从实际线圈接收信号的时域角度来看，这个干扰信号是不随时间改变的，可以认为它在一次扫描过程中会一直存在。因此，noise 对图像质量的影响就是一条固定频率，且平行于相位编码方向的

"线状"或者"带状"影，对图像其他地方影响不大，得到的图像如图9-3-7所示。

本节学习了 spike 和 noise 的概念，从两者在频域和时域的表现形式出发，介绍了它们对图像可能造成的影响，涉及了一些信号处理方面的知识，同时又包含有时域和频域的概念，因此需要结合序列成像原理的内容进行对比学习。

实际上 spike 和 noise 所造成的图像质量问题是非常普遍的，磁体上任何一个没有拧紧的螺丝，或者患者遗失的一枚硬币都有可能产生 spike，而 MRI 机房所使用的电磁屏蔽就是为了杜绝 noise 对接收信号的影响，但是屏蔽效能可能会随着时间推移不断下降。

图 9-3-7　含有 noise 干扰的图像示意图

通过对图像的分析或者对 raw data 的分析，可以反推这种图像质量问题是 spike 引起的，还是 noise 引起的，从而有针对性地进行故障排查。因此，了解 spike 和 noise 的知识，无论对于临床医学工程师还是 MRI 操作技师都有一定的指导意义。

四、噪声的来源与控制

（一）外界干扰屏蔽不良引起的噪声

为了避免机械振动对磁共振成像的影响，磁共振机房设计在远离震动源的地方，如远离公路。外界电磁波是磁共振成像中主要的噪声来源（图9-3-8）。预防外界电磁波干扰常采用磁屏蔽方式，屏蔽不良是磁共振成像质量不佳的常见原因。

图 9-3-8　广播电视信号对磁共振成像的影响

超导 MRI 设备的中心频率分别为：① 64 MHz（1.5 T）；② 128 MHz（3.0 T）。这两个频段正好落在电视信号甚高频 VHF 频段区间内（表9-3-1）。

表 9-3-1　VHF 电视信号频率表

	波长 λ	频率 f	用途
甚高频 VHF	1~10 m（超短波）	30~300 MHz	VHF 电视、调频双向无线通信飞行器调幅通信、飞行器辅助导航（电视 VHF 有 12 个频道：1~5 频道为 48.5~92 MHz，6~12 频道为 167~223 MHz）

从表 9-3-1 可以明显地看到，外界大量的电视信号都处于 VHF 频段，对于 MRI 设备来说，这些信号全部都是干扰信号。如果把超导 MRI 设备放到开放空间扫描，会直接受到干扰，因此需要有合格的电磁屏蔽将这些外界干扰信号隔绝出去。由此可以看出，如果 MRI 屏蔽间的屏蔽效能不好就可能产生 noise 干扰。常见屏蔽不良的原因有屏蔽门效能下降和铜屏蔽效能下降。

1. 屏蔽门效能下降

常规的屏蔽间大门门缝是用铜弹簧片的导通起到屏蔽作用的（图 9-3-9）。新机器刚开始使用时，屏蔽门非常紧，开、关门需要很大力气，但是随着使用次数增多，关门变得越来越容易，这种情况很有可能是弹簧片坏了或者失去弹性造成的，这些都会直接造成大门屏蔽效能的下降，带来 noise 干扰。与此同时，开、关门会导致铜弹簧片变脏，也

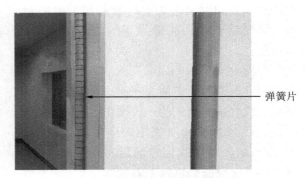

图 9-3-9　屏蔽间大门门缝铜弹簧片

会直接导致接触不良，影响屏蔽效能。因此建议定期检查屏蔽门弹簧片是否有破损，同时经常用无水乙醇擦拭弹簧片。

2. 铜屏蔽效能下降

常规 MRI 磁体间屏蔽的制作方法是用铜皮进行拼接形成一个六面屏蔽箱体（图 9-3-10）。拼接部分常规使用螺栓固定或者焊接，最终目的是要确保铜屏蔽形成一个整体。

图 9-3-10　磁体间六面铜皮屏蔽图

一般来说在良好的施工条件下，铜屏蔽框架是不会有开裂等现象的，正常情况下，铜屏蔽箱体的屏蔽效能是有保障的。为了 MRI 设备正常工作，屏蔽间有很多"孔"，主要有以下几处：① 屏蔽门；② 磁体间观察窗；③ SFB；④ 梯度风机波导管；⑤ 失超管波导管；⑥ 空调进风口波导管；⑦ 磁体间与设备间回风孔；⑧ 磁体间照明插座电源滤波器；⑨ 其他波导口。

这些开口部分都需要专业的屏蔽玻璃或者波导管与铜屏蔽层连接，而连接处一般也是使用焊接或者螺栓固定。显而易见，随着时间的推移，这些连接处可能产生松动，使屏蔽

层效能下降带来 noise 干扰。

（二）磁体间内部引起噪声

除了屏蔽效能下降带来外部噪声干扰外，磁体间内部也有可能产生噪声，比较典型的是电源模块自身产生的 noise 信号干扰。目前大量电源模块采用了开关电源这种架构模式。开关模式电源（switch mode power supply，SMPS），又称交换式电源、开关变换器，是一种高频化电能转换装置，是电源供应器的一种。其功能是将一个标准电压（如 220 V 交流电）通过不同形式的架构转换为用户端所需求的电压或电流。开关电源的输入是交流电源（如市电）或是直流电源，而输出多为直流电源的设备。

开关电源的工作模式是快速通断。为了提高电源性能需要对开关进行快速通断，从而引起电压和电流的快速变化。这些瞬变的电压和电流，通过电源线路、寄生参数和杂散的电磁场耦合，会产生大量的电磁干扰。作为包含开关状态的能量转换装置，开关电源的电压、电流变化率很高，产生的干扰强度较大，干扰源主要集中在功率开关期间，以及与之相连的散热器和高频变压器间。

与 MR 信号同频段的干扰源主要有以下两部分：① 30~50 MHz MOS 管高速开通、关断引起的干扰源；② 50~200 MHz 输出整流管反向恢复电流引起的干扰源。

由此可知，1.5 T 和 3.0 T 超导 MRI 系统的工作频段正好处于开关电源的干扰频段之内，因此对于磁体间里的开关电路都需要进行适当的屏蔽。磁体间内可能出现的开关电源模块主要分为系统内部和系统外部两种。

1. 系统内部干扰源

由于 MRI 系统各个部分的分系统供电电压都不统一，因此系统本身就有非常多的开关电源模块，这些电源模块都自带电磁屏蔽系统（图 9-3-11），比如病床的电源。

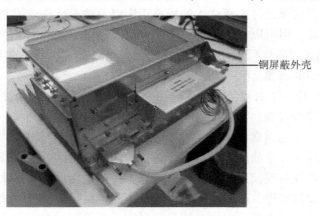

—— 铜屏蔽外壳

图 9-3-11 自带电磁屏蔽系统电源模块

如果系统内部的电源模块屏蔽没有做好，或者干扰信号通过导线传入接收线圈里面，自然就产生了 noise 干扰信号。

2. 系统外部干扰源

这类干扰源五花八门，只要使用了开关电源的设备，在磁体间内都有可能产生信号干扰，比较常见的有以下几种：① 高压注射器，涉及要在操作间对磁体间里面的设备进行控制，可能还有滤波干扰和外界信号引入的问题；② 监控摄像头；③ 无磁监护仪。

（三）屏蔽本身的滤波器

在屏蔽效能衰减和磁体间内部开关电源干扰之外，屏蔽本身的滤波器也可能引入 noise 噪声。由于磁体间内部需要有照明和墙壁插座供电，与 MRI 设备本身一样，从设备间配电柜内引入的电源同样需要进行滤波后才能引入磁体间内，很明显如果屏蔽的滤波器损坏，或者本身购买的滤波器质量有问题，就有可能把外界的噪声引入磁体间内部从而带来干扰。

（四）照明灯

还有一类在磁体间内的干扰源平时不太容易发现，就是照明灯。很多节能灯使用的电子镇流器，本身就是一个信号源，因此不允许磁体间内使用节能灯进行照明，必须使用白炽灯或者 LED 灯源。而 LED 灯源内部必然有一个 220 V 转直流的电源模块，从而也有噪声干扰的可能。

影响 MRI 设备使用的因素包罗万象，屏蔽体小小的虚焊，都有可能带来图像信噪比的降低，对于操作者来说，单纯从扫描参数上去提高图像质量的可能性就变得微乎其微。因此 MRI 技术是复合型技术，图像质量问题的排查很多时候是临床技师和工程师共同努力攻关的结果。

第四节　成像伪影及质量控制

伪影又称鬼影，是指成像和信息处理过程中人体并不存在的错误特征，致使图像质量下降。MRI 因多序列、多方位、多参数成像，成像原理及过程复杂，成像时间长，是出现伪影最多的一种影像技术。常见的伪影如心脏的搏动伪影、血管的流动伪影、腹部的呼吸运动伪影、小视野成像条件下所产生的折叠伪影以及铁磁性物质导致的金属伪影等，这些伪影无法彻底消除，但可以找到抑制伪影的方法。除了上述伪影外，还有很多伪影属于设备伪影，即与 MRI 设备出厂质量、运行稳定性、硬件故障等相关的图像伪影。

一、磁共振伪影的来源

MR 成像过程中的关键因素，其中任何一个或几个出现偏差都可能导致伪影产生。首先是患者，也就是被检查者。影像图像主要反映被检查者的解剖结构，而被检查者本身就存在一些导致伪影产生的因素，如扫描过程中发生移动、有金属植入物等。其次是磁共振系统本身，相关的硬件产生故障均可能造成伪影的产生。再次就是操作者，磁共振技师在操作过程中的任何不规范或使用序列设置不严谨都会产生伪影。从采集完磁共振信号到图像产生还需要进行图像重建，磁共振的软件系统也非常重要，图像重建也是最容易产生伪影的一个环节。最后，外界环境对图像质量的影响，磁共振扫描间要求温度和湿度都要保持在一个设备运行的最佳范围内，磁屏蔽也非常关键，否则当接收信息的频率和相位编码受到外界干扰时，图像伪影将出现。

综上所述，MRI 伪影来源于整个成像过程的方方面面，对于不同来源伪影的具体处理方式也会不同。

二、磁共振伪影的分类

将伪影进行分类主要是为了便于临床中图像的质量控制及伪影处理策略的制定。

1. 按照伪影的来源分类

图 9-4-1 所示为根据 MRI 伪影产生的原因进行分类。这种分类方法比较科学和直观，但是不同类型的伪影其临床处理原则是不同的。所以，为了方便临床质量控制将伪影按照处理策略进行分类。

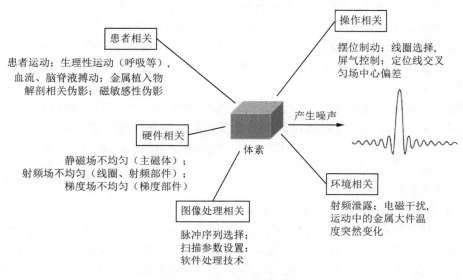

图 9-4-1　MRI 伪影的来源

2. 按照伪影处理原则分类

临床扫描中产生的伪影根据处理原则一般分为 3 类，如图 9-4-2 所示。

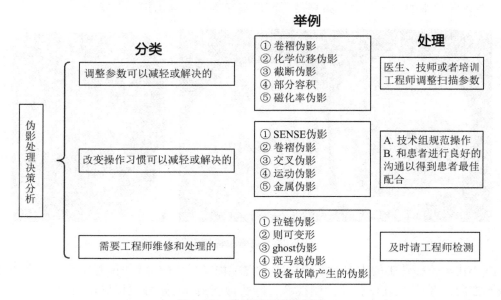

图 9-4-2　伪影处理决策思路

① 调整参数可以减轻或解决的伪影：这一类伪影主要是由于扫描序列参数设置不当而产生，包括卷褶伪影、化学位移伪影、截断伪影、部分容积效应等。对于这些伪影，操

作者（磁共振技师、医生或者厂家培训工程师）一般可以通过调整扫描参数来解决。

② 改变操作习惯可以减轻或解决的伪影：这类伪影的产生主要是由于不规范的操作，包括和患者及操作者相关的伪影，如患者运动导致的运动伪影、患者忘记脱内衣导致的磁敏感伪影、操作者定位不当产生的交叉伪影、操作者线圈放置不当产生的并行采集相关伪影等。这些伪影大部分都可以通过规范化操作及患者的配合来解决。

③ 需要工程师维修和处理的伪影：这类伪影一般是和系统硬件、软件重建及外界环境相关的伪影，如设备故障产生的各种伪影及外界射频干扰导致的斑马线伪影等。这些伪影在图像中表现都非常明显并且严重影响图像的观察，需要专门的维修工程师进行检测及处理才能解决。

根据以上分类，放射科相关工作人员需要重点掌握第一类和第二类伪影的相关知识，正确识别这两类伪影可以保证通过调整扫描参数、规范化操作习惯尽可能消除这两类伪影。而对于第三类伪影，非专业维修工程师一般都无法处理，当遇到这类伪影的时候，应该第一时间请专业工程师进行处理。

三、磁共振常见伪影

（一）化学位移伪影（chemical shift artifact）

化学位移伪影产生的原因是不同分子中氢质子以稍有不同的频率进动。在梯度场内，这些氢质子的位置将会被错误记录。水内的氢质子相对向更高频率编码方向运动，而脂肪则相反，因此脂肪和水分子之间的化学位移差异，造成图像上脂肪和水之间的界面模糊或失真。位移导致信号在较低频率处发生重叠增高，而较高频率处信号减低。化学位移伪影如图9-4-3所示。

化学位移伪影的特点主要包括：出现在频率编码方向上（常规FSE序列或梯度回波）。在较低频率的方向出现一条亮带，而较高频率的方向出现一条暗带。

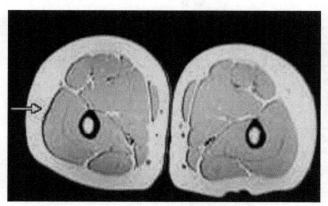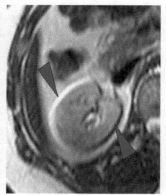

图 9-4-3　化学位移伪影

减小化学位移伪影的主要对策有：① 调整扫描参数（如增加像素宽度）；② 改变频率编码方向；③ 使用化学位移抑制技术（脂肪抑制）；④ 选择低场机器扫描。

（二）运动伪影（motion artifact）

运动伪影产生的原因是患者随机的自主或不自主运动（如咀嚼、吞咽、肢体移动）或者周期性的不自主性、生理性运动（如血管的搏动性流动、肠蠕动、心脏大血管的搏动、呼吸运动、抽搐、惊厥等）而造成的。频率编码方向采集信号的采样时间明显短于依次相位编码的时间。伪影常出现在相位方向。无论何种类型的运动伪影都将使图像质量下降而影响诊断。

　　运动伪影根据运动的性质主要分为周期性运动和随机运动。周期性规律运动可在图像相位编码方向上引起重像伪影，如图 9-4-4 所示。心脏大血管的搏动、呼吸运动等是发生重像伪影的最常见原因。伪影出现在相位方向，等距地出现。伪影信号可高可低，取决于搏动结构相位相对于背景相位的关系（同相位则亮，反相位则暗）。

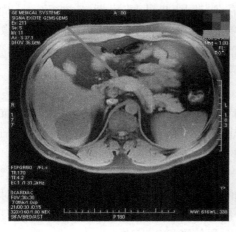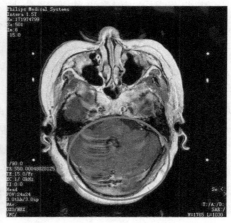

图 9-4-4　周期性的生理性运动产生的伪影

　　随机运动或称非周期性运动，如肠蠕动、吞咽、咳嗽等，产生相位编码方向上的弥漫性图像噪声，如图 9-4-5 所示。图像较模糊，也可能在相位编码方向得到很多平行条带。

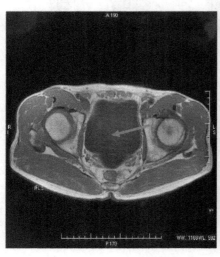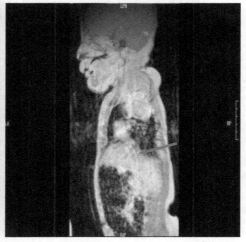

图 9-4-5　随机运动产生的伪影

　　运动伪影的补偿方法主要有：① 改变相位编码方向交换成像层面的频率编码与相位编码方向，即将原来的相位编码方向改为频率编码方向，可有效消除重像伪影。② 预饱和技术预先使用预饱和 RF 脉冲，使感兴趣区外含伪影源的容积预饱和，其氢质子不再产生信号，也不再产生运动伪影。如颈椎矢状位成像时，对颈椎前方包括喉部的容积进行预饱和，可克服吞咽动作引起的运动伪影。③ 呼吸补偿和呼吸门控。呼吸补偿是胸、腹成像时在患者身上放置一种感压器，将呼吸运动的幅度传送给传感器并转换为电信号输入系统，系统据此在相位编码中对呼吸引起的相位移位（phase shift）作出补偿。呼吸门控是控制 RF 脉冲在一定的呼吸期相发射，使每一层数据采集均在同一期相进行。④ 心脏门控，又分为心电门控和外周门控。心电门控用于消除心脏、大血管搏动产生的重像伪影。在患者胸部放置电极和导线，连续获取心电图，通过心电信号控制每一次 RF 激励脉冲均在心室收缩期发射，每层的数据采集均在心动周期的同一期相进行。外周门控（peripheral gating）用于消除小血管搏动和脊髓成像中脑脊液搏动性流动产生的重像伪影。在患者手指上使用一种传感器，检测毛细血管中血流的搏动（指脉），每一次 RF 激励脉冲均在心动周期的同一期相发射，每层数据采集均在同一期相进行。

（三）金属伪影

金属伪影产生的原因主要是铁磁性物质具有很大的磁化率，可能导致明显的磁场变形。对于不同的扫描序列，金属伪影大小不同，一般为 FSE<GRE<EPI，因此可以通过改变扫描序列的方法来改变金属伪影对图像的影响。

金属伪影的特点是：图像变形、或明显异常高/低/混杂信号在不同层面上，伪影位置往往会改变，因此又称"会走动的伪影"，如图 9-4-6 所示。减小金属伪影的主要对策有：① 去掉患者身上或磁体洞内的金属物品；② 使用金属伪影抑制技术，如使用特殊扫描序列（如迭代重建技术）、调整扫描参数或采用金属伪影校正算法。

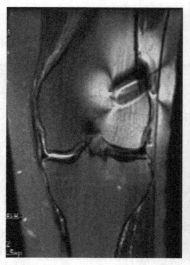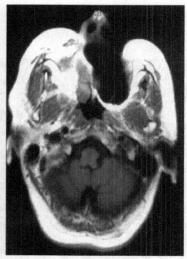

图 9-4-6　金属伪影

（四）卷褶伪影

卷褶伪影又称为混淆伪影，其产生的原因是被检部位的大小超过了视野范围。视野范围以外部分的解剖部位折叠在视野范围内。卷褶伪影的特点是频率、相位方向均可出现，视野一侧 FOV 以外的信号叠加在另一侧的 FOV 内，如图 9-4-7 所示。3D 也可出现在层面选择方向，最后一层可叠加到第一层。

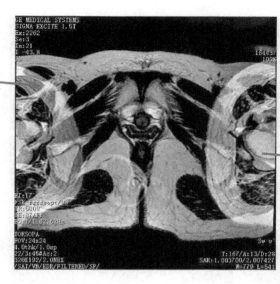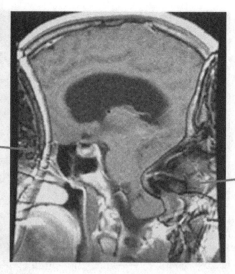

图 9-4-7　卷褶伪影

减小卷褶伪影的主要对策有：① 加大 FOV；② 采用 NPW；③ 饱和脉冲；④ 3D 舍弃开始与最后的几个层面。

（五）截断伪影

截断伪影产生的原因是数据采样不足，在图像中高低信号差别大的交界区信号强度失准。采样次数和采样时间不能准确描述一个阶梯状信号。图像像素无限小才能真实显示解剖结构，因此图像和实际的解剖结构存在差别，这种差别就是截断差别，像素较大会造成这种差别比较明显，称为截断伪影。

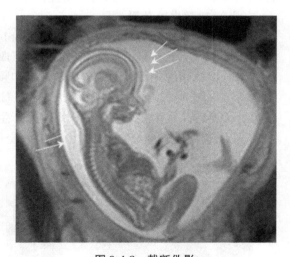

截断伪影的特点是：相位方向更常见，空间分辨率低的图像在高、低对比度界面（颅骨/脑、脊髓/CSF、半月板/液体等）表现为多条同中心的弧线状高低信号影，如图 9-4-8 所示。

图 9-4-8　截断伪影

减小截断伪影的主要对策有：① 增加采样时间（减小带宽）以减小波纹；② 降低像素大小（如增加 Np 或减小 FOV）。

（六）射频伪影

MRI 设备内部或外来的射频场干扰造成的图像伪影称为射频伪影。射频伪影通常表现为图像相位编码方向或频率编码方向上出现明暗相间的点状结构排成线状，类似拉链，又称为拉链伪影，如图 9-4-9 所示。出现拉链伪影最常见的原因是其他射频脉冲的干扰，当扫描室 RF 屏蔽不严时可出现这种伪影。拉链伪影图像特点是：不需要的射频脉冲发生在一个（或一系列）特定的频率；沿相位方向排列。

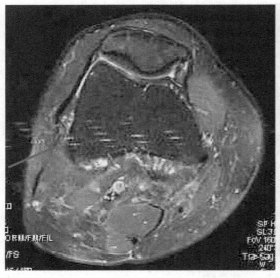
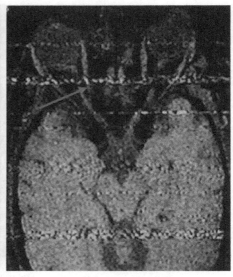

图 9-4-9　拉链伪影

减小拉链伪影的主要对策有：① 做好设备本身及磁体间的屏蔽，检查时注意关闭磁体间的屏蔽门；② 尝试去除监护装置；③ 仍无法解决时应请厂家工程师进行检修。

（七）磁敏感性伪影

磁敏感性或称磁化率（magnetic susceptibility）是指物质可被磁化的能力。不同组织成分磁敏感性上的差异，将导致它们中的氢质子在进动频率及相位上存在差异，使这些组织、成分彼此间的界面上因相位离散效应和频移而产生异常低或高信号伪影，称为磁敏感性伪影，如图 9-4-10 所示。在临床成像中，这种伪影主要来源于出血和血肿中所含的铁成分，因其磁化程度显著高于周围组织。产生磁敏感性伪影的原因为不同磁化率物质的交界面，磁化率不同会导致局部磁场环境的变形，造成自旋失相位，产生信号损失或错误描述。

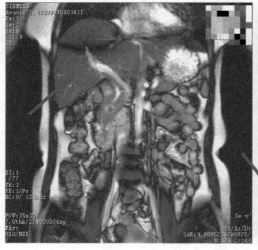
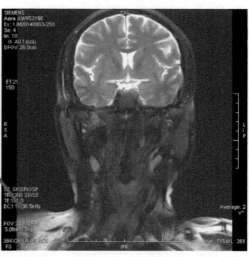

图 9-4-10　磁敏感性伪影

伪影特点：在组织/空气和组织/脂肪界面（包括鼻旁窦、颅底、蝶鞍等部位）出现异常信号或信号变形。减小磁敏感性伪影的主要对策有：增加带宽或者使用低场强设备扫描，可减少金属异物导致的磁化率伪影。

（八）射频不均匀伪影

采用表面线圈或多通道相控阵线圈采集 MR 信号可提高图像信噪比，但与体线圈相比，表面线圈包括相控阵线圈接收 MR 信号在整个采集容积区域是不均匀的；越靠近线圈的部位采集到的信号越高，而越远离线圈的部位采集到的信号越低。这种现象被称为近线圈效应，也被称为射频不均匀伪影。

射频不均匀伪影的主要对策有两种：① 采用过滤技术。这实际上是一种图像后处理技术，使距离线圈不同距离的组织信号尽可能地较为接近；② 利用表面线圈敏感度信息与体线圈比对的方法。在使用平行采集时需要事先利用快速序列来获取线圈敏感度信息，这些信息除了可以用于平行采集技术外，还可用于近线圈效应的校正。具体的方法是在成像序列扫描前，先利用表面相控阵线圈进行校准扫描或称参考扫描，获得线圈空间敏感度信息，然后利用体线圈再扫描一次，通过相控阵线圈与体线圈得到各空间位置上信号强度的比对，获得较准确的校正信息，在成像扫描时则可采用该纠正信息来减轻甚至消除射频不均匀伪影。

（九）磁共振梯度伪影

梯度系统故障导致的伪影一般出现在图像的编码方向，有的贯穿整幅图像，有的表现为受检体轮廓的条线、图像无法重聚；有的在频率或相位编码方向有明显的几何结构失真，图像可能被压缩或拉伸，这种失真在大的 FOV 上表现最明显；有的间断地或连续地出现于一系列或一幅图像上，表现为模糊及非结构性的信号失真，无规则的大块高低信号区交替出现。

产生梯度伪影的原因：① 梯度场的非线性引起几何结构失真。由于计算机重建图像时，频率和相位编码方向均采取线性算法，而实际场强呈非线性，因此信号投影空间产生错位。随着距磁场中心点距离的增加。梯度强度和线性关系失真越严重，所成像的几何结构失真也越严重；② 梯度系统控制电路故障，可能导致某个轴直流偏置增大，或梯度切换不良，造成伪影；③ 梯度线圈工作在交变的大电流状态，工作时梯度磁场快速变化所产生的力，使梯度线圈发生强烈的机械振动，在扫描过程中产生很大的噪声，给图像带来伪影。

第十章

磁共振设备日常维护
与常见故障维修

医疗领域保证各种检查检验设备始终处于最佳状态，确保设备安全有效运行是设备管理的重要课题。MRI 设备是非常复杂的影像设备，需要更细心的维护和管理，确保设备能够正常运行。要保障 MRI 设备的正常运转需要全方位的技术保障和精细化管理维护，需要专业技术人才、管理制度等等。

第一节　磁共振设备日常维护与保养的要求

MRI 设备工作在强磁场环境中，容易受周围环境、操作者等各种因素影响。在临床使用中，操作规范对于确保其正常运行以及降低故障率非常重要。

磁共振成像设备对环境要求非常高，对电源地线、温度、湿度、信号干扰屏蔽等都有很高的要求。温湿度低于或高于所设定的范围，机器均无法扫描。任何信号对电源地线或者扫描间的干扰，均会对扫描图像产生干扰。电气化环境同样会给设备带来巨大的影响。静电会烧坏集成电路板，使得设备不能正常使用。磁共振成像设备运行的安全稳定和质量保证是磁共振成像设备得以广泛应用的前提，磁共振成像设备要安全、稳定运行，减少故障发生率，延长使用寿命，降低维修成本，控制图像质量，必须严格执行磁共振成像的日常预防性的维护保养，严格规范执行操作规程，做好预防性维护保养。

一、MRI 设备的日常操作规范

（1）开机前准备工作。开机前检查并记录设备间冷水机的温度和氦压缩机的压力显示，检查并记录磁体监视器的磁体压力和液氦液位显示，检查并记录磁体间的温度和湿度显示。确保各检查项目值均在正常运行范围内方能开机，如有异常则及时报告设备工程技术人员。

（2）开机。开机应严格按照 MRI 设备规定的流程进行，首先打开设备总电源，按下控制台的电源键，设备自检完成后进入登录界面，输入设备用户名和密码，等待进入工作界面，开始进行受检者扫描或图像处理等设备操作工作。

（3）扫描。受检者进行扫描前应严格按照 MRI 检查操作规程进行安全事项的准备，避免各种铁磁性物体进入检查室，从而避免对 MRI 设备或人员造成伤害。

（4）关机。MRI 设备不需要每天关机，为保证软件运行正常，可每周进行一次软件关机。关机前应检查并记录冷水机温度显示、氦压缩机压力显示、磁体压力显示、液氦液位显示、磁体间内的温度和湿度显示。如有异常应及时报告设备工程技术人员。关机时应确认扫描、图像处理和图像传输等检查操作已完成，严格按照厂家规定的流程进行关机程序，显示器无信号传入时，关掉设备总电源。

（5）运行记录。每天记录 MRI 设备的开、关机时间，设备运行状况，受检人数，交接班情况等。

二、磁共振设备的清洁及消毒

为了更好地保养磁共振设备，定期对设备进行清洁及消毒是非常有必要的。磁共振设备的很多元件都含有电路，所以清洁不是简单地用水或者湿布擦洗，错误的清洁方式不能起到维护机器的作用，反而可能损坏机器。

1. 磁共振设备清洁方案

（1）使用软布蘸取中性肥皂或者清洁剂（推荐使用液体皂，而非消毒剂）擦拭设备表面，直到表面可见的污染物被清除干净。

（2）使用软布蘸取清洁的水，清除剩余颗粒和残留物。

（3）使用干燥的软布擦干设备表面。

（4）对于某些绑带，建议使用中性皂液或者清洁剂进行清洗（可低于 40 ℃机洗），晾干后使用。

（5）对于磁共振线圈及线圈插头的清洁，请使用系统配备的专用清洁套装进行清洁。

（6）对于一次性探头，如 endo 线圈，请将 endo 线圈一次性探头弃置于有害医疗废物容器中，并对线圈接口进行清洁和消毒处理。

（7）根据污染物处理规程，处置使用过的清洁材料。

（8）如果发现有破损的垫子、沙袋或者耳机海绵垫等，请即刻更换，勿继续使用。

（9）如果发现线圈或者线缆有裂缝或者破损，请勿继续使用。

2. 磁共振设备消毒方案

用于产品和检查室的清洁和消毒技术必须符合所有适用的当地法律或法规。推荐的消毒剂：70%异丙醇；70%乙醇；0.5%洗必泰（双氯苯双胍己烷）溶于 70%乙醇。

（1）使用软布蘸取推荐的消毒剂，擦拭设备表面。

（2）使用乙醇时，自然晾干表面。

（3）使用含氯消毒剂时，消毒完成后还需要使用软布蘸取清洁的水将设备表面的残留氟消毒剂擦拭干净，待自然晾干或者使用干燥的软布擦拭设备表面。

（4）禁止使用易燃或易爆的喷雾剂，因为由此产生的蒸汽可能会燃烧，从而引起致命伤害或其他严重人身伤害和设备损坏。

（5）不建议用喷剂来消毒医疗设备室，因为这样可能会使消毒剂蒸汽渗入设备内部，引起短路或者腐蚀。

（6）根据污染物处理规程，处置使用过的消毒材料。

（7）如果发现有破损的垫子、沙袋或者耳机海绵垫等，请即刻更换，勿继续使用。

（8）如果发现线圈或者线缆有裂缝或者破损，请勿继续使用。

三、MRI 设备的维护与保养

（一）MRI 设备的三级维护与保养

三级维护与保养是有效降低 MRI 设备故障率的重要保证。三级维护与保养包括：

（1）MRI 设备操作人员每天进行的一级维护与保养；

（2）MRI 设备工程技术人员每季度进行的二级维护与保养；

（3）MRI 设备工程技术人员与厂家技术人员每年进行的三级维护与保养。

（二）MRI 设备日常维护与保养的内容

MRI 设备日常维护与保养主要包括以下内容。

1. 设备间和磁体间环境

MRI 设备的各组成单元工作时都会产生一定热量，使周围环境温度升高，影响包括磁场稳定性在内的系统性能。环境湿度过大或过小都会造成电器元件的性能变化。设备间和磁体间环境温度一般控制在 18~22 ℃，湿度控制在 40%~60%。MRI 设备操作人员应每天观察并记录设备间和磁体间的温度、湿度；观察并调节恒温、恒湿精密空调的运行状况；发现故障及时报告工程技术人员。工程技术人员定期检查精密空调的运行状况，更换滤网，清洗管路和室外机组。

2. 电气监测

磁共振成像设备在使用的过程中，不同的阶段对电压波动的频率有不同的要求，从而对设备的电源系统提出了更高的要求。由于电网电压时有不稳，在磁共振成像设备工作过程中停电或跳电后，常常会导致设备故障。因此，最好是专线专用，有条件的可以加装不间断电源（UPS）等保护设备。磁共振成像设备往往会设置不间断供电电源，以此保证供电系统的稳定工作，在日常维护及维修中应该检验不间断供电电源的电路是否正常工作、线路连接是否有效，也就是要完成设备的电气监测，如接地装置是否为保证磁共振成像设备的电流及电磁场稳定性而设置，进行日常维护及维修时应查看接地装置的电阻变化，当阻值异常时应及时处理。另外，在保证电源的基础上，设备出厂时厂家所提供的接地电阻等相关参数的安全使用范围在运行中应严格按照标准执行，以 SIEMENS 3.0 T 磁共振成像设备为例：电压为 380 V±38 V，频率为 50.0 Hz±0.5 Hz。电气监测应做到三相相间电压的差值最大波动不得超过最小相电压的 2%；地线线径>25 mm 的多股铜芯线，接地阻抗<2 Ω 等。

在保证以上相关电路的安全、稳定的同时，还需要对设备的敏感部位的接线情况进行定期的检测，避免由于日常的检查、维护不到位而出现接线松动的情况，保证设备的正常运行。

2. 磁体系统

MRI 设备操作人员应严格执行安全操作规程，严防铁磁性物体进入磁体间，及时清理磁体扫描孔；观察并记录磁体压力和液氦液位；发现故障及时报告工程技术人员。工程技术人员定期检查并校正磁体匀场、磁场中心频率、射频磁场的功率和稳定性、梯度磁场的强度和切换率。在磁共振成像设备使用过程中，当患者需要运用医用磁共振成像设备诊断疾病时，要向患者家属说明检查的内容以及情况。如果患者携带一些具有铁磁性的物质进行检查，不仅会导致检查结果不准确，还会给患者带来极大的身体伤害。对医用磁共振成像设备的主磁体系统的日常维护与保养，相对于对其他部分的日常维护与保养比较简单，只要保证空气中灰尘的数量在合格范围，减少铁粉杂质对医用磁共振成像设备的影响，并且及时发现可能存在于主磁体周围的小型铁制品，就可以保证医用磁共振成像设备的运行效率，保证得到合格的影像图像的质量。

3. 控制台维护保养

控制台的维护保养主要包括：为控制台内部和过滤网除尘；在通电后，检查风扇工作是否正常；检查显示器、键盘、SCIM、鼠标工作是否正常；检查 DVD、MOD 工作是否正常；检查控制台能否正常启动等。

4. 水冷系统

水冷系统负责射频放大器、梯度系统和氦压缩机的冷却任务。MRI 设备操作人员应每天观察并记录冷却水的温度、水压、流量等运行指标；发现故障及时报告工程技术人员。工程技术人员定期更换制冷剂，清洗管路和室外机组。

制冷系统是磁共振成像设备内部的重要组成部分，一般采用三级联冷系统，即采用将水冷、氦冷以及冷头三者相互结合的冷却方式。对磁共振成像设备中的制冷系统进行维护，一是应注意水量的控制，水冷机中的水量供给主要采用循环系统，在水循环过程中必然出现水量下降的情况，维护人员应在水量下降时及时补充蒸馏水；二是保证制冷系统中整洁的环境，避免异物进入，定期清理；三是提高传感器工作环境的稳定性，传感器设备容易受到环境腐蚀，而磁共振成像设备中的制冷系统需要传感器设备的支持，因此必须提高传感器工作环境的稳定性。当制冷系统出现故障时，首先应该观察循环系统中的水量是否处于合理位置，及时补充水量；其次及时清洁制冷系统中的异物，并检查传感器是否失灵，采取针对性的维修措施。

4. 液氦水平检查

磁共振成像设备尤其要注意定期检查液氦水平，重视磁共振成像系统的安全，维持低温环境非常重要。通常液氦水平要求不低于 60%，10 K 的冷头的超导系统要每 3~4 个月补充 1 次液氦；4 K 冷头的超导系统在确保水冷机、氦压机正常工作且不停电的情况下，几乎不消耗液氦。水冷机的良好维护是确保制冷系统良好工作的基础。氦压缩机正常工作时会发出规律的鸟鸣声音。MRI 设备操作人员应随时注意倾听氦压缩机的声音，每天观察并记录氦压缩机的压力和液氦容量等运行指标。

当在磁共振成像设备的制冷系统中加入一定的液氦后，短时间内会出现成像的质量较差、画面模糊不清晰等现象，但经过两天左右，设备会恢复正常的成像效果，导致这一现象的主要原因为液氦在加入系统中时，影响了被动屏蔽的磁体等部件的导电能力，所以设备成像的效果与正常的效果质量存在偏差。因此，在对设备进行液氦添加时，要在时间上做好合理的选择，即在设备负荷较低、工作量较少时添加，从而缩短这种现象存在的时间。在添加液氦的过程中，还要注重蒸发管的状态。

5. 检查床

检查床的运行状态影响扫描定位的准确性。MRI 设备操作人员应密切注意检查床升降、移动是否流畅和有无异响；观察检查床下及检查床与磁体连接部有无异物并及时清理，发现故障及时报告工程技术人员。工程技术人员定期检查并保养检查床的皮带和滑轮，定期校准检查床的定位精度。

6. 扫描线圈

扫描线圈是射频发射和 MR 信号接收的主要部件，直接影响图像质量。MRI 设备操作人员进行操作时应轻拿轻放，连接线圈插头与检查床插座时应对位准确。工程技术人员定期检测线圈状态，清洁线圈插头和检查床插座。

7. 计算机系统

计算机系统是 MRI 设备的控制中心。MRI 设备操作人员应时刻观察其运行状态，根据计算机的内存状态对已备份图像进行必要的删除。同时，工程技术人员须定期检查计算机运行状态并保养计算机系统。

四、MRI 开机常见故障及处置

（一）开机时间错误

在日常工作中有时开机时会发现时间跟实际的时间有偏差，这时就需要对时间进行纠正。更改时间的办法如下。

（1）在界面空白的地方点击鼠标右键（图 10-1-1），或者点击维修菜单下的"C shell"。

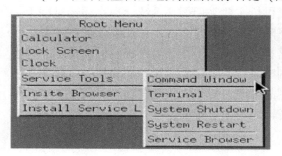

图 10-1-1 命令界面图

（2）在弹出的命令窗口输入命令。

命令一：su-。

命令二："Password"处连续输入"operator"（输入时不显示字符）。

命令三：date 03202030。后面输入的数字为所要更改的日期时间，格式是"月日时分"。

例如，需要将时间更改为 2024 年 1 月 9 日 9 点 30 分，命令为：date 010909302024。

（二）空开跳电

在日常工作中有时开机时发现系统不能启动，这时就需要检查一下设备柜的空开是否有自己关闭的现象。如果看到有一个或者几个空开处于关闭状态，可以试着把空开合上后重启设备（图 10-1-2、图 10-1-3）。如果这种现象发生了两次以上就需要联系工程师做进一步的处理。

（三）交换机损坏表现及应急方案

当开机发现 TPS 失败，而且 AGP、APS、SCP 不能通信时，机柜内的交换机损坏的可能性会很大，打开机柜的盖子，查看交换机是否有电，图 10-1-4 为 SV creator 交换机的位置。如果交换机没电，或者有网口的灯不亮，可以用一个 8 口以上的千兆交换机临时代替，现在市场上的千兆交换机基本都可以满足要求。

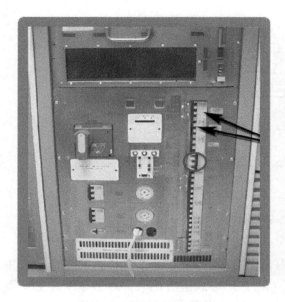

图 10-1-2 空气开关位置图 1

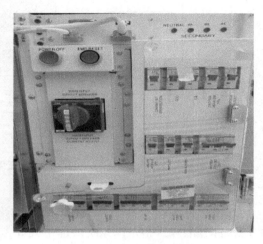

图 10-1-3 空气开关位置图 2

图 10-1-4 SV creator 交换机位置图

第二节 磁体冷却系统的监测与日常维护

超导磁共振的维护中，最基本的管控项目是冷头管理。冷却系统是保证超导 MRI 系统正常运行的基础，同时也是影响最大的分系统，冷头停止工作轻则无法扫描，重则液氦损失，更为严重的情况下会发生失超，因此要求对 MRI 的制冷系统进行充分的系统管控。

超导 MRI 的冷却系统通常为三级冷却系统，包括初级水冷回路、次级水冷回路和冷头回路（图 10-2-1）。

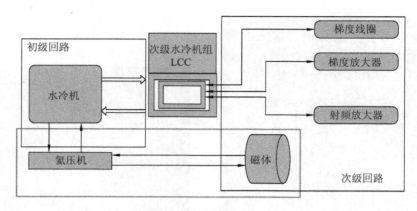

图 10-2-1　三级冷却系统示意图

一、磁体冷却系统日常监测项目

为了保证 MRI 设备正常运行，需要时刻保证三级水冷系统的正常运行。同时由于分系统大部分故障报错是以系统内部生成日志（log）的方式进行记录，对于非专业工程师来说基本不具备读取日志的能力，因此日常管理工作主要是关注磁体冷却系统的正常运行方面。下面详细解读有哪些项目是能够在日常管理监测出来的。

1. 冷头声音

首先最直观的就是听冷头的声音。作为超导 MRI 的使用者，冷头声音应该是最经常听到的声音，一旦某时某刻听到声音有异常甚至停了，应及时报修联系工程师处理。

2. 每日液氦液位读取

目前大多数新设备都使用 4 K 冷头，也就是液氦零消耗，因此每日记录的液氦液位应该基本保持一致，一旦发现液氦液位开始下降，这往往是一个不可逆的趋势，需要抓紧报修让维修工程师到场进行处理（图 10-2-2）。

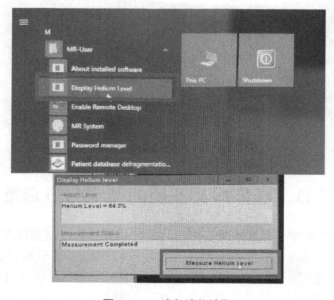

图 10-2-2　液氦液位读取

3. 初级水冷机工作状态

冷头停止工作几乎 90% 都是由第三方初级水冷机的故障引起的，因此需要经常关注初级水冷机的工作状态。一般来说需要注意两个问题。

（1）初级水冷机是否正常工作：要学会判断初级水冷机是否正常工作。如果初级水冷机自身带有流量计，那么直接查看流量计是否符合要求就可以了，如图 10-2-3 所示。正常使用时流量浮标在中间，如果沉在底部，表明初级水冷停止工作，此时应尽快维修或联系厂家工程师处理。如果有些场地初级水冷机没有流量计，那么可以咨询 MRI 设备厂商有什么途径能从设备上读取初级水冷流量。

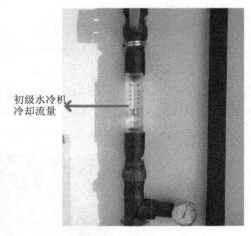

初级水冷机冷却流量

**图 10-2-3　初级水冷机
自带流量计实物图**

（2）初级水冷机是否停电：要熟悉初级水冷机关闭后如何启动。有时因为医院停电或者其他某种原因初级水冷机组会停止工作，有一些设备可以自动启动，但是有一些设备不能自动启动，这就需要在发现异常后能够第一时间重启水冷机组。

在 MRI 安装过程中第三方初级水冷机的工程师都会与医院工程师、技师进行交接，他们会说明具体开机顺序及方法，建议管理者对初级水冷机重启开机方法进行专门记录，以备不时之需。

4. 氦压机工作状态

氦压机工作状态直接影响冷头的工作，因此需要重点关注，目前市面上经常见到的 4 K 冷头所配套的氦压机主要包括 F-40 和 F-50 两种型号（图 10-2-4）。日常只需要关注氦压机的压力就可以了；同时学会在需要的时候关闭压缩机，在条件具备的情况下打开氦压机。

图 10-2-4 中标注了两款氦压机的面板各部分功能，需要关注的就是氦气压力表和电源开关。

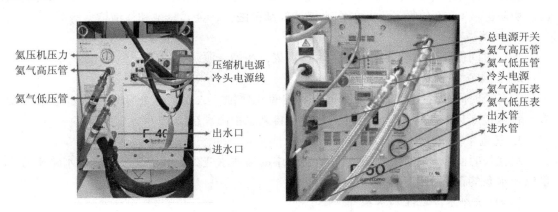

图 10-2-4　F-40 和 F-50 氦压机面板部件图（左侧 F-40，右侧 F-50）

F-40 压缩机只有一个输出压力，F-50 同时可以观察输出压力和输入压力，一般日常需要记录压缩机的输出压力数值。

F-50 压缩机的静态压力是 1.60~1.65 MPa，动态压力是 1.9~2.2 MPa；

F-40 压缩机的静态压力是 217~223 psi，动态压力是 268~305 psi。

5. 磁体压力

通常磁共振设备的磁体压力是比较容易检测的。例如，一般情况下 PHILIPS 的设备在没有工程师权限下，只需要简单拆除侧壳就可以看到磁体压力了，4 K 冷头磁体压力稳定在30 mbar，压力过高或者过低都不正常（图 10-2-5）。

磁体压力为30 mbar

图 10-2-5   磁体压力表实物图

以上五点就是 MRI 磁体冷却系统日常维护需要关注的检查项目。但实际上日常上班时间进行针对性的管控记录操作起来难度都不大，只需要按照上面列出的项目进行记录，发现异常及时报修就能够控制风险。

二、次级水冷机组水循环

传统的 MRI 设备有两级水冷机组。GE 的部分设备采用一级水冷，也就是全系统的制冷全部依靠第三方水冷机组一次性制冷解决，初级水冷机组（由第三方提供）给次级水冷机组（原厂提供）制冷，而次级水冷机组给整个 MRI 设备提供制冷（主要是梯度线圈，射频线圈以及梯度放大器等）。

（一）循环水维护的必要性

既然制冷系统采用的是水冷，也就意味着制冷管路里面流动的是水（部分回路使用乙二醇防冻液），不停循环运行的水必然造成细菌滋生、金属锈蚀和气泡增多等问题。

1. 细菌滋生

水长时间循环运动会导致细菌微生物聚集，污染水源。

2. 金属锈蚀

水在长时间循环中会造成管路里金属的氧化锈蚀，久而久之会导致流通水里杂质变多，就像金属自来水管长年累月使用后导致自来水中出现杂质。

3. 气泡增多

水在长时间循环中的汽化现象导致管路中的液体水变少，气泡变多，影响水路压力流量以及水泵的正常工作。

（二）次级水冷机组加水操作

为了解决这些问题，就需要定期对次级水冷机组进行补水或者水置换工作，以下介绍如何给次级水冷机组加水操作。

1. 准备物品

（1）去离子水：为什么要用去离子水？水冷系统内的水在流经制冷器件时，水温会升高，普通的水在这样的环境下就会产生水垢。高温状态下，含有微溶于水的硫酸钙会由于水的蒸发而析出，水中的碳酸根会与钙、镁等离子相结合，生成不溶于水的碳酸钙、碳酸镁，也就是水碱。随着水分的不断蒸发、浓缩，水碱含量不断增加，达到饱和后就形成了水垢。水垢附着在管路内壁，不断增厚，会影响流量甚至会造成爆管，因此需要使用去离子水。

去离子水和蒸馏水不一样，蒸馏水没有去除水中的钙离子和镁离子，目前的去离子水一般使用了 RO 反渗透方法生产，就是常规直饮机使用的过滤方法。因此如果没有现成的去离子水可以使用 RO 膜过滤的纯水。

（2）生物抑制剂：去离子水虽然已经把钙、镁离子去除了，但是水中仍然存在可溶有机物，因此去离子水存放比较容易引起细菌滋生，可以采用添加杀虫剂的方法提高水冷运行时间。

（3）打气筒和测压器：LCC 里面为了维持水冷回路的压力，专门设置了一个膨胀箱（图 10-2-6），膨胀箱日常压力为 0.9~1.1 bar。

如果膨胀箱压力不够可以用打气筒打气。一般来说这两个物品都在 LCC 机柜内部妥善存放，加水前找到就可以（图 10-2-7）。

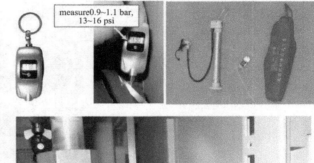

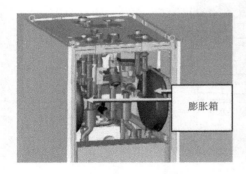

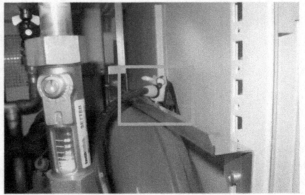

图 10-2-6　膨胀箱位置图　　　　　图 10-2-7　打气筒和测压器实物图

（4）加水水泵：LCC 配备专门用来加水的水泵，所有管路都已经准备好（图 10-2-8）。

（5）一字螺丝刀：螺丝刀主要用来调节水冷回路流量，如图 10-2-9 所示。

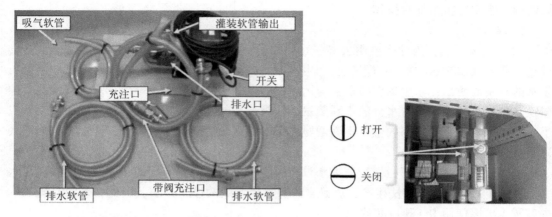

图 10-2-8 加水水泵（含管路）实物图   图 10-2-9 调节水流量

（6）两个大桶：至少要准备两个大水桶，其中一个水桶接去离子水，另一个空水桶用来接 LCC 里面已有的污水。

（7）了解 4 个阀门位置：物品准备妥当后，开始加水之前先请熟知加水回路所需要操作的 4 个阀门所在的位置（图 10-2-10），分别是水泵入水阀（图中 A）、LCC 进水阀（图中 B）、LCC 回水阀（图中 C）和主回路导通阀（图中 D）。

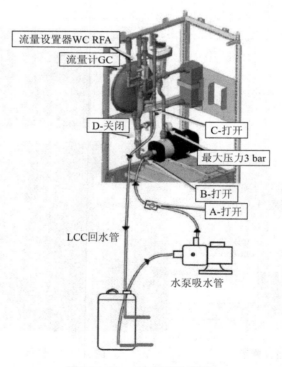

图 10-2-10 4 个阀门位置图

2. LCC 加水步骤

（1）首先打开 LCC 电控箱，关闭 LCC 水泵电源（图 10-2-11）。

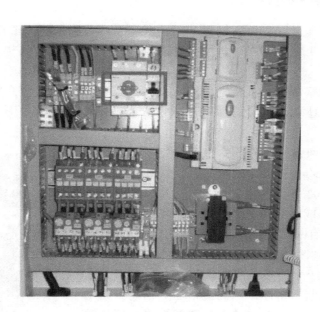

图 10-2-11　LCC 水泵电源开关位置图

（2）抬下 LCC 电控箱，将防水膜展开；在 A、B、C、D 四个阀门全部都是关闭的状态下，按照图 10-2-10 连接水泵。注意水泵吸水水管底部要低于 LCC 回水水管底部，防止回水的气泡又被吸水管吸入；寻找一个空水桶，将 LCC 回水管插入空水桶中。

（3）打开阀门 C，此时 LCC 中已有的水会通过 LCC 回水管流入桶内，时刻关注桶是否已经接满，如果接满且 LCC 回水还没有流完，请及时关闭阀门 C；当排空 LCC 内部所有水之后，关闭阀门 C；将 LCC 回水管与水泵吸水管同时插入新的去离子水桶内。

（4）连接加水水泵电源；打开 A、B、C 阀门，关闭 D 阀门。

（5）打开水泵电源，此时可以看到阀门 A、B 之间有大量水流入，一段时间后 LCC 回水管会有水流出。此过程中关注 LCC 回路压力表，保证压力不超过 3 bar（如果压力持续升高一般是某个阀门没有打开或者回路堵塞）。保持回路水流循环，确保水桶内的水位不要过低。查看水泵吸水水管内的气泡情况，持续观察直到水流中没有气泡。

（6）间歇性打开、关闭阀门 D，每次打开 D 都会有一些气泡出现，持续间歇性打开关闭 D，直到一直打开 D 的情况下水管中依然看不到气泡。接下来的操作请一定密切关注，迅速完成。

（7）关闭阀门 C，此时回路压力开始缓慢上升。当回路压力上升到 2~2.5 bar 之间的时候，快速关闭水泵，同时关闭阀门 A。利用阀门 A 将回路压力泄到 2 bar。关闭阀门 B，打开阀门 A，将水管中的水排空。打开阀门 D。此时加水工作已经完成。

3. 加水后操作流程

（1）清洗水泵：因为去离子水内还有有机物，如果长时间存水会滋生细菌，因此加完水之后需要使用自来水清洗水泵，完成后排空水泵中的存水（图 10-2-12）。

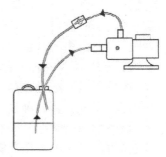

图 10-2-12　使用自来水清洗水泵示意图

（2）恢复 LCC 电控箱供电：恢复 LCC 电控箱，回收隔水膜，重新打开 LCC 水泵电源。依次打开 QM1 和 QF1 开关。电控箱液晶面板显示设备自检，等待一段时间后水泵开始工作。

运行 10 min 观察情况，如果发生报警，及时记录报警内容，大多数情况下此时的报警是回路里面有气泡导致回路压力加不上来所致，此时可以再重复一次加水操作，确保水路内气泡排空。

（3）调节水冷回路流量：使用一字螺丝刀调节水冷回路流量，GC 为 20 L/min，RFA 系列 1.5 T 为 10±1 L/min，3.0 T 为 18±2 L/min，Bypass 为 20±2 L/min（图 10-2-13）。

（4）检查漏水或渗水：观察水冷回路各个重要的连接点，确保水管没有漏水或者渗水。

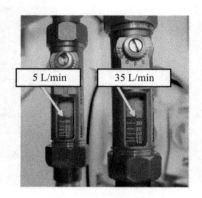

至此次级水冷水路加水操作全部完成，制冷系统设备恢复了功能。由于水冷系统直接决定了设备运行的散热性能，需要定期监控水冷回路的流量压力信息，同时由于去离子水的特性，水中的微生物和对管路的氧化锈蚀作用是无法避免的，因此水路只会越来越脏，日常保养时定期进行置换补充干净的去离子水进入制冷循环，确保制冷系统的运行性能十分重要。

图 10-2-13　调节水冷回路流量示意图

同时由于制冷系统有内部压力流量传感器，一旦长时间运行流量压力超出阈值，系统很可能会报错，严重的时候会导致系统死机，而水冷系统中的流量和压力一般会随着时间的推移自然下降，因此掌握基本的加水操作对于确保设备正常工作和紧急情况快速处理具有很重要的意义。

三、防止磁体失超的措施

真正有挑战的是如何确保下班或者在放假和其他特殊情况下人员不在位时进行设备管控，比如凌晨医院电力系统闪跳导致初级水冷机关机并无法重启，冷头长时间停止工作导致磁体压力急剧上升，这种情况下极端的例子可能会造成磁体失超。

目前解决此类问题可利用原厂远程监测和自建网络化巡检系统两种办法。

1. 利用原厂远程监测

充分利用各大厂家远程技术支持，各家磁体的异常状态基本都会通过远程网络第一时间通知工程师，只要医院的 PRS 设备信号正常，且允许安装，那么厂家售后工程师就有条件进行实时监控。一般情况下第三方维修公司暂时无法获得足够的设备运行日志后处理权限，因此大多不具备这种能力。

2. 自建网络化巡检系统

既然分散管控比较难以实现，那么就可以使用集中管控措施。医院建立自己的设备网络化巡检系统，将各种设备通过统一的设备巡检网络设备汇总到中央监控平台，用来监控所有设备的运行情况，并在发现问题的时候第一时间进行报警。这样做避免了传统远程技术支持可能带来的数据泄露问题，但是需要与各大厂家紧密配合，制订完善的巡检方案和搭建专用平台，虽然门槛较高，但是这是更新的可视化远程设备管控理念，发展前景广阔。

四、维修案例

（一）失超事故

（1）故障现象：某磁共振成像系统正对患者进行脑垂体平扫加增强，当平扫环节结束之后准备打造影剂时，磁体室管理护士听到设备发出气体泄漏的声音，气体泄漏声音在持续约 3 min 后逐渐消失。此时设备的液氦液面显示设备液氦存储只有 16%，经过几分钟的观察显示液氦存储只剩 8%。

（2）故障分析：该案例中，磁共振设备发生失超现象的主要原因是磁共振成像系统水冷机发生故障，而设备的维保公司未能在最佳补修时间内给予有效的维修，并且在对设备进行维修时因切换自来水冷却环节中出现操作失误的问题，造成设备中水冷机室内的水管破裂并引发喷水，从而导致磁共振成像系统出现失超事故。

（3）故障处理。

① 紧急处理。在发现失超现象的第一时间，需要紧急撤离正在进行检测的患者与工作人员，并暂时对磁体室及直接连通的房间进行封闭隔离。同时通知医疗器械工程师，对接科室以及安保人员等进行事故处理。若设备周边存在积水，则需要对其进行断电处理，防止出现更大的医疗事故。

② 前期处理过程。前期检查应当按照从上至下、从外至内的顺序进行排查，这样能够在短时间内锁定失超问题出现的根本原因。同时，需要排出设备水冷系统内的水，并吸附、清理喷洒至其他元器件上的水。然后利用专业木塞封堵液氦存储管道、避免液氦继续流出，以该方式维持抢修环境中氦气含量的同时还可以实现保护设备磁体的目的。进一步清理设备内的积水，可用吸水巾进行主要积水的吸附，并利用大功率吹风机对整个设备进行鼓吹，直至彻底吹干设备内部残留的积水。在明确失超问题原因之后，需要排查冷水机的整个循环系统，更换不符合相关标准的材料，如设备下的石墨爆破膜。

③ 后期处理。将更换下来的冷水机相关部件送至工程师处进行排查诊断，分析出磁共振成像系统下冷水机是否存在失超之外的其他故障，此时更换整个冷水机下主板、损坏元器件、水管、水泵等并进行设备的试运行，以检测设备内部是否存在未清理干净的冰块。如果存在冰块则磁共振成像系统会继续产生大量白色烟雾，此时需要对设备进行液氦补充防止因液氦流失导致磁体失磁。通过不断的运行检测将设备内部的冰块完全清理干净，试运行的标准为补充液氦能够保持不断，且试运行下各功能模块能够正常运行，没有白色烟雾出现。此时需要对磁体进行观察，检查磁体在未工作状态下是否缓慢出现表面凝霜的现象，如果不存在则证明抢修处理工作完成、设备可以继续投入使用，如果仍存在一定量的表面凝霜现象则需要工程师将设备上部的磁体塔头打开，用低温摄像头拍摄磁体表面凝霜现象，并将照片发送给设备厂商对该现象进行评估，并以生产厂商给出的整修结果反馈进行设备维护，以防止磁共振成像系统在短时间内再次出现失超现象。

上述操作完成之后可对磁共振成像系统进行一次励磁检测。因为失超现象可能会导致磁共振成像系统失去一定的磁性，而该部分磁性不会被正常设备运行所监测到，因此需要由厂家工程师运用励磁电源等工具对设备磁性进行检测。该检测期间可能还会出现液氦泄漏，因此仍需要对检修环节进行隔离、防止人员进入。磁性检测需要在设备充满液氦的环境下进行，即保障设备的失超故障不会影响到磁体励磁的检测。如果未发现失磁现象，则磁共振成像系统可以投入正常使用，否则需要更换整个超导磁体，以保证整个设备的正常功能。

（二）水流量过低报警

（1）故障现象：磁共振设备无法扫描患者，警告显示"primary water temperature out of limits. total flow too low."。

（2）故障分析：警告显示水流量过低，首先观察磁共振设备间的流量计，发现流量计里的浮子上端在 60 左右，表明偏低，正常情况下浮子上端应该在 80~100 之间，使用快速补水法将水冷机和室内圆筒水箱加满水。

同时查看一级水冷系统的室外水冷机的报错代码，显示为 A051 和 A003。A051 提示需要保养，该报错不会造成设备停机；A003 报错为水流量低。长按报警复位按钮，不能消除该报警，继续查找其他原因。

观察 4 个风机均运转正常，清理四周灰尘和杂物，发现室外机后面的出水管路断裂，该出水管路流经的是经过制冷剂 R410 A 降温之后的冷水，目的是给二级水冷系统降温。因为该室外机设在医院的一个角落里，没有完全封闭，可能人为不小心踩断出水管路，使得二级水冷系统无法降温。关闭室外机，先用自来水循环降温，即将图 10-2-14 中的阀门 1 号和 2 号关闭，4 号和 5 号打开，同时更换出水管路。开启室外机，仍然报错为 A051 和 A003，经咨询厂家工程师判断为主板故障，需要更换主板。为不影响磁共振设备正常扫描患者，需要暂时让室外机运转起来，解决办法如下：如图 10-2-15 所示，把室外机接线器中的 P1、P2 用导线短路，让主板监测到的流量反馈信号为最大流量，从而主板会自动屏蔽 A003（水流量低）的报警，这时水冷机开始正常运转，随着水温的逐渐降低，磁共振设备也可以正常扫描患者了。需要注意的是将 P1、P2 短路需要有经验的工程师操作，其前提就是要确保水冷系统的流量已经达到要求，如果在低流量情况下把 P1、P2 短路，虽然室外机能够运转起来，但时间一长，因为监测不到任何流量报错，温度可能越来越高，导致风机、调速板或主板烧坏，以致二级水冷系统也随之停机。主板到货后，应立即更换主板，从根本上解决故障。

图 10-2-14　水循环管路

图 10-2-15　室外水冷机接线器

第三节 梯度放大器的日常维护与 DQA 测试

在磁共振设备中，梯度系统主要的作用是扫描定位，即定位要扫描的层面——选层，在选出的层面上再进行频率编码和相位编码，以确定层面内的信息。另外一个作用是在梯度回波序列里进行磁化矢量偏转控制。

一、磁共振梯度系统的维护

磁共振梯度系统包含梯度线圈、梯度放大器、梯度信号处理检测控制和电源部分等。通常情况下，梯度放大器就是指 X、Y、Z 三个轴的放大器和信号处理检测及电源这三部分，图 10-3-1 是常见的三种梯度放大器。

 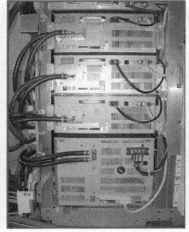 

图 10-3-1 常见三种梯度放大器实物图

梯度放大器是大功率部件，每个轴输出的信号最大电流可达数百安，最高电压达千伏以上，其电源当然也是大功率部件。因此，电源和每个轴的放大器需要专门冷却。

梯度放大器日常维护中，首先是冷却部分。对于风冷放大器，检查前面放大器散热片上是否有尘物及堵塞，并及时清理，同时注意后门应该关闭，以保证冷却风从前散热片处进入以达到冷却效果。对于水冷放大器，检查其冷却系统管路及接头正常与否，是否有漏水或渗水，水流量及水温是否在正常范围以保证冷却系统正常工作。

无论是风冷还是水冷梯度放大器，都应注意机房温度和湿度是否在正常范围以内，以免放大器损坏或者触发保护系统而关闭放大器。

二、DQA 测试

DQA 是 daily quality assurance 的缩写，是为医疗机构提供日常图像质量保证的测试程序。

1. DQA 的意义

DQA 是保证磁共振图像质量的测试，也是非常重要的梯度放大器日常维护项目之一。DQA 可以测试电气中心、梯度极性（部件更换后必测）、梯度输出幅度及线性校正等。如有条件，也可以进行涡流校正（图 10-3-2）。

图 10-3-2　DQA 测试图片

建议使用者每天扫描患者前进行 DQA 测试，最长周期不要超过 3 个月。在常规的保养或更换相关备件的情况下，DQA 测试程序必须执行。DQA 测试程序使用专用的 DQA 体模，对 X/Y/Z 三个梯度轴的梯度输出幅值和扫描床进入扫描中心的距离进行校准（图 10-3-3）。

如果 DQA 校准出现问题，可能会造成几何畸变等图像伪影，同时也会造成患者扫描定位位置和实际病变位置产生偏差的问题。

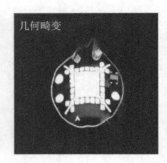

图 10-3-3　DQA 测试程序

2. 运行 DQA 测试的程序

运行 DQA 测试的程序主要包括以下几个步骤。

（1）正确摆放线圈和体模并定位（图 10-3-4）。

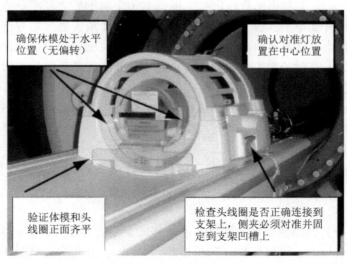

图 10-3-4　线圈和体模的摆放（定位）

（2）选择 DQA 测试程序，点击 start（图 10-3-5）。

（3）如果程序不能正常进行，请检查线圈是否插好，是否有异常报错（图 10-3-6）。

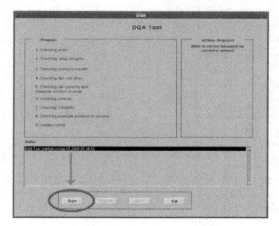 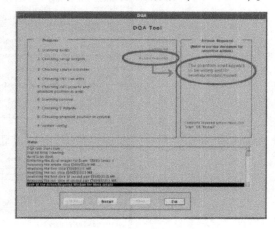

图 10-3-5　选择 DQA 测试程序　　　　　　　图 10-3-6　测试过程

（4）测试程序如果正常完成，下方方框内会显示"DQA test completed successfully"（图 10-3-7）。

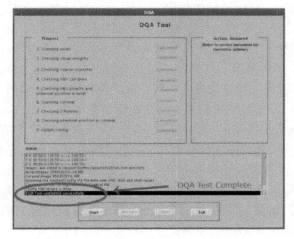

图 10-3-7　测试程序完成

三、维修案例

（一）X 轴梯度放大器故障

（1）故障现象：GE Brivo MR355 1.5 T 磁共振设备在正常使用中系统在扫描患者最后一个弥散序列时突然无法扫描，提示梯度系统没有准备好，查看错误日志中的报错信息可以看到：The GP is reporting a SGA power supply over current fault（梯度处理器报告梯度放大器电源低压错误），报错代码为 2244860。按系统提示，对系统进行 TPS 重置，结果系统仍然无法扫描。

（2）故障分析：首先调取全部的错误日志信息，如图 10-3-8 所示。可以看到梯度处理器首先检测到梯度放大器电源电压过载（图 10-3-8a），紧接着梯度处理器检测梯度放大器电源输出电压低（图 10-3-8b），4 s 后梯度处理器检测到多个 X 轴梯度放大器内部错误或控制电压低（图 10-3-8c）。

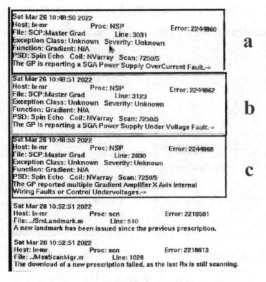

图 10-3-8　磁共振梯度系统报错信息截图

根据 GE Brivo MR355 梯度系统工作原理，X、Y、Z 轴的三个梯度放大器使用共同的梯度电源，且最后一个梯度系统的报错指向了 X 轴梯度放大器，因此故障原因可能来自 X 轴梯度放大器内部。进入设备间查看梯度放大器后发现 X、Y、Z 轴三个梯度放大器指示灯中仅 X 轴的"UV"橘黄色指示灯亮起，而其余指示灯指示均一样，根据磁共振理论可知 X、Y、Z 轴三个梯度放大器结构完全一样，故交换 X 轴和 Y 轴两个梯度放大器电源线和控制线，用同样序列及参数进行扫描，系统报错信息变为"The GP reported multiple gradient amplifier Y axis internal wiring fault or control under voltages"（梯度处理器检测到多个 Y 轴梯度放大器内部线路问题或控制部分低压），此时设备依然无法进行扫描，由此可以确定是 X 轴梯度放大器故障导致的设备报错。梯度放大器包括供电电源和放大器控制板，为缩小故障范围恢复原来接线，拆下 X、Y 轴的梯度放大器后把 X 轴和 Y 轴两个梯度放大器控制板对调，再进行系统 TPS reset，设备再次报与之前相同的 Y 轴故障。进一步判断出故障原因来自 X 轴梯度放大器内的控制板。

（3）故障处理：设备关机后将 X、Y 轴梯度放大器取出，卸下两个放大器的控制板，经仔细观察对比两个电路板后，发现 X 轴的梯度放大器控制板上有一个电容外壳有形状不规则鼓起的现象，且外壳颜色为深灰色，外皮与 Y 轴梯度放大器控制板上同样位置的电容的颜色不一致，因此判断 X 轴梯度放大器控制板上的贴片电容可能损坏。拆下该电容，经测量发现该电容已被击穿，更换同样型号的 16 V、2 200 μF、85 ℃ 贴片钽电容后重新开机，X 轴梯度放大器上"UV"不再常亮，进入设备校准界面，对 X 轴梯度放大器输出电压进行直流校准（DC offset calibration）后，进行体模扫描测试，设备工作正常，故障消失。

磁共振设备属大型精密设备，尤其是梯度放大器需要对电感负载提供切换速度快、电流大小精准的脉冲电流，线圈在进行普通序列的扫描时，梯度放大器输出电压稳定在 200 V；而进行梯度切换最快的弥散序列扫描时，输出电压会在 195 V 和 205 V 之间跳动。

梯度放大器上的贴片钽电容的过压和高温，特别是长时间的过压和高温，会严重缩短钽电容内部单体电容的寿命。

（二）梯度排线烧断导致机器启动异常

（1）故障现象：PHILIPS Achiva 3.0 T 磁共振系统不能扫描，报错信息显示"gradient amplifier rack fault！"

（2）故障分析：通过查看报错信息，初步判断为梯度问题引起的故障。报错信息显示"current error in the gradient power module Y1"，通过报错信息提示梯度放大器 Y 轴开路。由于 X、Y、Z 轴三个放大器是相同的，将 Y 轴和 Z 轴进行交换，问题依旧，故障没有解决，报错依旧显示梯度放大器 Y 轴开路，说明故障并不是由 Y 轴梯度放大器引起的，应该出在梯度放大器和梯度线圈连接线或梯度线圈上。按照手册中的资料（图 10-3-9）检查连接线是否正常。

首先，检查梯度柜到传导板之间的连接，ZA+到 ZF-X6 连接正常，ZB-两根线到 ZF-X5 也连接正常。继续拆掉磁体间里的天花板，通过线标检查传导板端梯度线 ZF-X3 到磁体后端的梯度排接线 YB（-），接线端子完好，连接正常；检查传导板端梯度线 ZF-X4 到磁体后端的梯度排接线 YA（+），接线端子完好，连接正常。继续拆掉磁体后盖，发现梯度排线已经烧断。在梯度上电时，设备会首先检查梯度后端负载，由于 Y 轴梯度排线烧断，由此导致梯度无法启动。

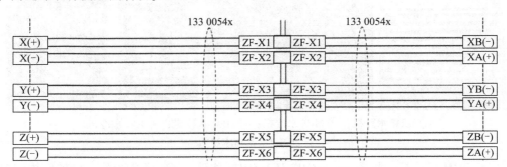

图 10-3-9　PHILIPS Achiva 3.0 T 磁共振梯度线缆连接图

（3）故障处理：首先更换梯度排线，设备进行梯度的重新校正，设备正常启动，无报错。设备故障处理后，将所有梯度线接线端子重新进行加固，观察一周，设备运行正常，故障解决。

在对设备进行周期性维护工作中，应确保设备的电源工作稳定，不稳定的供电会引起梯度放大器频繁故障，最好每年对磁共振的电源质量和地线地阻值进行定期检测。

（三）线圈故障导致图像伪影

（1）故障现象：某西门子 3.0 T 磁共振系统在对患者的盆腔部位进行扫查时，冠状面图像有雪花样伪影，图像清晰度下降，变换不同序列参数时图像显示无明显变化。

（2）故障分析：重复对患者进行盆腔部位扫查时，此情况仍然出现，表明为非个体因素所致。排除外界因素的影响，判断此故障与体表软线圈相关，因此更换两个相同的体表软线圈，结果发现故障现象并未排除。判断两个体表软线圈同时出问题的可能性极小，因此否认为体表软线圈出问题的可能。登录 SIEMENS 3.0 T 磁共振系统 service 窗口，按照相关提示进行图像质量自检（image quality assurance），检查项目包括 rel. receive pash calib check 与 abs. receive pash calib check，判断这两项测试信号通路是否异常。结果显示，系统信号采集通路无异常。继续对线圈的质量进行自检（coil quality assurance），检查项目包括 spine matrix coil check 与 body matrix coil check，判断胸腰线圈与大体线圈的成像情况。结果显示，体线圈的成像无异常，胸腰线圈的成像存在明显问题，信号分辨率偏离正常区间。因此确定故障原因，更换了新的胸腰线圈后，故障解除。

第四节　水冷机日常维护

一、水冷机介绍

水冷机的主要功能是给梯度子系统（包括梯度线圈、梯度放大器和电源）和射频子系统（射频放大器和正交体线圈）提供制冷，为大功率备件提供散热。根据产品的型号和配置的差异，主要包括以下四种型号（图10-4-1）。

① BRM 水冷机；② MCS 水冷机；③ HEC 水冷机；④ ICC 水冷机。

图 10-4-1　常用水冷机

（1）BRM 水冷机：配置 excite/HD/HDx/HDe 和部分 SV 序列产品，为梯度线圈提供制冷。

（2）MCS 水冷机：配置 HDe 和 SV 序列产品，为梯度放大器、梯度电源和射频放大器提供制冷。

（3）HEC 水冷机：配置 DVMR 序列产品，为梯度线圈、梯度放大器、梯度电源和射频放大器提供制冷。

（4）ICC 水冷机：配置 pioneer/voyager/premier 序列产品，为梯度线圈、梯度放大器、梯度电源和射频放大器提供制冷。

二、日常维护

（1）BRM 水冷机维护。

① 检查面板上的温度显示是否正确，正常值为 20 ℃或 68 °F（图10-4-2）。

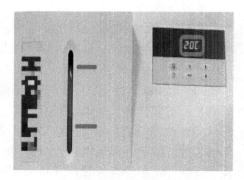

图 10-4-2　BRM 水冷机维护

② 检查水冷机底部和后方接头处是否漏液，如果漏液需要及时维修。

③ 检查水冷液的液面是否在最小和最大的刻度线之间，液面过低需要及时补液。

④ 定期清洁热交换器表面，热交换器表面阻塞会导致水冷机制冷效率下降。

（2）MCS 水冷机维护。

① 系统扫描状态下，检查前面板指示灯是否亮，上方四个风扇是否转动。

② 检查水冷机底部和后方接头处是否漏液，如果漏液需要及时维修。

③ 检查水冷液的液面是否在最小和最大的刻度线之间，液面过低需要及时补液。

④ 定期清洁热交换器表面，热交换器表面阻塞会导致水冷机制冷效率下降（图 10-4-3）。

图 10-4-3　MCS 水冷机维护

（3）HEC 水冷机维护。

① 定期检查水泵和风机是否存在异常噪声，如存在异常噪声需要及时维修。

② 定期检查梯度线圈和系统柜水箱的液位，如果液位到达第一级报警液面或系统液位过低报错信息提示，需要及时补液。

③ 定期检查 HEC 底部或接头处是否存在漏液的情况，发现异常需要及时维修（图 10-4-4）。

（4）ICC 水冷机维护。

① 定期检查水泵和风机是否存在异常噪声，如存在异常噪声需要及时维修。

② 定期检查梯度线圈和系统柜水箱的液位是否在正常刻度范围内，液面过低需要及时补液。

③ 定期检查 ICC 底部或接头处是否存在漏液的情况，发现异常需要及时维修（图 10-4-5）。

图 10-4-4　HEC 底部或接头处实物图片

图 10-4-5　系统柜水箱液位实物图片

三、维修案例

1. 水冷机自动停机

（1）故障现象：连续几天，开机时压缩机停止工作，并报错"water flow err"和"helium temp err"，重新开启压缩机后，报错消失，设备可以正常工作，第二天故障依旧。

（2）故障分析：当故障发生后，首先考虑是制冷不够，检查水冷机，发现水冷机正在工作，循环水流未中断。考虑到如果水冷机内各个水路水流流量过小，也可能造成水流不能有效降温，温度长时间处于较高状态，于是对各路水流进行检测，发现水路流量及压力均在正常范围内，符合厂家标准（冷水柜内有明确标准范围提示），排除水路水流问题引起此故障发生的可能性。

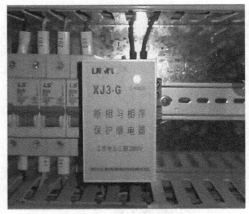

图 10-4-6　相序保护器实物图

故障现象表现为压缩机停止工作，这一现象的发生必然会导致磁体温度与压力升高，查看设备工作日志，发现从凌晨开始设备磁体的温度逐渐升高，基本可以确定设备故障的发生是在凌晨开始的。第二天发现压缩机已经停止工作，水冷机也处于断电状态，经检测发现，水冷机的三项电压均供电正常。尝试重新开启水冷机，相序保护继电器指示灯闪烁一下，启动失败，相序保护器实物图如图 10-4-6 所示。为了避免磁共振系统长时间停机，将水冷机的分水盘换成自来水循环，并且对压缩机进行了重启，设备恢复正常。根据操作人员的反馈，每天开机后，重启水冷机是正常工作的，持续观察水冷机是否会自动重启，几小时后，水冷机自动供电，并恢复正常工作。将自来水循环切换成内部循环，重新启动设备，设备恢复正常工作。

（3）故障处理：由以上分析可知，造成磁共振设备压缩机停机的原因是水冷机自动停止工作。在每日按照日常开机使用 MRI 时开启水冷机，由于压缩机的自动保护机制，在水流恢复后，压缩机不会自动开启，由此导致了每天故障现象的发生。而能够造成水冷机自动停机的可能性很多，根据以往经验可知，相序保护器发生故障较为常见。更换新的相序保护器后，设备未再次发生压缩机停机现象，故障解决。经过逐步分析发现，夜间磁共振设备水冷机自动停止又自动开启是造成次日压缩机停机的原因。晚上水冷机停机极大可能是因为设备的相序保护器在晚上电压稍高时无法正常工作导致。由此，设备在更换新的相序保护器后故障不会再发生。

2. 水冷机停止工作导致机器停机

（1）故障现象：GE Discovery MR750 W 在扫描过程中，机器自动停止扫描，系统报错 "heat exchanger cabinet（HEC）detected the power electronics coolant temperature is too high. heat exchanger cabinet（HEC）detected the power electronics coolant flow is too low. verify that the power electronics pump is turned on."。（热交换柜检测到功率电子部分冷却液温度过高、流量过低、请确认电子泵处于打开状态。）

（2）故障分析：查看热交换柜内三组水泵流量值，VFD GPMP、VFD PMP 和 VFD BLW 数值，查阅维修手册，VFD PPMP 和 VFD GPMP 的正常值为 50，确定泵流量值基本正常。水泵工作状态正常，需要进一步排查冷却液液面以及冷水机组工作状态。检查中发现制冷液水箱不满，首先向 GC TANK 和 PE TANK 水箱里补充制冷液，观察一段时间故障依旧。

　　进一步分析热交换柜管路连接图，如图 10-4-7，得知功率电子回路通过液体—液体的热交换来实现回路的制冷，PE TANK 水箱内水位正常，水泵工作正常，所以怀疑提供冷源的冷水机是否故障。检查设备间冷水机仪表盘面板无显示，同时检查氦压机状况，发现氦压机已停机，液氦压力已升至 3 psi（正常为 0.9～1.1 psi）。冷水机停机无法为氦压机提供冷源，须第一时间将氦压机切换至自来水冷却，通过流动的自来水带走氦压机的热量，保障氦压机的正常运转。切换至自来水冷却后尝试重启氦压机，启动后仍立刻停机，无法正常工作，需要打开氦压机侧盖进行氦压机检修。

　　（3）故障处理：在氦压机内不同位置的管壁上装有 3 个温控开关，首先检测这 3 个温控开关的电阻值，排除温控开关的问题。氦压机初步检修结果正常，怀疑过热保护，冷却一段时间后重启氦压机开始正常工作。氦压机正常工作后，检修冷水机组，检查发现配电柜空开跳闸，此时需要先检查室外机是否有短路现象，主要针对压缩机、风扇以及水泵进行检查，检查发现 1 号压缩机线圈短路，2 号压缩机、风扇及水泵均正常，更换压缩机并补充制冷剂后，冷水机工作正常，将氦压机恢复至冷水机冷却，磁共振恢复工作，氦压机逐步恢复正常。由此，本次故障是由于冷水机组内压缩机线圈短路，造成控制柜空开跳闸，冷水机组断电停止工作，导致磁共振整套系统停机。

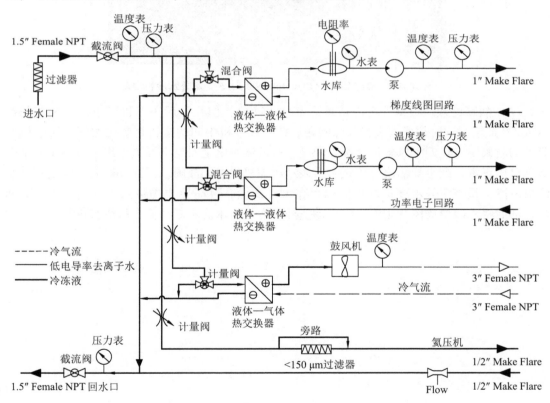

图 10-4-7　热交换柜管路图

　　3. 水冷机停止工作导致机器报错

　　（1）故障现象：SIEMENS MAGNETOM Sola1.5 T 磁共振设备无法扫描患者，设备报错"RF power amplifier error. temperature of the RFPA too high."。警告显示"primary water temperature out of limits. "

（2）故障分析：该故障主要是因为水温过高，存在水冷故障。操作人员在对室外水冷系统进行检查后，可以看到室外水冷机上方的屏幕存在报错，如图 10-4-8 所示。不间断重按报警键就会让小屏幕显示相应报错代码，本次报错代码为 A006，随后操作应按照书本键、下翻页、回车键，观察到进水温度 EUIN 为 40 ℃，产生了高温警告。这时，操作人员应持续不松动按报警键超过 5 s，若报警能够自动消除，那么则等到水温自动降低后可以自行启动，保持室外水冷机的运行。若持续不松动按报警键 5 s 以上无法将报警消除，那么这时需要寻找两个压缩机中间位置的另一个按钮，在按下这个红色按钮后将按钮复位，从而重启压缩机。

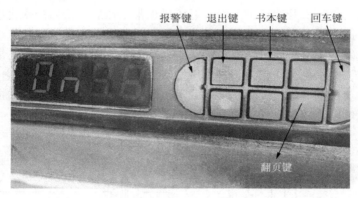

图 10-4-8　SIEMENS Magnetom Sola 1.5 T 室外水冷机屏幕

（3）故障处理：根据分析进行重启室外水冷机，但几秒后压缩机断电，小屏幕仍显示 A006 报错，这时须深入查找故障问题。两个压缩机中间的按钮是复位按钮，压缩机在启动的时候，发现四个风扇运转都无问题，并使用测电笔对空气开关输出进行测试，结果显示电压正常，继电器输出电压正常，表示压缩机供电无故障。因此怀疑有可能是室外水冷机故障，检查室外水冷机发现周围存在大量灰尘，可能导致线路无法有效接触进而断电。随后将水冷机周围灰尘清除，启动室外水冷机，水温不断降低，故障被修复。

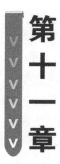

第十一章

前沿磁共振成像技术的发展

　　从 1946 年布洛赫和珀塞尔发现核磁共振现象，到 20 世纪 70 年代核磁共振技术逐渐用于医学成像，可以说磁共振成像是一门积累了大量基础研究才逐渐转化至应用的学科。从核磁共振技术应用于医学领域开始，其展现出的强大潜力让人惊叹。每年都有各种新的磁共振成像技术被提出，甚至每天都有新的磁共振序列被使用。随着工业、信息、材料等技术的进步，磁共振成像技术也在飞速发展当中，如高场强磁共振、大孔径磁共振、无液氦超导等，为磁共振技术发展进步及应用领域的拓展带来更多可能和更大应用空间。

第一节　高场强磁共振

　　磁共振设备工作过程中，原子核共振释放的能量与外加磁场强度有着直接的联系，具体表现为外加磁场强度越高，磁共振设备能获得的信号越强、信噪比越好以及图像对比度越高，同时成像时间也越短。

一、高场强磁共振发展

　　1973 年，迪马迪安（R. Damadian）及团队研制出世界第一台全身磁共振成像装置。7 年后的 1980 年，世界第一台可用于临床的商用磁共振（0.04 T）问世。20 世纪 80 年代初期，当时磁共振场强普遍在 0.3~1.0 T，梯度场强一般小于 10 mT/m。1982 年，GE 制定了高场强、高敏感性、高分辨率磁共振的发展方向，并于次年推出了世界第一台商用 1.5 T 超导磁共振——SIGNA。到 20 世纪 80 年代末，整个行业开始发展高场强磁共振。

　　1988 年，SIEMENS 率先开发出了全球第一台 4.0 T 磁共振，安装在包括美国明尼苏达大学等场地，迈出了超高场强领域开拓性的一步。1998 年，俄亥俄州立大学在 8.0 T 磁共振下获得了历史上第一张超高场（≥7 T, ultra-high field MRI, UHF）人体 MR 图像，但并未获得推广。1999 年，全球第一台 7.0 T 磁共振工程原型机安装在明尼苏达大学，由 SIEMENS 和明尼苏达大学合作研发，其验证了人体用 7.0 T 的可行性，从此 7.0 T 磁共振开始走入大众视野。2002 年，SIEMENS 推出全球第一台商用科研 7.0 T 磁共振并落户美国麻省总医院（Massachusetts general hospital），奠定了 7.0 T 作为超高场强标准的基石。随后，GE 和 PHILIPS 等公司也推出了科研用 7.0 T 磁共振。2005 年，SIEMENS 正式推出全球第一台具备 Tim 技术的 7.0 T 磁共振 MAGNETOM 7.0 T，60 cm 孔径，40 mT/m、200 T/(m·s) 的全身梯度，80 mT/m、400 T/(m·s) 的头部梯度。在 7.0 T 磁共振投入临床应用 10 年后，超高场磁共振技术已取得长足进步。2015 年，SIEMENS 正式推出全球首台可同时用于临床和科研的 7.0 T 磁共振——MAGNETOM Terra，并于 2 年后获得 FDA 和 CE 认证，其适用于头部、上肢和下肢，标志着 7.0 T 磁共振真正投入临床。2020 年，GE 医疗 SIGNA 7.0 T 磁共振也获得 FDA 批准，搭载了 AI 人工智能平台，同样具备临床、科研双模式自由切换的能力。

如今，7.0 T 磁共振成功应用于临床，9.4 T 磁共振已成功用于人体扫描，下一代如 10.5 T 和 11.7 T 人体超高场磁共振也顺利获得人体图像。

2010 年，中国第一台 7.0 T 磁共振落户中国科学院生物物理所脑与认知科学国家重点实验室，从此我国开始步入超高场强研究领域。2022 年 8 月，联影医疗旗下的世界首款 5.0 T 人体全身磁共振——uMR 5 T，正式获得中国国家药品监督管理局注册证，该设备首次突破超高场磁共振局限于头部及关节临床应用的限制，实现从磁体设计到序列定制的全方位创新、实现全身临床成像，有助于全身多器官联合研究。2021 年，北京天坛医院神经影像研究中心正式启用 SIEMENS MAGNETOM Terra，成为国内首家将 7.0 T 超高场磁共振应用于临床的医院。

7.0 T 磁共振作为一种重要的科研和临床工具，除脑血管疾病外，还广泛应用于癫痫、脑肿瘤、神经退行性疾病、多发性硬化等疾病，并从神经系统拓展到骨关节等全身各个部位，从形态学，到代谢、功能的综合评估，有助于帮助我们更加深入了解疾病的发生与发展，提高诊断准确率，帮助优化治疗方案。

二、高场强磁共振的限制因素及优势

磁共振设备高场强方向的应用仍存在很多不确定性，此外现有技术还没有充分挖掘 3.0 T 设备效能的实际潜力，故目前临床应用较多的仍为 1.5 T 以及 3.0 T 的设备。

1. 高场强的风险

磁场场强越大，理论上得到的图像信噪比越高。但是，场强越高，磁体的体积越大、重量越大，制造成本越来越高。另一方面，场强升高，7.0 T 以上的静磁场环境对于人体组织是否存在潜在安全隐患目前并未得到验证，安全因素方面的考量主要在于更高场设备对组织的加热效应更加显著，使患者有不适感的发生率明显增加，在检查中患者身体的部分部位可能升温显著，进而具有一定的应用风险。

2. 驻波效应的影响

在 1.5 T 中，射频脉冲在人体中波长大约为 52 cm，大于人体横径，可以完全穿透人体，基本上不会产生驻波；而在 3.0 T 场强下，射频脉冲波长变为 26 cm，对于体部成像来说，可能无法穿透人体横径，则会产生驻波，影响 B_1 场均匀性，产生伪影，如图 11-1-1 所示。这些驻波会和后面的入射波在某些位置发生干涉，表现为某些区域信号增强，某些区域信号减弱，即黑白不均。目前，随着 3.0 T 磁共振设备的普及和技术的发展，已具有相适配的射频辅助技术解决驻波效应及产生的介电伪影。

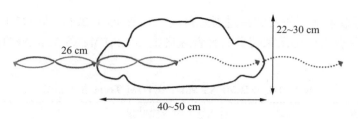

图 11-1-1　驻波效应

随着磁场强度的增加，波长会更短，如5.0 T磁共振的波长是16 cm，尺寸与大部分重点器官相当；而7.0 T及以上超高场磁共振的波长≤11 cm，尺寸小于大部分人体器官，目前高场强磁共振主要应用于头、关节等部位的扫描。

3. 高场强磁共振的主要优势

相比于临床常见的1.5 T和3.0 T磁共振，以7.0 T MRI为代表的超高场MRI具有以下特点：① 大幅提升信噪比；② 组织弛豫时间（T_1、T_2、T_2^*）发生改变；③ 共振频率提高，化学位移增大；④ 主磁场B_0不均匀性或磁敏感效应增加；⑤ 射频场B_1不均匀性增加；⑥ 射频能量沉积（SAR）明显增加。这些变化带来新挑战的同时，也带来了巨大机遇——更高的信噪比、更高的空间分辨率、更优异的组织对比度，更加适合观测组织的精细结构和功能代谢生理变化等信息。超高场成像的优点在脑成像中尤其明显。在磁场强度为7.0 T时，由于分辨率越高，图像对比度越强，可以更清晰地识别病变部位。0.2 mm的平面分辨率的大脑皮层成像可能会产生皮层结构从未见过的临床细节。

二、典型高场强磁共振设备

1. SIEMENS MAGNETOM Terra 7.0 T

Terra是全球首台用于临床7.0 T磁共振，其独特的双模式便于在临床和研究之间切换，并使用单独的数据库来区分临床和研究扫描（图11-1-2）。

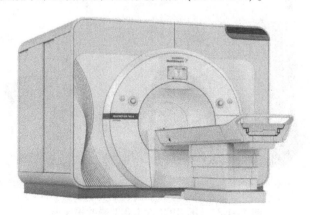

图 11-1-2　SIEMENS MAGNETOM Terra 磁共振设备

该磁共振具有60 cm孔径、最大梯度场强（单轴）80 mT/m、最大梯度切换率（单轴）200 T/（m·s）的超高性能梯度，其独有的磁体技术使其磁体仅重20 t，相较于传统的7.0 T磁共振重量减轻50%；还具有多达64通道和两倍3.0 T的信噪比，提供了0.2 mm的平面内分辨率，可显示以前看不见的结构，在神经、血管、肿瘤、骨关节等多个研究方面都会带来全新的突破性进展。目前，Terra 已于 2017 年获得 FDA 和 CE 认证，并于 2022 年 6 月获得中国国家药品监督管理局批准。SIEMENS MAGNETOM Terra 的主要技术参数见表 11-1-1。

表 11-1-1　SIEMENS MAGNETOM Terra 技术参数

磁体	磁场强度	7.0 T 超导磁共振
	磁体孔径/长度	60 cm/270 cm
	重量	约 20 t
	液氦消耗率	零消耗
	匀场方式	被动匀场+主动匀场（三阶匀场）+3D 匀场
梯度	最大梯度场强（单轴）	80 mT/m
	最大梯度切换率（单轴）	200 T/(m·s)
射频	射频技术	太空舱（Direct RF），双向全数字射频链
	最大发射功率	16 射频，16×2 kW
	最大接收通道数	64
	单 FOV 最大接收通道	64

2. GE SIGNA 7.0 T

2020 年 12 月，GE 医疗于国际医学磁共振学会（ISMRM）在线会议上，发布了 SIGNA 7.0 T 磁共振系统（图 11-1-3）。

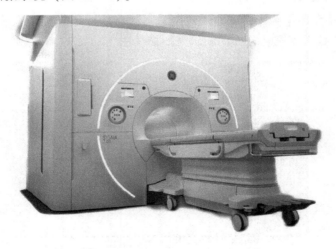

图 11-1-3　GE SIGNA 7.0 T 磁共振设备

该设备配置超高场磁体技术、60 cm 孔径，功率是大部分临床磁共振设备的 5 倍左右，搭载首个 FDA/中国国家药品监督管理局双认证深度学习技术 AIR Recon DL。此外，SIGNA 7.0 T 磁共振采用了 GE 最强大的全身梯度线圈 UltraG 梯度技术，可实现超高场强的成像速度和分辨率，梯度场强（单轴）为 113 mT/m，梯度切换率为 260 T/(m·s)。SIGNA 7.0 T 磁共振另一个特点是其精密的射频发射和接收架构，能够提高图像质量和研究的灵活性。

3. 联影 uMR Jupiter 5.0 T

该设备打破磁共振历史演化规律，实现从磁体设计到序列定制的全方位创新，首次突破超高场磁共振局限于头部及关节临床应用的限制，可以应用于全身成像，有助于全身多器官联合研究（图 11-1-4）。

该设备具备 120 mT/m & 200 T/（m·s）超高性能梯度以及在超高场首创 8 通道独立容积发射线圈。此外，该设备在成像方面实现了高清、高分辨临床功能和解剖结构成像、微米级豆纹动脉和动脉夹层显示以及 0.8 mm 等体素的 DTI 和 0.8 mm 等体素的 BOLD。

目前，联影 uMR Jupiter 5.0 T 已入驻复旦大学附属中山医院、北京协和医院、武汉大学中南医院等国内一批顶尖医院和高校。根据相关研究的报道，基于 3.0 T 的时间

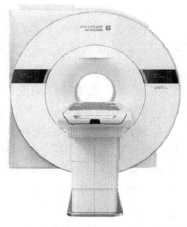

图 11-1-4　联影 uMR Jupiter 5.0 T 磁共振设备

飞跃磁共振血管成像（time-of-flight MR angiography，TOF-MRA）能清晰显示脑血管结构，成为一线无创脑血管成像技术。但因其抑制背景组织信号不佳，对大血管远端分支和细小穿支动脉的评估还无法完全满足临床需求。尽管 7.0 T 的 TOF-MRA 可解决这一短板，但场强的提升会增加 B_1 场的不均一性和患者的生理不适感。5.0 T 磁共振将可能成为平衡 3.0 T 和 7.0 T 矛盾的解决方案。除此之外，研究还发现 5.0 T 脑动脉 TOF-MRA 在图像质量和脑动脉远端分支及侧支小动脉的呈现上与 7.0 T 效果相当，并显著优于常规 3.0 T 成像。

第二节　大孔径磁共振

一、大孔径磁共振设备的发展概述

早期超导磁共振的磁体孔径比较小，而且由于磁共振检查时间相对于 CT 等其他放射设备来说较长，鉴于磁共振需要患者长时间不动，检查舒适性更显得十分重要，检查效果同样也会随之提高。

从临床角度来说，大孔径的磁共振设备是发展趋势之一，具体原因有：① 大体型患者的检查需要。包括肥胖患者、运动员、孕妇等，这是大孔径磁共振设备的最大刚需。② 特殊检查姿势的需要。70 cm 孔径允许患者以斜躺或垫高体位的方式进入扫描孔径，这对危重、呼吸困难、生命体征不稳定等患者具有重要意义；大孔径磁共振更容易实现偏中心检查，例如，让患者的肩肘部位于磁场均匀性最好的磁体中心，以确保偏中心部位的精准成像。③ 大孔径磁共振极大方便了技师摆位，减少重复扫描，有效提高扫描效率。④ 大孔径磁共振在肿瘤放疗定位、磁共振引导穿刺等方面具备较大的发展潜力。

大孔径磁共振设备的发展历程如下。1990 年，60 cm 孔径磁共振首次面世，很快成为行业标准；2004 年，SIEMENS 推出 70 cm 孔径的 1.5 T 磁共振——MAGNETOM Espree，于是 60 cm 成为了标准孔径，70 cm 成为了大孔径；2007 年，SIEMENS 推出 70 cm 孔径的 3.0 T 磁共振——MAGNETOM Verio；2020 年，联影推出 75 cm 孔径的 3.0 T 磁共振——

uMR OMEGA，75 cm 成为超大孔径。

二、大孔径磁共振的限制因素与发展方向

在磁共振设备中，有两个关于孔径的概念：有效孔径，即患者孔（patient bore）和温孔孔径（warm bore）。有效孔径是我们最终在磁共振设备成品上见到的孔径，常见的尺寸为 60 cm；温孔孔径，俗称"裸磁体孔径"，即超导磁体制作完成后的尺寸，包括标准温孔（90 cm）和宽腔温孔（93 cm）两种。温孔孔径与有效孔径之间的间隙内，有梯度线圈（包括射频屏蔽层、梯度主线圈、被动匀场通道和梯度屏蔽线圈，高场 3.0 T 梯度还包括高阶匀场线圈组）、射频大体线圈以及外壳等，如图 11-2-1 所示。其中，射频线圈与梯度主线圈之间的间隙，负责射频和梯度线圈之间的屏蔽作用，距离不能随意缩小。

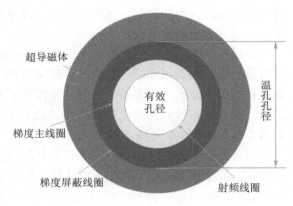

图 11-2-1　磁共振孔径基本结构

磁共振孔径在此基础上，大孔径磁共振设备的发展方向有以下两个。

（1）保持温孔孔径，减小主梯度线圈和屏蔽梯度线圈的间隙，也就是所谓的"薄"梯度设计，这是比较常用的方法。优点是因为没改变主磁体，所以成本比较小；缺点是间隙越小，屏蔽梯度线圈对主梯度线圈的功率损耗就越大，会削弱主梯度线圈在成像区域产生的梯度场强，即影响梯度性能，使磁共振设备的成像效果大打折扣。比如，标称 80/200 的梯度［指最大梯度场强（单轴）80 mT/m、最大梯度切换率（单轴）200 T/(m·s)］，在实际临床使用中可能会变成 60/150。

（2）加大温孔孔径。磁共振设备的主磁体是由 NbTi 超导线材绕制而成的，磁共振孔径变大，会导致磁场均匀度急剧下降。为保证磁场均匀度，考虑到磁体的外部真空腔（OVC）是不变的，因此在孔径变大的情况下只能加长磁体，最终主磁体体积变大，大大增加了磁体成本。此外，对于同一品牌的磁共振设备，不同磁场强度的磁体大多是公用的，仅仅在梯度系统和射频系统做区分。而生产一台大孔径磁共振设备，意味着需要重新设计主磁体以及配套的梯度系统和射频系统等，导致生产成本剧增，这也是当前磁共振主流品牌较少推出大孔径磁共振设备的原因之一。

三、大孔径磁共振典型设备

1. GE SIGNA Pioneer Elite 3.0 T 超导磁共振

Pioneer Elite 是一款 70 cm 大孔径定量磁共振（图 11-2-2）设备，采用了第二代磁体，实现大孔径条件下优秀的磁场均匀度，尤其是在 30~50 cm 大范围下的磁场均匀度优势更为明显；搭配了 DST 环绕磁共振系统，囊括 45 单元的环绕矩阵式梯度系统和 65 通道的 DST 环绕射频系统，不仅使扫描得到更精准的控制，更实现了数据极速、无损传输和重建。

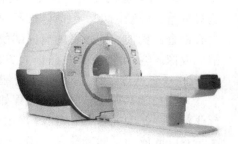

图 11-2-2　GE SIGNA Pioneer Elite

除硬件创新外，Pioneer Elite 还配备了全身压缩感知，将 3D 成像引入到常规临床，实现速度与精度的结合；同时还可兼容并行采集，进一步加快扫描速度，实现基于 2D/3D 的扫描均可以实现加速，能实现"10 h 扫百人"的目标。

在磁共振成像以及后处理技术方面，Pioneer Elite 首次推出了定量图谱技术，使神经系统成像在一次扫描内获得 5 种定量图谱和 10 种临床对比度图像，使得磁共振成像实现了"统一标准"的"快速且定量化"，有利于影像组学及人工智能等科研的应用。

2. 联影 uMR OMEGA

2020 年 5 月，联影发布世界第一台商用 75 cm 孔径的 3.0 T 磁共振——uMR OMEGA。该设备是全球唯一一款 75 cm 孔径的 3.0 T 磁共振，相较传统设备扩大了 25%空间。在硬件上，OMEGA 拥有 3.5 MW 梯度放大器，强有力的梯度引擎可以满足各种临床超快速序列的成像要求，确保高质量成像。在软件上，搭载了联影第二代加速平台——光梭 uCS 2.0、EasyScan 快捷扫描工作流平台，带来快速、精准、便捷的磁共振扫描体验。联影 uMR OMEGA 磁共振的主要技术参数见表 11-2-1。

表 11-2-1　联影 uMR OMEGA 磁共振技术参数

磁体	磁场强度	3.0 T 超导磁共振
	磁体孔径/长度	75 cm/181 cm
	液氦消耗率	零消耗
	匀场方式	主、被动匀场+五通道高阶匀场
	最大 FOV	60 cm×60 cm×55 cm
梯度	最大梯度场强（单轴）	45 mT/m
	最大梯度切换率（单轴）	200 T/(m·s)
射频	发射频率±带宽	128.23 MHz±600 kHz
	最大发射功率	双射频，18×2 kW
	最大接收通道数	72

3. SIEMENS MAGNETOM Free. Max

2020 年 11 月，SIEMENS 发布世界第一台商用 80 cm 孔径的 0.55 T 磁共振——MAGNETOM Free. Max，如图 11-2-3 所示。它的孔径达 80 cm，是西门子目前孔径最大的全身形磁共振产品。由于该设备搭载了称为 DryCool 技术的新型磁体，因此其能够在不到 1 L（0.7 L）的氦气中运行，不需要失超管，从而降低了基础设施和生命周期成本。同时，这款产品是 SIEMENS 迄今制造的体积最小、重量最轻的全身 MRI，它的重量不足 3.5 t，运输高度不到 2 m，占地面积

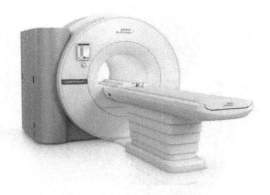

图 11-2-3　SIEMENS MAGNETOM Free. Max

仅 23 m²，极大地扩展了 MRI 的应用场景。此外，它还配备了深度学习技术和先进的成像处理技术。

此设备属于典型的高性能、低场强磁共振系统，此类磁共振主要能够改善肺部和人体其他内部结构的成像质量，并与介入设备更加兼容，增强图像引导程序，也更具成本效益。对于装有起搏器或除颤器的患者，低场强磁共振也更加安全，噪声更小，且更易于安装和维护。此设备可以应用于门诊中心、急诊乃至重症监护室等科室，并可用于目前只能使用 CT 或 X 射线设备的一些场合。

第三节　无液氦超导技术

一、超导磁共振的磁体

根据磁共振设备所采用磁体性质的不同，MRI 通常分为永磁型 MRI、常导型 MRI 和超导型 MRI 三种类型，目前临床应用的类型主要为超导型 MRI。超导型 MRI 根据维持超导磁共振磁体超导状态的方式，超导磁共振的发展可分为两个阶段：液氦浸泡冷却时代和冷头传导冷却时代。

1. 液氦浸泡冷却

液氦浸泡冷却即以液氦作为制冷剂，将磁体浸泡在液氦中以维持其超导状态，如图 11-3-1 所示，其可细分为三个发展阶段：① 纯液氦浸泡冷却。液氦蒸发量较大，须经常补充液氦。② 液氦浸泡冷却 10 K 冷头。液氦蒸发量降至前者的几十分之一，但仍需要定期补充液氦。③ 液氦浸泡冷却 4 K 冷头。目前几乎所有的超导磁共振均采用此方式，但其生产方式以及磁体设计较为复杂，定期补充液氦并未得到彻底解决，而且设备一旦发生失超，后果十分严重。1997 年，GE 推出世界第 1 台零液氦消耗磁共振，从此磁共振进入零液氦蒸发时代。

2. 冷头传导冷却

不同于液氦浸泡冷却，冷头传导冷却磁体省去了液氦浸泡冷却方式中庞大的低温系统，并消除了液氦蒸发或喷射带来的危险，使超导磁体更紧凑、更安全、更高效、更方便，如图 11-3-2 所示。

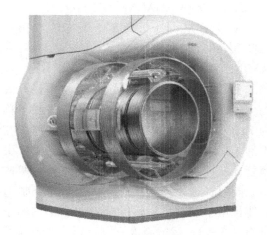

图 11-3-1　液氦浸泡冷却的超导磁体　　　　图 11-3-2　冷头传导冷却的超导磁体

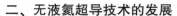

二、无液氦超导技术的发展

无液氦超导磁体技术的核心就是冷头传导冷却超导磁体，打破了超导磁体必须依赖低温流体冷却的传统冷却方法，而该技术的成功应用得益于两项技术的发展。

（1）4 K 冷头。小型制冷机技术的突破，将制冷极限温度降低 4 K 以下，且可获得 1.5 W 和 4.2 K 的制冷量，4 K 冷头是实现直接冷却的前提条件。

（2）高温超导电流引线。电流引线用于连接超导磁体和励磁电源，以实现励磁闭环电路。由于超导磁体的正常温度是液氦温区，冷头要在液氦温区提供足够的制冷量是非常困难的，最突出的一个障碍就是引线的漏热。高温超导电流引线的出现（如 Bi 系超导材料），解决了超导磁体引线的漏热问题，是冷头直接冷却无液氦超导磁体实用化的关键。

1995 年，日本住友推出了第一个商业 4 K 冷头，这是低温制冷技术的重大进展，此后冷头传导冷却超导磁体的研究飞速进展；GE 是第一家尝试采用冷头传导制冷技术制造超导磁共振的企业。1992 年，研制出基于 Nb_3Sn 的 950 mm 温孔孔径的 0.5 T 磁共振；2018 年，PHILIPS 正式推出商用无液氦超导磁体技术——BlueSeal，并发布全球首台无液氦磁共振——Ingenia Ambition 1.5 T，将 7 L 液氦完全封装在容器，确保零液氦泄漏。该设备与常规磁共振一样，仍然会有失超的风险，但不再需要考虑安装失超管、补充液氦等问题；2023 年，飞利浦中国于中国国际医疗器械博览会（CMEF）上正式发布了全新一代无液氦磁共振——BlueSeal 2.0 MR 5300，该设备延续了无液氦消耗、无失超风险等诸多磁体性能优势，同时引入 PHILIPS 全新推出的超高端技术平台——X Technology 魔方平台，在中控系统、射频系统、线圈系统、临床科研平台等多维度实现技术革新，带来更高效的扫描体验和更优质的图像，更好地满足不同疾病领域多样化临床精准诊断需求。

三、发展前景

目前来看，无液氦超导技术的发展驱动力来自液氦资源的日益匮乏、减少医院定期添加液氦的维护成本、在磁共振设备安装时无须考虑失超管的安装以及避免因失超导致的重大损失等。从医院的管理应用和经济两个角度考虑，配备无液氦超导技术的磁共振设备仍是未来医院购置设备的趋势。

（1）管理、应用角度。相较于有液氦的磁共振设备，无液氦磁共振设备的重量更轻，可以安装在任意楼层，变相地降低了医院发展复合、杂交手术室的硬件条件，也使无液氦磁共振向移动式以及车载式方向发展成为可能；此外，无液氦磁共振设备在布局安装阶段无须考虑失超管的位置，使磁共振设备的安装机房分配更为灵活。

（2）经济角度。根据相关数据，磁共振设备的失超发生率比想象中要高出许多，约为 12.5%，这意味着医院在失超方面损失巨大，而无液氦磁共振设备能很好地避免医院在此方面的损失。

第四节　科研型磁共振

一、科研型磁共振概况

当前，有关于脑神经领域的研究在全球范围属于高精尖项目，特别是包括绘制出不同活体人脑功能、结构"网络图"等，其旨在阐明健康人脑内的解剖学和功能连接性等内部机制，这不仅有助于获知大脑中思想、感觉与行为的奥秘，还能生成大量有助于研究脑部疾病的数据。而磁共振是目前关于脑神经研究领域不可或缺的重要成像技术，其旨在使用不同脑成像技术，如功能磁共振、扩散磁共振成像，以 EEG、MEG 等为补充。因此，一方面，科研型磁共振的技术一定程度上决定或者影响着许多高精尖科研领域的研究进展，同时可以促进大学及科研院所与医院的项目合作。另一方面，科研型磁共振的发展也在一定程度上促进着临床应用型磁共振技术的发展，对于临床诊疗水平的提升也是至关重要的。

前沿科研型磁共振与临床应用型磁共振系统的参数区别主要体现在梯度系统。目前代表科研型磁共振最高水平的超高梯度场磁共振主要为 Connectome 3 T，是一台 60 cm 孔径、300 mT/m 最大梯度强度和 200 T/（m·s）最大梯度切换率、单 FOV 单次扫描 64 通道射频接收平台的 3.0 T 磁共振，并配置 64 通道头线圈。直至 2022 年，全球仅有 4 台 Connectome 3 T，分别位于美国麻省总医院、英国卡迪夫大学脑成像研究中心、德国马克斯普朗克人类认知和脑科学研究所，以及中国复旦大学张江国际脑影像中心。

二、典型科研磁共振设备

1. SIEMENS MAGNETOM Prisma

2012 年，西门子推出 60 cm 孔径超高梯度性能磁共振——MAGNETOM Prisma，尽管已发布 10 年，但直到今天仍是硬件性能最高的 3.0 T 磁共振之一，如图 11-4-1 所示。作为国际脑科学研究领域公认的成像设备，Prisma 除常规应用于全身外，针对脑科学研究，还能配备 64 通道神经功能学专用线圈，使图像的信噪比和分辨率达到 3.0 T 磁共振的极致，其空间分辨率可达 0.8 mm×0.8 mm×0.8 mm，时间分辨率可达 0.5 s，扩散梯度最多为 514 个，可满足皮层亚结构研究、认知科学研究及儿童脑发育研究。SIEMENS MAGNETOM Prisma 的主要技术参数见表 11-4-1。

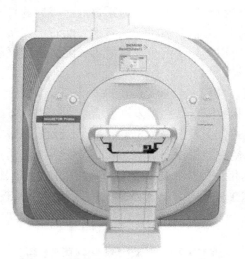

图 11-4-1 SIEMENS MAGNETOM Prisma

在科研上，Prisma 能实现亚毫米高清脑功能成像，精准定位功能区，辅助神经外科设定精细手术方案，避免皮层病变的漏诊和误诊，实现精确诊断；能实现不屏气高清自由呼吸增强成像，确保儿童、年老体弱患者高质量磁共振体部成像；能实现 2 min 甲状腺高清成像，100%无伪影不变形，可精准定位病灶、鉴别结节性质并对甲状腺癌进行精准分型分期；能实现 2 mm 高清弥散成像，发现微小病灶，实现早期精准诊断。

表 11-4-1 SIEMENS MAGNETOM Prisma 技术参数

磁体	磁场强度	3.0 T 超导磁共振
	磁体孔径/长度	60 cm/198 cm
	重量	9.674 t
	液氦容量/液氦消耗率	933 L/零消耗
	匀场方式	被动匀场+主动匀场（三阶匀场）+3D 匀场
	磁场稳定性	<0.1 ppm/h
	最大 FOV	50 cm×50 cm×50 cm
梯度	最大梯度场强（单轴）	80 mT/m
	最小爬升时间	400 μs
	最大梯度切换率（单轴）	200 T/(m·s)
	放大器功率	2.03 MW
射频	射频技术	太空舱（Direct RF），双向全数字射频链
	发射频率±带宽	127.728 MHz±800 kHz
	最大发射功率	43.2 kW
	最大接收通道数	204
	单 FOV 最大接收通道	64
线圈	头-颈联合线圈	20 通道
	全脊柱线圈	32 通道
	胸腹线圈	18 通道

2. 联影 uMR 790（探索 3.0 T）

uMR 790 是联影目前顶级的科研型 3.0 T 磁共振（图 11-4-2）设备，也是中国人脑图谱科创研究平台指定机型，它具备业界顶级软硬件及科研平台。

联影 uMR 790 的主要技术参数见表 11-4-2。主要技术优势如下。

（1）探索硬件平台：具有超级均匀的科研磁体和超强劲的梯度性能。它采用更高阶的匀场技术，在 10 cm DSV 下的磁场均匀度达到惊人的 0.0003 ppm，为弥散成像、脑功能成像等高级功能提供更精准的成像；具备目前业界最强大的梯度［梯度场 100 mT/m，切换率 200 T/(m·s)］，为高端科研尤其是脑功能成

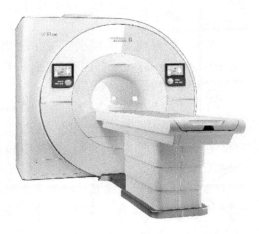

图 11-4-2 联影 uMR 790

像提供了极佳的梯度性能基础。

（2）ACS 智能光梭成像：ACS 是光梭 uCS 成像技术的加强版，融入了人工智能，大幅减少对 K 空间数据的采集要求，在不牺牲图像质量、不减少所需扫描序列的前提下，可实现覆盖全身各部位的超快速"百秒成像"，平均节省 80% 的扫描时间。华中科技大学附属同济医院曾做过 ACS 极限压力测试，15 h 完成了 268 个部位的扫描量。

（3）科研平台：具备完善的高级临床科研应用。更重要的是，搭载了全新科研平台，支持个性化开发，医院可以根据自身科研需求，通过平台上提供的科研工具实现个性化的科研选题架构搭建，并在磁共振上得到验证及实现，助力科研向临床应用的快速转化。

表 11-4-2　联影 uMR 790 技术参数

磁体	磁场强度	3.0 T 超导磁共振
	磁体孔径	60 cm
	匀场方式	主、被动匀场+五通道高阶匀场
	液氦消耗率	—
梯度	最大梯度场强（单轴）	100 mT/m
	最大梯度切换率（单轴）	200 T/（m·s）
	最大 FOV	50 cm×50 cm×50 cm
射频	射频接收通道	≥48
	射频功率放大器个数	2
	最大发射功率	2×18 kW

3. GE SIGNA Premier

2017 年，GE 医疗推出高端磁共振——SIGNA Premier，如图 11-4-3 所示。这是目前唯一一款兼顾 70 cm 大孔径和 80 mT/m 和 200 T/（m·s）超高性能梯度的临床科研型磁共振。

作为 GE 目前最高端的 3.0 T 磁共振，GE SIGNA Premier 主要技术参数见表 11-4-3。

其主要的技术优点如下。

（1）超均匀磁体：配备了业内最高的三阶匀场技术，实现稳定 B_0 场的动态校正和扫描，将全身扩散成像技术的分辨率和信噪比提高 1.5 倍以上。

图 11-4-3　GE SIGNA Premier

（2）SuperG 超级梯度：配备了业内最高的三阶涡流自校准技术，有效克服梯度切换过程中与主磁场之间产生的涡流效应，使有效梯度的利用率从传统的 66.7% 提高至 86.7%。

（3）146 通道：采用了全新的 1∶1∶1（1 个采集通道对应 1 个模数转换器对应 1 条

光纤）射频架构，实现了单视野"64+"的全身扫描，配备"Orchestra"交响图像重建平台，能实现 81 000 幅/s 的高清重建。

（4）AIR 平台：与 GE Architect 相同的 AIR 技术平台。

（5）科研平台：QuantWorks 全息定量磁共振平台，实现了功能、结构均可定量，可实现更精细、更丰富的功能图像及定量。

需要特别指出，在心脏磁共振方面，GE 医疗联合 Arterys 推出 4D 智能成像技术——ViosWorks，可以从 7 个维度呈现心脏（3 个空间维度，1 个时间维度，3 个速度维度），能够呈现整个心血管以及心脏的结构，此外还能以视频的形式呈现整个胸腔内部的实时状况。

表 11-4-3　GE SIGNA Premier 技术参数

磁体	磁场强度	3.0 T 超导磁共振
	磁体孔径/长度	70 cm/174 cm
	匀场方式	被动匀场+主动匀场（三阶匀场）
	磁场稳定性	<0.1 ppm/h
梯度	最大梯度场强（单轴）	80 mT/m
	最大梯度切换率（单轴）	200 T/(m·s)
	最大 FOV	50 cm×50 cm×50 cm

4. 佳能医疗 Vantage Centurian

2019 年佳能医疗推出高端磁共振——Vantage Centurian，这是业界首款搭载能同时达到 100 mT/m 和 200 T/(m·s) 的商用临床科研型磁共振，如图 11-4-4 所示。

佳能 Vantage Centurian 的主要技术参数见表 11-4-4。

其主要的技术优点如下。

（1）双百梯度：具有高压一体化成型梯度设计 Saturn X 梯度系统。100 mT/m 和 200 T/(m·s) 的超高性能梯度不仅满足了科研的需求，还减少了梯度线圈 75% 的振动

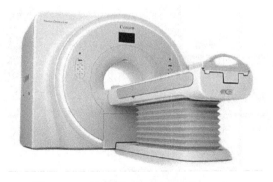

图 11-4-4　佳能医疗 Vantage Centurian

幅度和 60% 的涡流，更好地提高了图像质量。此外，三重嵌入水冷设计提高 55% 的散热效率，保证梯度线圈能长时间稳定工作。

（2）纯源射频：除采用多源射频外，还搭载了纯源射频环，能大幅吸收外界噪声混入和梯度涡流产生的电磁波干扰，从源头杜绝信号源杂质，提升射频场纯净度，可将图像信噪比平均提升 40%。

（3）超级静音：具有"Pianissimo Zen"硬件降噪技术，将梯度线圈置于真空腔体内，阻断声音通过空气传播。相比于常规软硬件降噪，结合一体化成型梯度，"Pianissimo Zen"能在不延长扫描时间和降低图像质量的前提下，最小叠加扫描噪声仅 2 dB，最大可

以减少90%的扫描噪声，提升检查舒适度和成功率。

（4）高清心肺成像：依托于独特的纯源射频技术，Centurian 能提升射频信号的有效使用率，保证信噪比和分辨率，使肺部成像能无创、无辐射，精准评估肺实质及功能改变。此外基于 Sure ECG 技术的无对比剂高质量冠脉成像，可大幅提高检查成功率。

（5）高速采集：搭载压缩感知技术 Compressed SPEEDER 和人工智能引擎重建算法 AiCE，在大幅度缩短检查时间实现全身60 s 快速成像的同时，能有效将图像噪声分离出来，获得高信噪比图像。

（6）配置"天眼"技术，能够实现精准的患者摆位和扫描，简化磁共振检查流程。

表 11-4-4　佳能 Vantage Centurian 技术参数

磁体	磁体孔径	60 cm
	匀场方式	被动匀场+主动匀场（动态匀场）
	磁场稳定性	<0.1 ppm/h
梯度	最大梯度场强（单轴）	100 mT/m
	最大梯度切换率（单轴）	200 T/(m·s)
	最大 FOV	50 cm×50 cm×50 cm

附录 磁共振技术专业部分常用英语

一、**Software**（软件）

BW：bandwith　带宽

EPI：echo planar imaging　平面回波成像

ETL：echo train length　回波链长

FFT：fast fourier transform　快速傅里叶变换

FID：free induction decay　自由感应衰减

FOV：field of view　视野

FSE：fast spin echo　快速自旋回波

GRASE：gradient and spin echo　梯度自旋回波

NEX：number of excitation　激励次数

PDWI：proton density weighted imaging　质子密度加权成像

RF：radio frequency　射频

SE：spin echo　自旋回波序列

SNR：signal noise ratio　信噪比

SSFSE：single shot fast spin echo　单次激发快速自旋回波

STIR：short TI inversion recovery　短反转时间反转恢复序列

T_1 relaxation time：T_1 弛豫时间

T_1 longitudinal relaxation time：T_1 纵向弛豫时间

T_1：spin-lattice relaxation time：T_1 自旋–晶格弛豫时间

T_1W：T_1 Weighting，T_1 Weighted T_1 加权，T_1 权重

T_1WI：T_1 Weighted Image T_1 加权图像

T_2 relaxation time：T_2 弛豫时间

T_2 transverse relaxation time：T_2 横向弛豫时间

T_2 spin-spin relaxation time：T_2 自旋–自旋弛豫时间

T_2^* relaxation time：T_2^* 弛豫时间（重 T_2 弛豫时间）

T_2W：T_2 weighting、T_2 weighted T_2 加权、T_2 权重

T_2WI：T_2 weighted image T_2 加权图像

T_2^*W：T_2^* weighting、T_2^* weighted T_2^* 加权，T_2^* 权重

T_2^*WI：T_2^* weighted image T_2^* 加权图像

TE：echo time 回波时间

TI：time to inversion（inversion time）反转时间

TR：repetition time（time of repetition）重复时间

TS：sampling time 采样时间

二、System cabinet（系统柜）

MGD：multi-generational data acquisition 多代数据采集

SCP：scan control processor 扫描控制处理器

APS：acquisition processing subsystem 采集处理子系统

AGP：applications gateway processor 应用通道处理器

AP：array processor 数组处理器

CAN：control area network 控制区域网络

CCC：can core communication 串行口通信

DRFB：digital receiver filter box 数字接收滤波器

IRF：interface and remote functions 接口和遥控功能

SRF：sequence related functions 序列相关功能

TRF：trigger and rotation functions 触发和旋转功能

RRF：remote RF chassis 遥控射频机箱（底盘）

RF-DIF：remote RF digital interface 遥控射频数字接口

MUX：multiplexer 多路转换器

UTNS：universal transient noise suppressor 通用流动性噪声抑制器

R1：programmable receiver gain stage 1 可编程接收器改进状态1

R2：programmable receiver gain stage 2 可编程接收器改进状态2

TA：transmit attenuation 发射衰减

三、RF Cabinet（射频柜）

SSM：system support module 系统支持模式

UPM：universal power monitor 总电源监视器

RFI：RF interface 射频接口

SRFD：scalable RF driver 可扩展的射频驱动器

ASC：amplifier support controller 放大器支持控制器

T/R：transmit/receive 传输或接收

DD：direct drive 直接驱动

SSRF：solid state RF amp 固态射频放大器

四、Gradient（梯度）

ACGD：advanced control gradient driver 高级（改进的）控制梯度驱动器

HFD：high fidelity driver 高精度驱动器

SGA：switching gradient amplifier 可转换的梯度放大器

GP：gradient processor 梯度处理器

SGA-PS：SGA power supply　　SGA 电源

IGBT：insulated gate bipolar transistor　　绝缘栅双极晶体管

五、PDU（电源分配单元）

PDU：power distribution unit　　电源分配单元

EMO：emergency off　　紧急关机

E-Stop：emergency stop　　紧急制动

UPS：uninterruptible power supply　　不间断电源

六、Magnet/shield coller /Table（磁体、屏蔽、床）

SRI：scan room interface　　扫描室接口

LPCA：low profile carriage assembly　　低侧面箱体集合体

LCC：low cost conquest magnet　　低耗占领区域磁体

MRIU：magnet rundown unit　　磁体耗尽能量装置

ERU：emergency rundown unit　　紧急耗尽能量装置

LHe：liquid helium　　液氦

GHe：helium gas　　氦气

MagMon：magnet monitor　　磁体监视器

LCD：low cost diode box　　低功耗二极管盒

PHPS：patient handling power supply　　患者支持体电源

七、Operator area 操作间

OW：operator workspace　　操作者工作室

OS：operating system　　操作系统

BIOS：basic input/output system　　基本输入、输出系统

CPU：central processing unit　　中央处理器

PCI：peripheral component interconnect　　外围设备部件内部连接

RAM：random access memory　　随机存储器

GUI：graphical user interface　　图形化用户接口

LCD：liquid crystal display　　液晶显示器

HD：hard disk　　硬盘

F/O：fiber optics　　纤维光学

参考文献

［1］黄继英，梁星原．磁共振成像原理［M］．西安：陕西科学技术出版社，1998.

［2］龚洪翰．MRI 磁共振成像原理与临床应用［M］．南昌：江西科学技术出版社，2006.

［3］康立丽，林意群．MRI 原理、技术与质量保证［M］．北京：科学出版社，2004.

［4］李玲，余后强．《MRI 原理与设备》实验教学的改革与优化探讨［J］．湖北科技学院学报，2015，35（1）：202-204.

［5］靳二虎，蒋涛，张辉．磁共振成像临床应用入门［M］．2 版．北京：人民卫生出版社，2015.

［6］俎栋林．核磁共振成像学［M］．北京：高等教育出版社，2004.

［7］俎栋林．核磁共振成像仪：构造原理和物理设计［M］．北京：科学出版社，2015.

［8］李琬．磁共振成像技术：脑 MRI 影像处理与异常分析［M］．北京：机械工业出版社，2023.

［9］沙琳，赵一平．磁共振伪影与假象［M］．北京：科学出版社，2019.

［10］刘鸿圣．胎儿磁共振影像诊断学［M］．北京：人民卫生出版社，2018.

［11］韩鸿宾．临床磁共振成像序列设计与应用［M］．北京：北京大学医学出版社，2003.

［12］张明辉，刘且根，徐晓玲，等．快速磁共振成像［M］．北京：科学出版社，2021.

［13］孔学谦．固体核磁共振原理［M］．北京：高等教育出版社，2023.

［14］王秋良．磁共振成像系统的电磁理论与构造方法［M］．北京：科学出版社，2018.

［15］人力资源社会保障部教材办公室．核磁共振成像仪安装维修［M］．北京：中国劳动社会保障出版社，2022.

［16］徐征，吴嘉敏，郭盼．核磁共振中的电磁场问题［M］．北京：科学出版社，2018.

［17］张家海，夏佑林，龚庆国，等．核磁共振原理及其应用［M］．合肥：中国科学技术大学出版社，2022.

［18］卢光明．动态对比增强磁共振成像［M］．北京：人民卫生出版社，2018.

［19］杨正汉、冯逢、王霄英．磁共振成像技术指南：检查规范临床策略及新技术应用［M］．北京：人民军医出版社，2010.

［20］贾文霄，陈敏．磁共振功能成像临床应用［M］．北京：人民军医出版社，2012.

［21］韩丰谈．医学影像设备学［M］．北京：人民卫生出版社，2004.

［22］李真林，雷子乔，刘启榆．医学影像设备与成像理论［M］．北京：科学出版社，2020.

［23］郝利国．医学影像设备原理与维护［M］．杭州：浙江大学出版社，2017.

［24］甘泉，王骏．医学影像设备与工程［M］．镇江：江苏大学出版社，2012.

［25］韩雪涛．常用数字影像设备使用与维护［M］．2版．北京：电子工业出版社，2022.

［26］石明国．中华医学影像技术学·影像设备结构与原理卷［M］．北京：人民卫生出版社，2017.

［27］谢松城，郑焜．医疗设备使用安全风险管理［M］．北京：化学工业出版社，2019.

［28］冯靖祎．医疗设备故障诊断与解决百例精选［M］．杭州：浙江大学出版社，2022.

［29］郑万挺，张娟，卢路瑶，等．医疗设备质量控制及维护［M］．北京：科学出版社，2020.

［30］王新．医疗设备维护概论［M］．北京：人民卫生出版社，2018.

［31］王成，钱英．医疗设备原理与临床应用［M］．北京：人民卫生出版社，2017.

［32］机械工业仪器仪表综合技术经济研究所．中国医疗装备及关键零部件技术发展报告（2021）［M］．北京：机械工业出版社，2022.

［33］童家明．医学影像物理学第5版．［M］．北京：人民卫生出版社，2022.

［34］朱乐怡，王艺宁，赵世华，等．2021心血管磁共振研究进展［J］．放射学实践，2023，38（5）：656-661.

［35］KANNAL E，BARKOVICH A C，BELL C，et al. ACR guidance document on MR safe practices［J］. J Magn Reson Imaging，2013，37（3）：501-530.

［36］王梅云．磁共振成像人工智能的研究现状及发展前景［J］．磁共振成像，2023，14（3）：1-5.

［37］TSAI L L，GRANK A K，MORTELE K J，et al. A practical guide to MR imaging safety：what radiologists need to know［J］. Radiographics，2015，35（6）：1722-1737.

［38］程敬亮，张勇．磁共振检查的安全性与危险防范［M］．郑州：郑州大学出版社，2011.

［39］DELATTRE B M A，BOUDABBOUS S，HANSEN C，et al. Compressed sensing MRI of different organs：ready for clinical daily practice？［J］. Eur Radiol，2020，30（1）：308-319.

［40］MAHESH M，BARKER P B. The MRI Helium Crisis：Past and Future［J］. J Am Coll Radiol，2016，13（12）：1536-1537.

［41］CHEN Y Z，YANG X H，WEI Z H，et al. Generative adversarial networks in medical image augmentation：a review［J］. Comput Biol Med，2022，144：105382.

［42］刘叶．飞利浦 Achieva1.5 T 磁共振常见故障分析及维护研究新进展［J］中国医疗器械信息，2023，29（6）：165-168.

［43］王威 张元勋．磁共振成像设备日常维修与维护的实践研究［J］. 中国医疗器械信息，2023，29（9）：170-173.

［44］宋恩光．探讨核磁共振设备日常维修与维护方法［J］. 中国医疗器械信，2021，27（10）：182-184.

［45］丁坚．核磁共振设备日常维修与维护的策略探讨［J］. 中国医疗器械信，2021，27（3）：169-171.

［46］高超，李想．基于核磁共振设备日常维修与维护的方法研究［J］. 科学技术创新，2020（11）：150-151.

［47］梁燕玲．核磁共振设备的维修及维护方法探讨［J］. 中国医疗器械信息，2020，26（14）：180-182.

［48］于同萧．超导核磁共振水冷系统的原理与故障维护［J］. 中国医学装备，2019，16（4）：163-165.

［49］刘朝曦，王凯，吴丽娜．多核磁共振 19F-MRI 在分子影像学中的应用［J］. 现代生物医学进展，2020，20（14）：2795-2800.

［50］金玮，姜瑞瑶．医用磁共振常见故障分类统计及维修策略分析［J］. 中国医疗设备，2020，35（4）：163-165.

［51］徐佳，杨军．医用超导 MRI 设备磁共振线圈常见故障维修［J］. 中国医学装备，2019，16（7）：182-184.

［52］方晓燕．飞利浦 1.5T 磁共振水冷机系统使用和维护体会［J］. 中国医疗器械信息，2022，28（11）：175-178.

［53］李海洋，于振飞．磁共振成像设备的维护技术措施分析［J］. 设备管理与维修，2021（20）：45-47.

［54］张清林．飞利浦 1.5T 磁共振成像设备的维护技术措施分析［J］. 中国医疗器械信息，2020，26（16）：188-190.

［55］申森．核磁共振设备日常维修与维护方法［J］. 设备管理与维修，2021（24）：65-67.

［56］李爱苓．磁共振设备的维护保养及故障维修分析［J］. 设备管理与维修，2021（14）：49-50.

［57］郎晓华，李玉生．西门子 1.5T 磁共振水冷系统的工作原理及故障维修［J］. 中国医疗设备，2021，36（3）：183-186.

［58］冯思浩．磁共振成像设备安全操作与维护保养策略［J］. 中国设备工程，2020（7）：66-68.

［59］宋春娟，卞红丽，张怡．超导磁共振系统日常的质量控制和维护保养［J］. 医疗装备，2021（2）：146-147.

［60］张晓斌．磁共振成像设备的常见故障及维护策略［J］. 医疗装备，2019，32

（18）：148-149.

　　［61］丛中华，张影.PDCA 循环管理在核磁共振水冷系统维护维修中的应用［J］.中国医疗设备，2016（10）：146-148.

　　［62］张影，王兰林，丛中华，等.西门子 3.0T MAGNETOM Trio Tim 核磁共振设备安装过程中的注意事项［J］.中国医疗设备，2012（7）：123-124.

　　［63］周四平，周灿.核磁共振设备日常维修与维护的方法研究［J］.影像研究与医学应用，2018（2）：99-100.

　　［64］李明通，黄载全，欧勇华.核磁共振设备的维修及维护方法研究［J］.影像研究与医学应用，2017，1（8）：47-48

　　［65］张英魁，黎丽，李金锋.实用磁共振成像原理与技术解读［M］.北京：北京大学医学出版社，2021.

　　［66］武杰，袁航英，严峻，等.医用核磁共振成像设备的风险因素分析与管理［J］.中国医学物理学杂志，2014，31（3）：4918-4919.

　　［67］杜付建.典型的核磁共振系统的故障维修及体会［J］.影像研究与医学应用，2018（16）：81-83.

　　［68］许奎瑞.磁共振系统典型故障维修策略的相关分析［J］.影像研究与医学应用，2019，3（15）：17-19.